Visual Basic 2008 für Kids

Hans-Georg Schumann

Visual Basic 2008 für Kids

bhv

Bibliografische Information Der Deutschen Bibliothek –
Die Deutsche Bibliothek verzeichnet diese Publikation in
der Deutschen Nationalbibliografie;
detaillierte bibliografische Daten sind im Internet über
<http://dnb.ddb.de> abrufbar.

ISBN 978-3-8266-8647-4

Printed in Austria

www.bhv-buch.de

Lektorat: Katja Schrey
Korrektorat: Petra Heubach-Erdmann
Satz und Layout: III-satz, Husby

Inhalt

Vorwort 15

Einleitung 19

1

Das erste Projekt 23

Visual Basic starten 24
Kleine Spritztour durch Visual Basic 25
Hallo auf Knopfdruck 30
Eine Methode zum Drücken 35
Von »Drück mich« zu »Hallo« 40
Das Projekt speichern 41
Visual Basic beenden 43
Zusammenfassung 45
Ein paar Fragen 46
... aber noch keine Aufgabe 46

2

Buttons und Labels 47

Ein Projekt wieder öffnen 48
Noch ein Knopf 49
Gut oder schlecht? 54

Antwort per Label 56
Speichern und ausprobieren 59
Ereignisse und Methoden 60
Veredelung 61
Ein ganz neues Projekt 64
Komponentenschwemme 66
Zusammenfassung 68
Ein paar Fragen 69
... und eine Aufgabe 69

3 Von Zahlen, Zeichen und Operatoren 71
Die passende Optik 72
Zufallszahlen und Variablen 74
Zeichenketten 76
Vereinbarungen sind nötig 78
Kommentare 80
Plus oder minus, mal oder durch 80
Zahlen mit Format 85
Zusammenfassung 86
Keine Fragen 87
... aber ein paar Aufgaben 87

4 Bedingungen 89
Von 1 bis 6 90
Wenn ... dann 92
Die If-Then-Struktur 94
Die Sache mit Try und Catch 96
Punkt für Punkt 98
Und und Oder, oder? 101
Zusammenfassung 103
Nur eine Frage 104
... und ein paar Aufgaben 104

5

Ein Ratespiel mit Zahlen 105

Zu groß, zu klein 106
Es kann geraten werden 108
Dein PC zählt mit.. 109
Die If-Then-Else-Struktur 111
Neues Spiel oder wirklich Schluss? 113
Zusammenfassung... 117
Eine Frage 117
... und ein paar Aufgaben 118

6

Kontrollstrukturen 119

Auf dem Weg zum Millionär.............................. 120
While oder Until?... 121
Schleifenvariationen 123
If und Exit.. 126
Kleine Knopfparade 127
Diagnose auf Knopfdruck 128
Listenwahl 130
Von Fall zu Fall... 134
Zusammenfassung... 135
Ein paar Fragen 136
... und ein paar Aufgaben 136

7

Combo, Radio oder Check? 139

Alles in einer Box.. 140
Von Pünktchen 143
... und Häkchen 145
Der letzte Schliff 147
Antworten für die Optionsfelder 149
Wirklich fertig? 151
Variablenfelder und Startwerte 152
Die richtige Wahl.. 154

Die For-Next-Struktur 156
Zusammenfassung 158
Nur eine Frage 160
... und nur eine Aufgabe 160

8

Aktion Seelenklempner 161

Zwei Buttons und ein paar Gruppenfelder 162
Eingabefeld, Anzeigetafel und Bildlaufleiste 163
Vor der Sprechstunde 168
Bereit zur Diagnose 169
Schiebereien 170
Noch mehr Diagnosen? 173
Neue Sub – selbst gemacht 175
Datentransfer 176
Strings aus der Liste 178
Keine Sprechstunde? 180
Therapieprotokoll 181
Zusammenfassung 184
Ein paar Fragen 186
... und ein paar Aufgaben 186

9

Menüs und Dialoge 187

Ein Menü für den Klempner 188
Zwei Dialogfelder 192
Öffnen und Speichern 196
Diagnosen drucken 199
Sicherheitsabfrage 202
... und Schluss 207
Zusammenfassung 208
Ein paar Fragen 209
... aber keine Aufgabe 209

10

Grafik 211

Von Punkten und Koordinaten 212
Das erste Bild 214
Jetzt wird's bunt 216
Eckig und rund 219
Mit Text geht's auch 221
Farbtupfer 223
Zusammenfassung 225
Ein paar Fragen 226
... und ein paar Aufgaben 226

11

Eine eigene Klasse 227

Erst mal ein Kreis 228
Und es bewegt sich doch 230
Eine neue Klasse 232
Eigenschaften, Methoden und ein Konstruktor 234
Vereinbaren und initialisieren 235
Erscheinen, Bewegen und Verschwinden 236
Funktion oder Prozedur 239
Zusammenfassung 241
Nur eine Frage 242
... und eine Aufgabe 242

12

Kapselung und Vererbung 243

Alles unter einem Hut 244
Es gibt was zu erben 245
Ein neues Baby? 247
Ein Hand voll Set und Get 249
Ein Zinsobjekt mit lauter Nullen 252
Kapital, Prozent und Zinsen 253
Eine Datei für neue Klassen 255
Zusammenfassung 258
Ein paar Fragen 258
... und ein paar Aufgaben 259

13

Jetzt wird geOOPt 261
Mehr als ein Kreis 262
Bild ruft Datei 265
Figur statt nur Bild 267
Es bewegt sich was 270
Drehungen 273
Programm-Tuning 275
Zusammenfassung 277
Eine Frage ... 278
... und ein paar Aufgaben 278

14

Polymorphie 281
Von alten und neuen Methoden 282
Eine kleine Monsterfamilie 284
Mehr Schein als Sein? 286
Polymorphie 288
Monstershow 291
Überschreiben und überladen 293
Eines für alle? 296
Noch mal Polymorphie 298
Zusammenfassung 300
Ein paar Fragen ... 300
... aber keine Aufgaben 300

15

Buntes Allerlei 301
Wert oder Referenz? 302
Optionale Parameter ... 304
... und flexible Parameter 305
Welcher Fehler ist es? 307
Einfach nur Basic? 309
Zusammenfassung 312
Zum Schluss 313
Eine Frage ... 314
... und eine Aufgabe 314

Anhang A 315
Für Eltern ... 315
... und für Lehrer 316

Anhang B 319
Visual Basic installieren 319
Einsatz der Buchdateien 324

Anhang C 327
Kleine Checkliste 327
Dem Fehler auf der Spur 328

Kleines OOP-Lexikon 331

Stichwortverzeichnis 337

Für
Julia, Daniel, Katrin
und Janne

Vorwort

Es sind schon wahre Wunderwerke, die Computer! Man trifft diese Dinger überall, sie können allerhand Sachen, man kann damit Texte schreiben, Bilder malen und spielen.

In Wirklichkeit aber sind sie strohdumm. Denn sie machen nur das, was ihnen ein Programm sagt. Ist das ein Grafikprogramm, dann lassen sich mit dem Computer Bilder bearbeiten. Ist das ein Actionspiel, dann lässt sich der Computer mit einem Joystick oder den Tasten steuern und bewegt irgendwelche Figuren oder andere Objekte über den Bildschirm.

Programme werden von Leuten erstellt, die sich in einer Programmiersprache auskennen, sich Nächte um die Ohren schlagen und nur in der Nähe ihres Computers schlafen. So sagt man, aber das muss ja nicht stimmen.

Was heißt eigentlich Programmieren?

Wenn du aufschreibst, was ein Computer tun soll, nennt man das **Programmieren**. Das Tolle daran ist, dass du selbst bestimmen kannst, was getan werden soll. Lässt du dein Programm laufen, macht der Computer die Sachen, die du ausgeheckt hast. Natürlich wird er dann dein Zimmer nicht aufräumen und dir auch keine Tasse Kakao ans Bett bringen. Aber kannst du erst mal programmieren, kannst du den Computer sozusagen nach deiner Pfeife tanzen lassen.

Allerdings passiert es gerade beim Programmieren, dass der Computer nicht so will, wie du es gerne hättest. Meistens ist das ein Fehler im Programm. Das Problem kann aber auch irgendwo anders im Computer oder im Betriebssystem liegen. Das Dumme bei Fehlern ist, dass sie sich gern so gut verstecken, dass die Suche danach schon manchen Programmierer zur Verzweiflung gebracht hat.

Vielleicht hast du nun trotzdem Lust bekommen, das Programmieren zu erlernen. Dann brauchst du ja nur noch eine passende **Entwicklungsumgebung**, und schon kann's losgehen.

Was ist eine Entwicklungsumgebung?

Um ein Programm zu erstellen, musst du erst mal etwas eintippen. Das ist wie bei einem Brief oder einer Geschichte, die man schreibt. Das Textprogramm dafür kann sehr einfach sein, weil es ja nicht auf eine besondere Schrift oder Darstellung ankommt wie bei einem Brief oder einem Referat. So etwas wird **Editor** genannt.

Ist das Programm eingetippt, kann es der Computer nicht einfach lesen und ausführen. Jetzt muss es so übersetzt werden, dass der PC versteht, was du von ihm willst. Weil er aber eine ganz andere Sprache spricht als du, muss ein Dolmetscher her.

Du programmierst in einer Sprache, die du verstehst, und der Dolmetscher übersetzt es so, dass es dem Computer verständlich wird. So was heißt dann **Compiler** (ausgesprochen: Kompailer).

Schließlich müssen Programme getestet, überarbeitet, verbessert, wieder getestet und weiterentwickelt werden. Dazu gibt es noch einige zusätzliche Hilfen. Daraus wird dann ein ganzes System, die Entwicklungsumgebung.

Warum gerade Basic?

Leider kannst du nicht so programmieren, wie dir der Mund gewachsen ist. Eine **Programmiersprache** muss so aufgebaut sein, dass möglichst viele Menschen in möglichst vielen Ländern einheitlich damit umgehen können.

Weil in der ganzen Welt Leute zu finden sind, die wenigstens ein paar Brocken Englisch können, besteht auch fast jede Programmiersprache aus englischen Wörtern. Es gab auch immer mal Versuche, z.B. in Deutsch zu programmieren, aber meistens klingen die Wörter dort so künstlich, dass man lieber wieder aufs Englische zurückgreift.

Eigentlich ist es egal, welche Programmiersprache du benutzt. Am besten eine, die möglichst leicht zu erlernen ist. In diesem Buch hast du es mit der Programmiersprache **BASIC** zu tun. Das ist die Abkürzung für den langen englischen Begriff »Beginner's All-purpose Symbolic Instruction Code«, der so viel bedeutet wie »Symbolische Allzweckprogrammiersprache für Anfänger«.

BASIC ist inzwischen eine der Sprachen, die am meisten verbreitet sind. Sie ist einfach und für Anfänger sehr gut geeignet, die zuvor noch nie mit irgendeiner Programmiersprache Kontakt hatten. (Willst du auch mal in andere Sprachen hineinschnuppern, dann empfehle ich dir eines der **Kids**-Bücher über **Delphi**, **C++**, **C#** oder **Java**.)

Da es eine ganze Reihe verschiedener Basic-Dialekte gibt, musste ich mir einen heraussuchen. Besonders stark verbreitet und dazu noch vielseitig ist Visual Basic, weshalb ich mich auch hier für diesen Dialekt entschieden habe.

Visual Basic, das Entwicklungspaket zum Buch

Um den Kauf einer Entwicklungsumgebung für Basic musst du dich nicht weiter kümmern, wenn du dieses Buch erst mal besitzt. Auf der DVD zum Buch ist ein komplettes System für Basic enthalten. Mit der von Microsoft kostenlos zur Verfügung gestellten Software **Visual Basic** hast du eine sehr leistungsfähige Entwicklungsumgebung für die neuesten Versionen ab Windows XP.

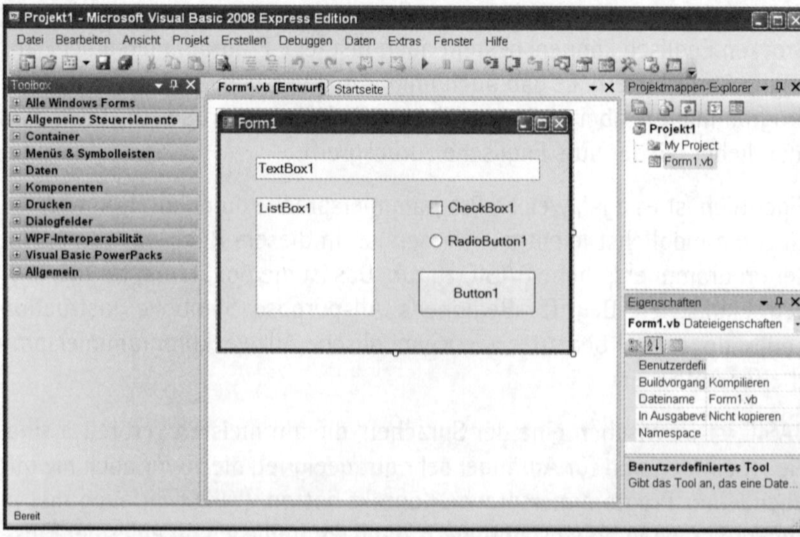

Und was bietet dieses Buch?

Über eine ganze Reihe von Kapiteln verteilt lernst du

- Grundlagen der Sprache Basic kennen
- mit Visual Basic unter Windows umzugehen
- mit Komponenten zu arbeiten (das sind Bausteine, mit denen du dir viel Programmierarbeit sparen kannst)
- die Geheimnisse der Objektorientierten Programmierung (kurz: OOP) kennen

Im **Anhang** gibt es dann noch einiges an Informationen und Hilfen. Auch für deine Eltern und Lehrer, aber vor allem für dich!

Einleitung

Wie arbeitest du mit diesem Buch?

Grundsätzlich besteht dieses Buch aus einer Menge Text mit vielen Abbildungen dazwischen. Natürlich habe ich mich bemüht, alles so zuzubereiten, dass daraus lauter gut verdauliche Happen werden. Damit das Ganze noch genießbarer wird, gibt es zusätzlich noch einige Symbole, die ich dir hier gern erklären möchte:

Arbeitsschritte

≫ Wenn du dieses Zeichen siehst, heißt das: Es gibt etwas zu tun. Damit kommen wir beim Programmieren Schritt für Schritt einem neuen Ziel immer näher.

→ Grundsätzlich lernt man besser, wenn man einen Programmtext selbst eintippt oder ändert. Aber nicht immer hat man große Lust dazu. Weil du alle Projekte im Buch von der Verlags-Homepage herunterladen kannst, findest du hinter einem Programmierschritt auch den jeweiligen Namen des Projekts oder einer Datei (z.B. PROJEKT1, GRAFIK1). Wenn du also das Projekt nicht selbst erstellen willst, kannst du stattdessen diese Datei aus dem Download verwenden.

Aufgaben

Am Ende eines Kapitels wirst du jeweils eine Reihe von Fragen und Aufgaben entdecken. Diese Übungen sind nicht immer ganz einfach, aber sie helfen dir, noch besser zu programmieren. Auch die Lösungen zu den Aufgaben kannst du dir von der Verlags-Homepage herunterladen. Du kannst sie dir alle im Editor von Windows oder auch in deinem Textverarbeitungsprogramm anschauen. Oder du lässt sie dir ausdrucken und hast sie dann schwarz auf weiß, um sie neben deinen PC zu legen. (Auch die Programme zu den Aufgaben liegen zum Download bereit.)

Notfälle

Vielleicht hast du irgendetwas falsch gemacht oder etwas vergessen. Oder es wird gerade knifflig. Dann fragst du dich, was du nun tun sollst. Bei diesem Symbol findest du eine Lösungsmöglichkeit. Notfalls kannst du aber auch ganz hinten im Anhang C nachschauen, wo ein paar Hinweise zur Pannenhilfe aufgeführt sind.

Wichtige Stellen im Buch

Hin und wieder siehst du ein solch dickes Ausrufezeichen im Buch. Dann ist das eine Stelle, an der etwas besonders Wichtiges steht.

Wenn es um eine ausführlichere Erläuterung geht, tritt Buffi in Erscheinung und schnuppert in seiner Kiste mit Tipps & Tricks.

Was brauchst du für dieses Buch?

Die DVD zum Buch

Du findest Visual Basic Express als komplette Entwicklungsumgebung für Windows-Programme auf der beiliegenden DVD. Installiert wird alles mit dem Programm SETUP in ein Verzeichnis deiner Wahl, z.B. C:\BASIC.

Die Beispielprogramme in diesem Buch findest du im Ordner BUCH. Falls du mal keine Lust zum Abtippen hast, kannst du sie also ebenso wie die Lösungen zu den Fragen und Aufgaben von dort auf deinen PC laden. Zu finden sind die Dateien auch auf der Homepage des Verlages in der gerade aktuellen Version:

`http://www.bhv-buch.de/8647`

Betriebssystem

Die meisten Computer arbeiten heute mit dem Betriebssystem Windows. Davon brauchst du eine Version ab XP.

Übungsdisketten oder USB-Stick

Auf jeden Fall benötigst du mindestens eine Diskette oder z.B. einen USB-Stick, auch wenn du deine Programme auf die Festplatte speichern willst. Auf einem externen Speicher sind deine Arbeiten auf jeden Fall zusätzlich sicher aufgehoben.

Gegebenenfalls bitte deine Eltern oder Lehrer um Hilfe: Sie sollen den Anhang **A** (und vielleicht auch noch Anhang **B**) lesen. Dann können sie dir bei den ersten Schritten besser helfen.

Wie gut kannst du schon mit dem Computer umgehen?

Du musst dich mit deinem PC nicht perfekt auskennen, um mit Basic zu programmieren. Es ist aber gut zu wissen, wie man Visual Basic startet und beendet. Das erfährst du gleich im ersten Kapitel.

> Wenn du noch Schwierigkeiten mit dem PC hast, ist es besser, sich erst mal ein grundlegendes Buch über Computer anzuschauen, z.B. PCs für Kids.

Kennst du dich aber schon gut mit dem Computer und mit Windows aus, dann lass uns beginnen!

1

Das erste Projekt

Du willst gleich loslegen? Dem Computer endlich mal etwas sagen, was er für dich tun kann? Na, dann schalte deinen PC an und lass erst mal Windows auftauchen. Von da aus geht es dann direkt zum ersten Programmprojekt in Visual Basic.

In diesem Kapitel lernst du

- wie man Visual Basic startet
- wie man ein Projekt erstellt und ausführt
- was ein Formular ist und wie man damit arbeitet
- was eine Komponente ist und wie man sie einsetzt
- die Komponente `Button` kennen
- wie man ein Projekt speichert
- wie man Visual Basic beendet

Visual Basic starten

Bevor wir mit dem Programmieren anfangen können, muss **Visual Basic** erst installiert werden.

Die Installation übernimmt ein Programm namens SETUP. Genaues erfährst du im **Anhang B**. Hier musst du dir von jemandem helfen lassen, wenn du dir die Installation nicht allein zutraust.

Die einfachste Möglichkeit, Visual Basic zu starten, ist diese:

- Klicke mit der Maus auf START und dann auf ALLE PROGRAMME.
- Dann klicke weiter auf MICROSOFT VISUAL BASIC EXPRESS EDITION. (Falls du einen anderen Namen gewählt hast, musst du dich darüber zu diesem Eintrag durchklicken.)

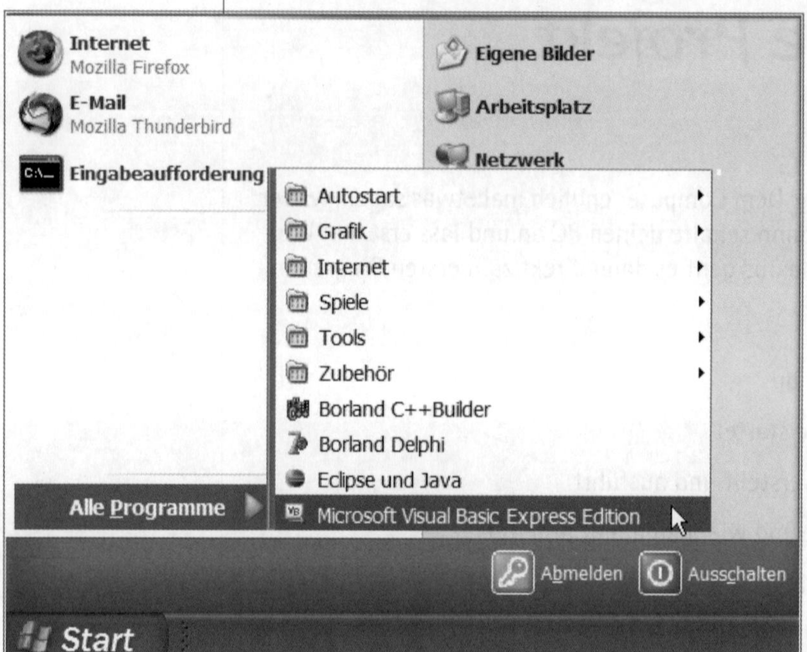

oder:

- Klicke mit der Maus auf START und dann auf AUSFÜHREN.

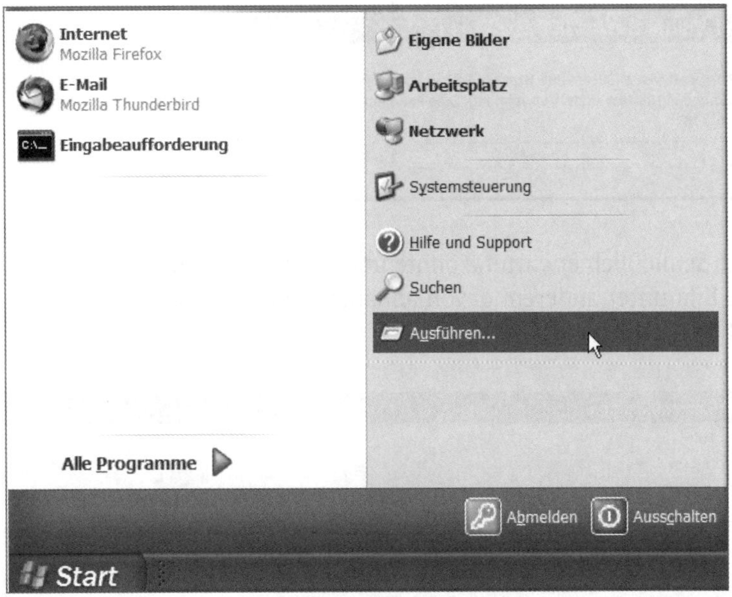

- Tippe `vbexpress.exe` ein und klicke dann auf OK. Wenn das nicht klappt, musst du den kompletten Pfad mit allen Ordnern eingeben, z.B.:

```
C:\Programme\Microsoft Visual Studio\Common7\IDE\vbexpress.exe
```

oder

```
C:\Basic\Common7\IDE\vbexpress.exe
```

Oder du suchst über den Knopf DURCHSUCHEN nach der Datei VBEXPRESS.EXE.

Kleine Spritztour durch Visual Basic

Je nach Computer kann es eine Weile dauern, bis Visual Basic geladen ist. Beim allerersten Start (solltest du Visual Basic nicht schon nach der Installation mal probehalber gestartet haben), erscheint dieser Hinweis:

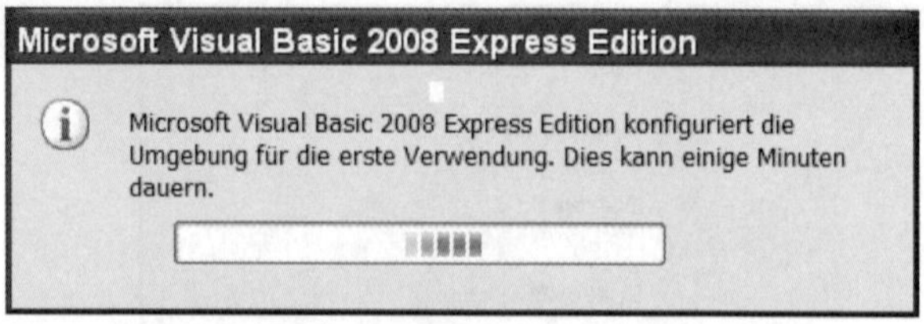

Was dich schließlich erwartet, könnte ungefähr so aussehen – wobei das aktuelle Bild unter anderem davon abhängt, ob du eine Verbindung zum Internet hast oder nicht:

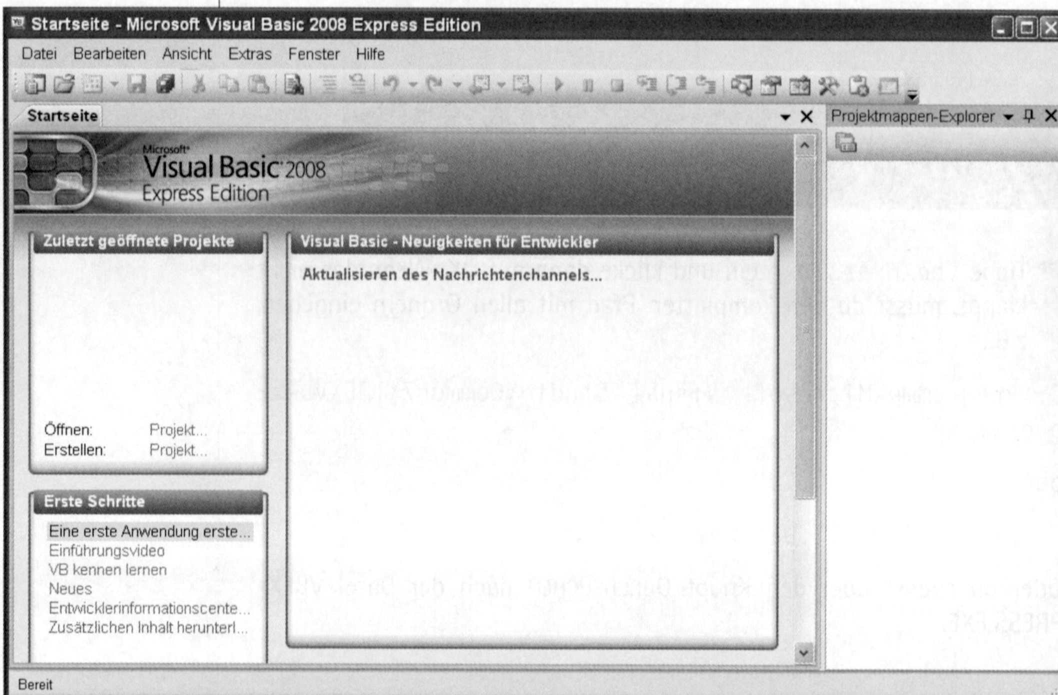

Für den ersten Augenblick ist das vielleicht ein bisschen verwirrend. Da tummelt sich ja einiges auf dem Bildschirm.

Ganz oben kann man die Menüleiste erkennen. Links darunter befinden sich jede Menge Symbole, die man mit der Maus anklicken kann.

Diese Menüs von Visual Basic wirst du wahrscheinlich am meisten benutzen:

- Über das DATEI-Menü kannst du Dateien speichern, laden (öffnen), ausdrucken, neu erstellen oder Visual Basic beenden.
- Das BEARBEITEN-Menü hilft dir bei der Bearbeitung deines Programmtextes, aber auch bei anderen Programmelementen. Außerdem kannst du dort bestimmte Arbeitsschritte rückgängig machen oder wiederherstellen.
- Im ANSICHT-Menü hast du unter anderem die Möglichkeit, zusätzliche Hilfsfenster und Boxen ein- oder auszublenden.
- Über das (erst später erscheinende) DEBUGGEN-Menü sorgst du dafür, dass dein Profgrammprojekt ausgeführt wird.
- Und das HILFE-Menü bietet dir vielfältige Hilfe-Informationen an.

Einige wichtige Menüeinträge sind in einem so genannten **Popup-Menü** zusammengefasst. Das heißt so, weil es dort aufklappt, wo du gerade mit der **rechten** Maustaste hinklickst.

Ein Editorfenster, wie du es vielleicht von einem Editor oder Textverarbeitungsprogramm her kennst, ist gerade nicht in Sicht. Was tun? Unser Ziel ist es, ein neues Projekt – unser Erstlingswerk – zu erstellen. Also los!

- Klicke in der Menüleiste auf DATEI und im sich öffnenden Menü auf NEUES PROJEKT.
- Im folgenden Dialogfeld klickst du auf das Symbol für WINDOWS-ANWENDUNG.

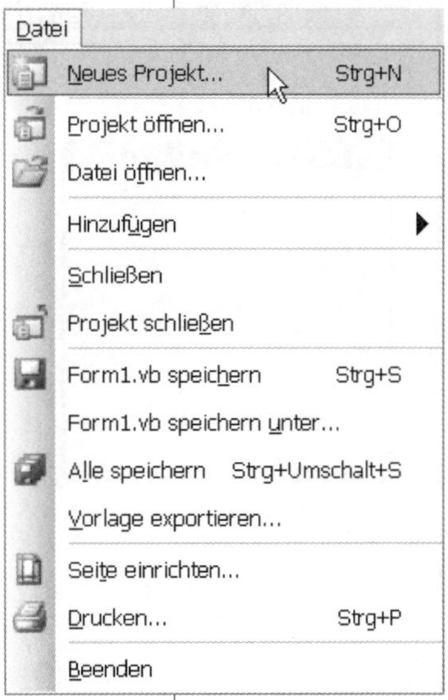

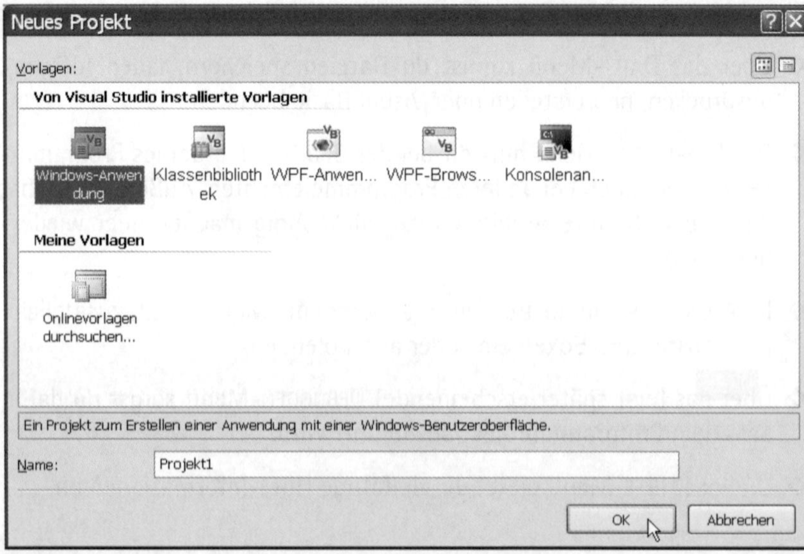

Wenn du willst, kannst du außerdem einen Namen für dein Projekt eingeben. Das ist beim ersten Versuch noch unwichtig, aber später solltest du schon einen Namen finden, der zum jeweiligen Projekt passt.

➢ Klicke zur Bestätigung auf OK.

Es kann etwas dauern, bis sich schließlich das Erscheinungsbild von Visual Basic etwa so geändert hat:

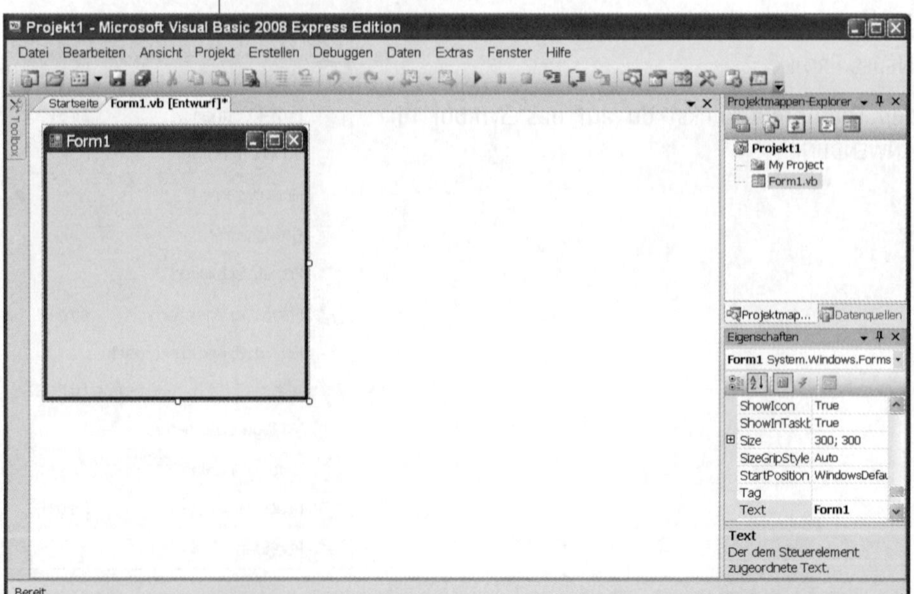

Was du links siehst, ist das so genannte **Formular**, in dem wir unsere Programmoberfläche zusammenbasteln.

Die benötigten Zutaten finden sich direkt daneben. Wenn du ganz links mit dem Mauszeiger auf den Eintrag TOOLBOX fährst, öffnet sich ein (ellenlanges) Menü. Darin stehen die **Komponenten**, die Visual Basic dir zur Verfügung stellt.

Damit lassen sich z.B. Schaltflächen, Dialogfelder oder Menüs selbst gestalten und in ein Programm einbauen. Schon für unser erstes Visual-Basic-Projekt werden wir uns in dieser Komponentensammlung bedienen.

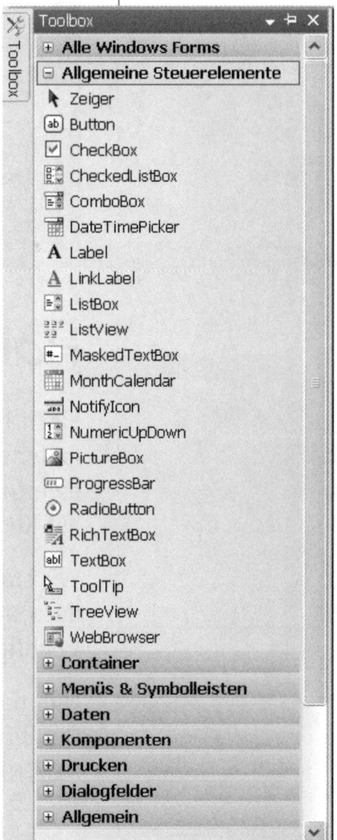

In unserem Falle ist es sinnvoll, diesen »Werkzeugkasten« offen zu lassen, deshalb kannst du das Menü mit Klick auf die kleine Schaltfläche neben dem X so fixieren:

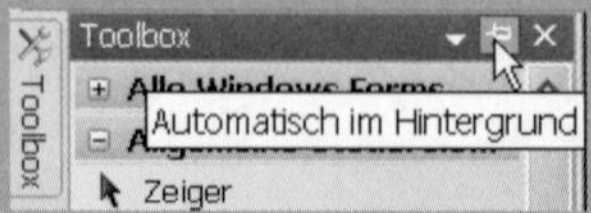

Anschließend verschiebt sich das Formular so weit nach rechts, dass daneben das Menü für die Toolbox Platz hat.

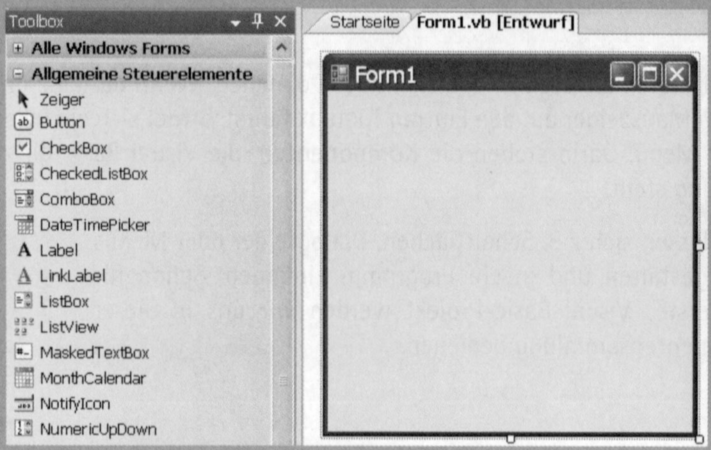

Hallo auf Knopfdruck

Eigentlich kann's jetzt schon losgehen. Den Umgang mit Menüs und Dialogfenstern kennst du bereits von Windows. Deshalb müssen wir uns damit nicht mehr aufhalten. Bauen wir uns jetzt ein kleines Projekt, das auf Knopfdruck funktioniert.

Wir brauchen dazu eine Komponente, die **Button** genannt wird. Man sagt dazu auch **Schaltfläche**. Und viele sprechen einfach von einem Knopf. Wichtig ist, dass man darauf mit der Maus klicken kann.

Nun hat die Toolbox von Visual Basic nicht nur eine Knopfart zu bieten. Der Button, den wir suchen, befindet sich im Bereich ALLGEMEINE STEUERELEMENTE.

- Fahre mit der Maus langsam über die Einträge. Wenn du BUTTON gefunden hast, klicke darauf.

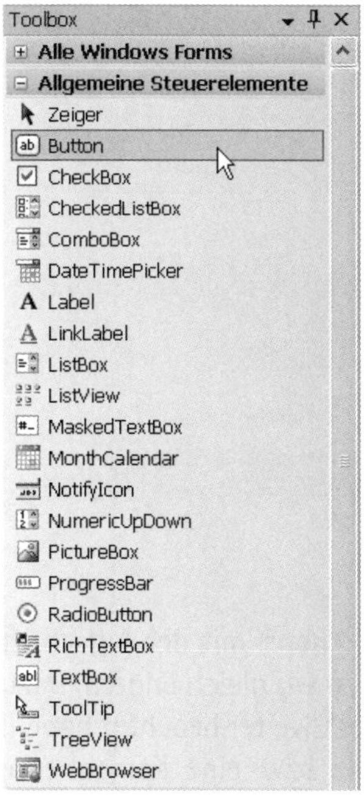

- Wechsle mit dem Mauszeiger nun in das Formular.
- Drücke die linke Maustaste, halte sie gedrückt und ziehe mit der Maus schräg nach unten.

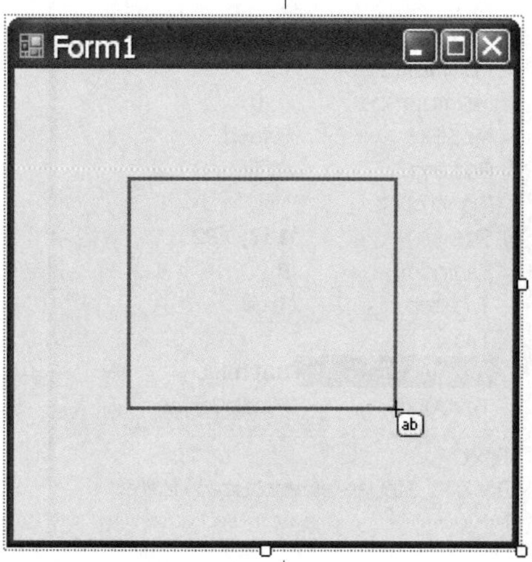

Ein Rahmen für den Button

➢ Wenn du meinst, dass die Schaltfläche groß genug ist, lass die Maustaste wieder los.

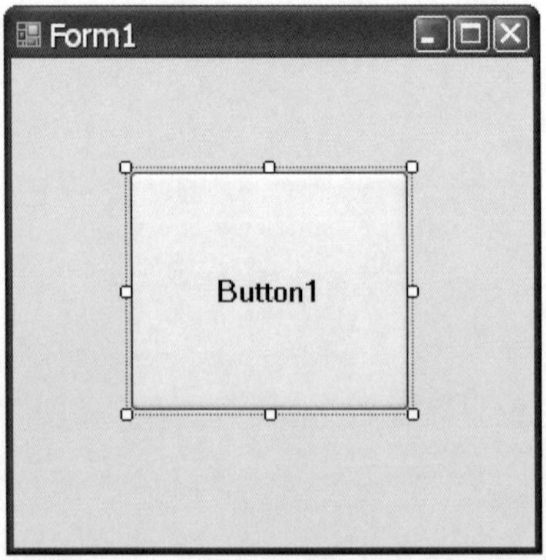

Da hast du nun eine Schaltfläche (oder einen Knopf) mit der Aufschrift BUTTON1. Eigentlich ein blöder Name! Den sollten wir gleich ändern. Dazu brauchen wir ein Fenster, das wir bisher gar nicht weiter beachtet haben: Dort stehen alle **Eigenschaften**, die ein Objekt bzw. eine Komponente betreffen, also z.B. die Größe, die Lage oder der Name.

Was versteht man hier unter einem **Objekt**? Das sind doch eigentlich diese Dinger, die ständig irgendwo herumstehen oder sich um uns herum bewegen. Also z.B. Häuser, Bäume, Autos, Leute. Auch du bist ein Objekt. Und zwar vom Typ Mensch. Ebenso gibt es in Visual Basic Objekte. Die sind natürlich nur künstlich. So ein Objekt ist beispielsweise das Formular, und auch der Knopf, den du gerade dort hinein gesetzt hast, ist ein Objekt. Alle Komponenten sind Objekte.

Dabei kann es auch in Visual Basic mehrere Objekte eines Typs geben – so wie im richtigen Leben auch. Dann spricht man von einer **Klasse**, womit dasselbe gemeint ist wie mit **Objekttyp**. Und ein Objekt wird auch als **Instanz** einer Klasse bezeichnet. Demnach bist du eine Instanz der Klasse Mensch.

≫ Klicke auf den Text hinter TEXT und lösche ihn. Dann tippe dort ein: `Drück mich!`

Und schon erscheint dieser Text auch als Aufschrift auf der Schaltfläche:

Ein Button zum Drücken

Du findest die Eigenschaft nicht? Stattdessen stehen da lauter Namen wie z.B. »Click«, »Paint« oder »DragDrop«. Da bist du wohl im Eigenschaftenfenster irgendwie auf die falsche Seite geraten. Dort stehen nämlich die Ereignisse.

Klicke ganz oben im Fenster auf das Symbol **links neben** dem Blitz. So bist du wieder auf der richtigen Seite.

Eine Methode zum Drücken

Nun müssen wir noch erreichen, dass unser Programm auch auf den Knopfdruck einen Gruß losschickt.

> Doppelklicke im Formular auf die Schaltfläche mit dem Text DRÜCK MICH.

Ein neues Fenster kommt zum Vorschein. Das ist das **Editorfenster** von Visual Basic, dort steht der Quelltext deines Programms. Man kann also auch von Quelltextfenster sprechen.

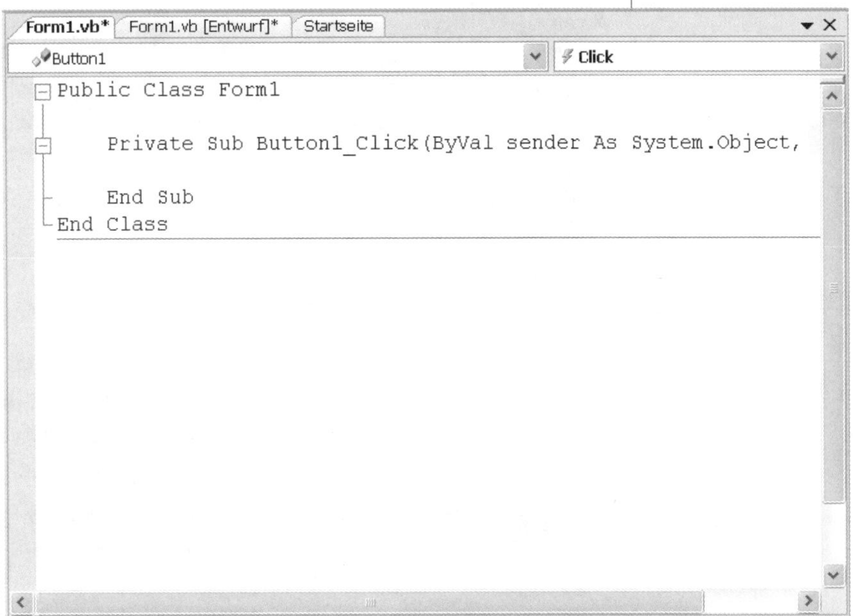

Dort findest du schon den Namen der Methode, die für die Schaltfläche DRÜCK MICH zuständig ist:

```
Private Sub Button1_Click
```

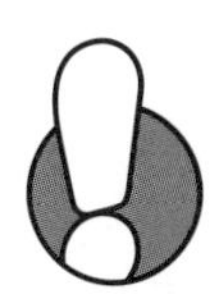

Groß oder klein?

Im Gegensatz zu manchen anderen Programmiersprachen ist es in Visual Basic gleichgültig, ob du deine Wörter groß- oder kleinschreibst. Lass am besten alles stehen, was Visual Basic dir bereits vorgibt. Ansonsten kannst du meinen Gewohnheiten in diesem Buch folgen oder deine eigene Schreibweise benutzen.

Ganz oben steht mit `Public Class Form1` der Name der Klasse, aus der das Formular abgeleitet ist (und die 1 weist darauf hin, dass es auch mehr als ein Formular geben kann). `Form1` ist sozusagen die »Backform«, in die unser Programm eingepackt ist. Und `Button1_Click` heißt frei übersetzt »Knopf1druck« oder »Drücke auf Knopf Nr.1«.

Und über den Unterstrich (_) verbindet Visual Basic den Namen einer Komponente und einer solchen Methode. Man kann also auch von **Verbindungsoperator** sprechen. Allerdings hat der Unterstrich noch eine andere Bedeutung – wie du bald sehen wirst. Die Klammern hinter der Methode samt langem Inhalt müssen uns jetzt und hier nicht interessieren.

> Wie du weiter oben schon erfahren hast, besitzen Objekte **Eigenschaften.** Ein Objekt mit Eigenschaften allein ist aber ziemlich leblos. Wie ein Stein z.B. oder eine Straße. Lebendig wird ein Objekt erst durch seine **Methoden.**
>
> Ein Auto beispielsweise hat nicht nur bestimmte Eigenschaften, sondern es kann sich bewegen, es kann beschleunigen oder bremsen, es lässt sich lenken, man kann es starten und auch wieder anhalten. All das sind Prozesse, die man als Methoden bezeichnen würde.
>
> Damit nun ein Knopf (Button) überhaupt z.B. auf einen Mausklick reagieren kann, braucht er (mindestens) eine Methode. Gleiches gilt für alle anderen Komponenten und auch für die meisten Objekte. Manche von ihnen haben gleich zehn bis zwanzig Methoden (oder noch mehr).
>
> Viele Methoden reagieren auf **Ereignisse**, die ebenfalls (wie die Eigenschaften) mit dem betreffenden Objekt verknüpft sind.

Wir müssen nun zwischen `Private Sub` und `End Sub` etwas einfügen. Dort gehört eine Anweisung hin, die Visual Basic sagt, was auf Knopfdruck geschehen soll.

```
Private Sub Button1_Click (ByVal sender As _
System.Object, ByVal e As System.EventArgs) _
Handles Button1.Click
  Button1.Text = "Hallo!"
End Sub
```

Hier ist er wieder: der Unterstrich (_). Er gehört eigentlich nicht zum Programmtext, sondern zeigt nur an, dass auch die nachfolgenden Zeilen im Editor von Visual Basic zusammen mit der ersten in **einer einzigen** Zeile stehen müssten! Denn Visual Basic erwartet eine Anweisung eigentlich komplett in einer Zeile.

Sollte eine solche Zeile aber mal zu lang werden oder möchtest du aus optischen Gründen mehrere Zeilen verwenden, benutzt du einfach am Zeilenende einen Unterstrich. Dann weiß Visual Basic, dass es mit der Anweisung in der folgenden Zeile weitergeht.

Wichtig ist, dass vor dem Unterstrich ein Leerzeichen stehen muss!

≫ Ergänze die Methode um die eine Zeile `Button1.Text = "Hallo!"`.

Wenn du dir beim Eintippen etwas zu viel Zeit lässt, ist das nicht schlimm – im Gegenteil: Du bekommst von Visual Basic sogar Unterstützung. Zu jedem Objekt, das Visual Basic bekannt ist, werden dir in einer Liste dessen Eigenschaften und Methoden angeboten.

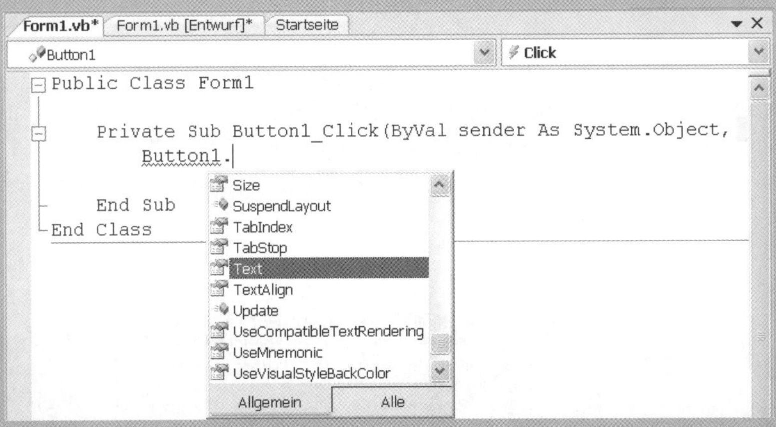

Klickst du auf den Namen und drückst dann die `Eingabe`-Taste, so wird der Name in den Quelltext übernommen.

Vielleicht hast du schon eine Ahnung, was `Button1.Text` bedeutet. Aber lass das Programm erst mal laufen.

≫ Klicke dazu auf DEBUGGEN und dann auf DEBUGGEN STARTEN.

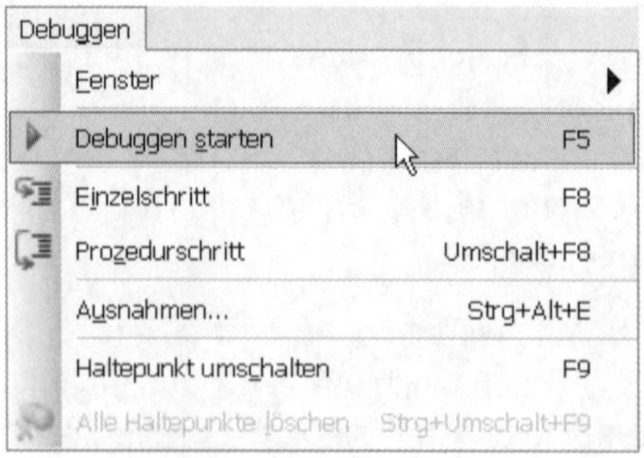

Noch kürzer und schneller geht es, wenn du einfach auf die Taste F5 drückst oder links oben unter der Menüleiste auf diesen Knopf klickst:

Diesmal erscheint das Formular wie losgelöst (von Visual Basic). Und die Schaltfläche lädt dich zum Draufdrücken ein.

Bei dir läuft das Programm gar nicht? Stattdessen erscheint ein Dialogfeld mit einer solchen oder ähnlichen Fehlermeldung:

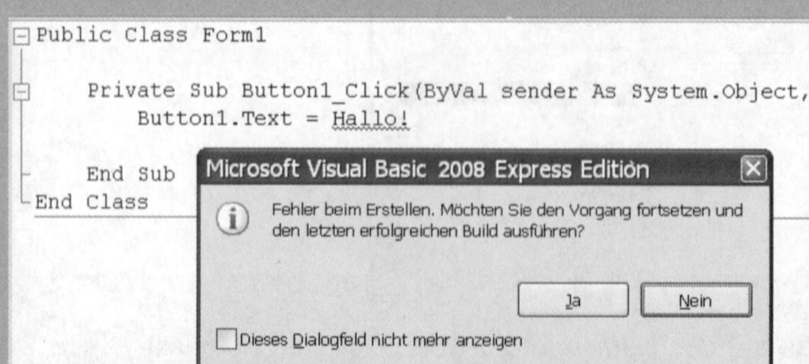

Zusätzlich ist die Stelle markiert, in der Visual Basic den Fehler vermutet. Das kann ein Schreibfehler sein, hier wurden die Anführungsstriche vergessen. (Nähere Informationen bekommst du über ein Extrafenster, das sich in der Regel unter dem Quelltext öffnet.)

Bessere die Stelle aus und starte dann das Programm einfach noch einmal.

Mal sehen, was ein Mausklick bringt: Eigentlich nicht allzu viel, denn nun bekommt der Button nur eine neue Aufschrift. Ein bisschen mickrig, das Ganze. Aber das Wörtchen »Hallo« ist doch zu erkennen.

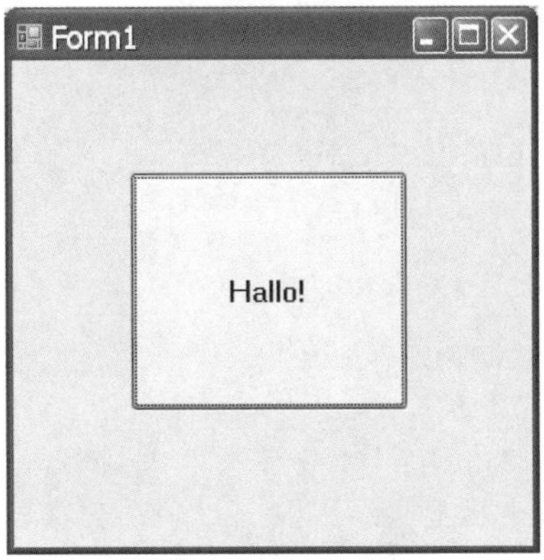

Einen wichtigen Unterschied zwischen Programmbearbeitung und Programmausführung erkennt man nicht nur daran, dass sich das Äußere des Formulars ändert:

- Bei der **Programmbearbeitung** können Formular und Schaltfläche beliebig geändert werden. Außerdem lassen sich weitere Eigenschaften über das entsprechende Fenster festlegen. Und nur bei der Bearbeitung kannst du Quelltext im Editorfenster eintippen. Man nennt diese Phase auch **Entwicklungszeit**.
- Bei der **Programmausführung** dagegen treten die Komponenten in Aktion. Du kannst eine Schaltfläche anklicken und damit eine Methode aktivieren, die z.B. die Aufschrift der Schaltfläche ändert. Ein laufendes Programm muss ordnungsgemäß beendet werden, beispielsweise durch Klick auf ein Schließsymbol oder per Tastendruck. Man spricht bei dieser Phase auch von **Laufzeit**.

> Beende das Programm, indem du im Formular auf das kleine **X** ganz oben rechts klickst. Oder du drückst die Tastenkombination `Alt` `F4`.

Du hast aus Versehen zu viele Fenster zugeklickt? Das Formular ist weg? Oder das Eigenschaftenfenster? Dann bekommst du die verschwundenen Fenster so wieder zusammen:

- Klicke auf einen der Registereinträge oberhalb der Fenstergruppe, um zwischen Quelltext- und Formularanzeige zu wechseln.
- Klicke auf ANSICHT und dann auf EIGENSCHAFTENFENSTER.

- Oder auf ANSICHT und auf CODE (für den Quelltext) oder auf DESIGNER (für das Formular).

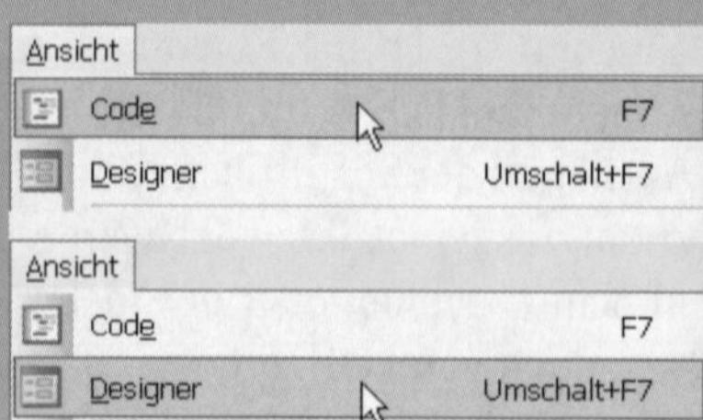

Von »Drück mich« zu »Hallo«

Jetzt ist es an der Zeit, die Anweisungszeile in der Methode `Button1_Click` ein bisschen genauer unter die Lupe zu nehmen:

```
Button1.Text = "Hallo!"
```

Hier wird einer Eigenschaft namens `Text` etwas zugewiesen. Diese Eigenschaft kennst du bereits, denn du hast ihr im Eigenschaftenfenster schon den Text »Drück mich!« verpasst. Dass mit `Button1` die Schaltfläche gemeint ist, die dich zum Drücken einlädt, ist also klar.

Mit dem Punkt (.) werden in Visual Basic Objekt und Eigenschaft verbunden. Man nennt dieses Symbol hier auch **Zugriffsoperator**. (Man könnte aber auch hier von einem Verbindungsoperator sprechen.)

> Was ist eigentlich mit diesem Gleichheitszeichen (=)? Man nennt es Zuweisungszeichen. Es wird ja auch einer Eigenschaft (`Text`) etwas (`"Hallo!"`) zugewiesen. Weshalb diese Anweisung gleichzeitig eine **Zuweisung** ist.

Mit der Anweisung `Button1.Text = "Hallo!"` wird bei jedem erneuten Drücken auf den Button dessen Anzeige immer wieder auf »Hallo« gesetzt, das »Drück mich« bleibt nach dem ersten Mal leider verschwunden.

Das lässt sich auch nur mit etwas Aufwand ändern. Dazu kommen wir erst später. Wenn du willst, kannst du mit anderen Texten statt dem einfachen »Hallo« experimentieren.

- Das Editorfenster erreichst du durch Doppelklick auf die Schaltfläche DRÜCK MICH. Oder du klickst auf den Eintrag FORM1.VB.
- Und das Programm wird dann über DEBUGGEN und DEBUGGEN STARTEN zum Laufen gebracht. Oder du drückst [F5].
- Um das Programm zu beenden, klicke auf das kleine X rechts oben im Formular. Oder du drückst [Alt] [F4].

Das Projekt speichern

Allzu umfangreich ist unser erstes Programmprojekt bis jetzt zwar nicht, aber du solltest dennoch schon mal speichern, was du bis jetzt geschafft hast.

» Klicke auf DATEI und dann auf ALLES SPEICHERN.

Nun öffnet sich ein Dialogfeld und bietet dir ein Verzeichnis an, in dem du deine Projektdateien ablegen kannst:

➢ Gib dort `Projekt1` (oder einen Namen deiner Wahl) ein. Dann bestätige mit Klick auf SPEICHERN.

Natürlich kannst du Dateien auch einzeln speichern (über ... SPEICHERN UNTER), z.B. wenn du den vorgegebenen Namen FORM1.VB nicht übernehmen oder eine Kopie davon speichern willst.

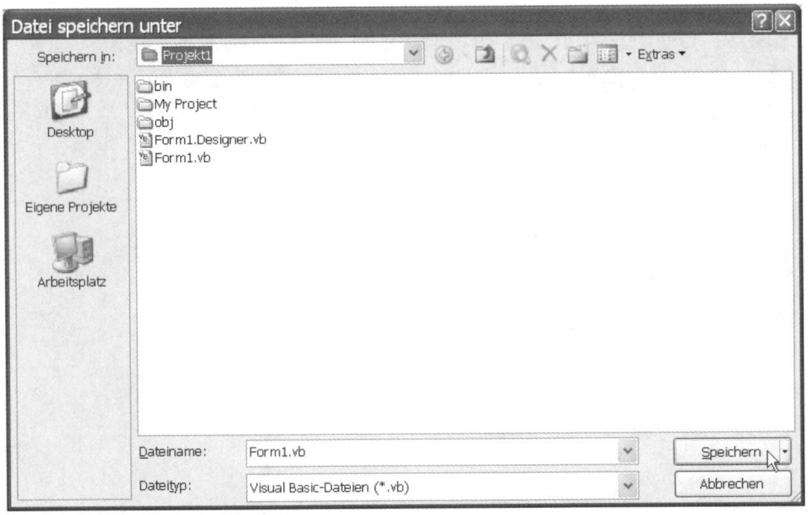

Wie du siehst, gibt es in Visual Basic eine ganze Reihe von Dateien, aus der ein Projekt besteht:

- Eine davon ist der Programmtext, auch **Quelltext** genannt. Der wird als Datei mit der Kennung VB (für Visual Basic) versehen.
- Daneben verwaltet Visual Basic noch zusätzliche Dateien, die auch automatisch erzeugt werden. (Das siehst du, wenn du nach dem Speichern eines Projektes mal im Projektordner nachschaust, was da alles auf deiner Diskette oder Festplatte abgelegt wurde.)

Visual Basic beenden

Dein allererstes Projekt ist sicher auf deiner Festplatte oder Diskette gelandet. Zeit also für eine kleine Pause. Willst du Visual Basic verlassen, dann geht das so:

≫ Klicke auf DATEI und dann auf BEENDEN.

Oder du drückst die Tastenkombination [Alt] [F4]. Du kannst auch im Hauptfenster ganz oben rechts auf das kleine X klicken. Irgendwie kommst du also immer »nach Hause«.

Bist du besonders neugierig und willst wissen, was das Hilfesystem von Visual Basic zu einem Wort oder einem Thema zu erzählen hat? Dann versuch es mal mit der Taste F1. Oder du bedienst dich über das HILFE-Menü.

Beim ersten »Hilferuf« musst du wählen, ob du die lokale Hilfe (auf der Festplatte) oder Hilfe übers Internet in Anspruch nehmen willst.

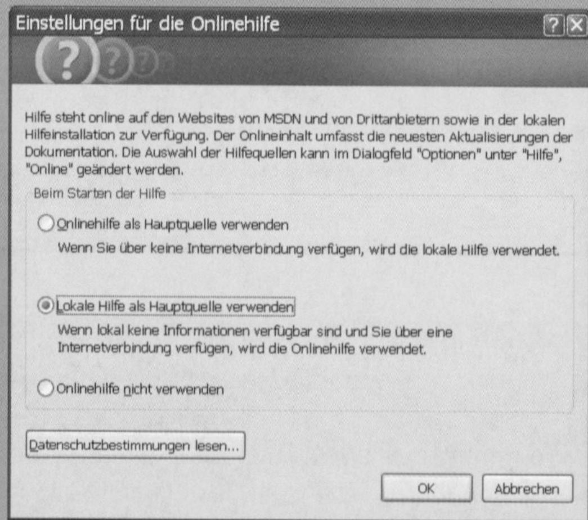

Nachdem dann ein neues Fenster erschienen ist, kannst du dich dort ein bisschen durch das **Hilfesystem** von Visual Basic hangeln und schon mal staunen, was diese Entwicklungsumgebung alles auf der Pfanne hat. Irgendwann aber solltest du das Hilfefenster mit Mausklick auf das X ganz oben rechts wieder schließen.

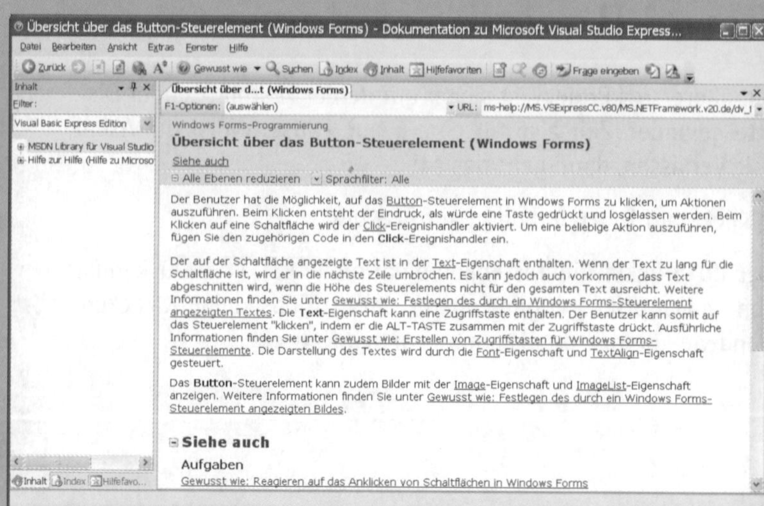

Zusammenfassung

Mit deinem ersten Projekt gehörst du zwar noch nicht zur Gilde der Visual-Basic-Programmierer, aber die Anfangsschritte hast du hinter dir. Mal sehen, was du von diesem Kapitel behalten hast. Da wären zuerst mal ein paar Operationen im Umgang mit Visual Basic:

Visual Basic starten	Doppelklicke auf das Visual-Basic-Symbol oder klicke auf Start/Alle Programme/Visual Basic – o.Ä.
Komponente auswählen	Klicke in das Toolbox-Menü
Methode bearbeiten	Doppelklicke auf die Komponente
Eigenschaft fest-legen	Klicke im Eigenschaftenfenster auf die Spalte hinter den Eigenschaftsnamen
Ganzes Projekt speichern	Klicke auf Datei/Alles speichern
Programm-projekt starten	Klicke auf Debuggen/Debuggen starten
Programm-projekt beenden	Klicke auf das **X** oder drücke [Alt] [F4]
Hilfesystem aufrufen	Klicke auf Hilfe oder drücke [F1]
Visual Basic beenden	Klicke auf Datei/Beenden

Verschwundene Fenster lassen sich so wieder öffnen:

Formularfenster	Klicke auf Ansicht/Designer
Editorfenster	Klicke auf Ansicht/Code
Eigenschaftenfenster	Klicke auf Ansicht/Eigenschaftenfenster

Ein bisschen was vom Visual-Basic-Wortschatz hast du auch schon kennen gelernt:

`Form`	Das Formular, in dem sich alle Komponenten des Programms befinden. Das Formular selbst ist die Hauptkomponente.
`Button`	Eine Schaltfläche, auf die man mit der Maus klicken kann
`Button_Click`	Diese Methode wird mit Mausklick auf eine Schaltfläche aktiviert.
`Text`	Eine Eigenschaft, die viele Komponenten haben: Gemeint ist damit eine Aufschrift oder ein Anzeigetext.
_ (Unterstrich) . (Punkt)	Operatoren für die Verbindung von Klasse/Objekt und Methoden/Eigenschaften (Unterstrich ohne Leerzeichen!)
_ (Unterstrich)	Trennsymbol für lange Anweisungen, die auf mehrere Zeilen verteilt werden sollen (mit Leerzeichen!)

Deine Arbeit an einem Projekt spielte sich vorwiegend in drei Bereichen ab:

Im **Formularbereich** baust du deine Komponenten (wie z.B. Schaltflächen) zusammen.

Im **Editorfenster** tippst du deinen Quelltext (z.B. für Methoden) ein.

Im **Eigenschaftenfenster** bestimmst du die Eigenschaften einer Komponente.

Ein paar Fragen ...

1. Wie beendet man ein Programm in Visual Basic?
2. Warum spricht man in Visual Basic nicht nur von Programm, sondern von Projekt?
3. Was ist der Unterschied zwischen Formularfenster und Editorfenster?

... aber noch keine Aufgabe

2

Buttons und Labels

Nun haben wir im letzten Kapitel ein recht mageres Projekt erstellt. Ein Programm mit nur einem Knopf ist ein bisschen dürftig. Sogar eine Jacke hat mindestens zwei Knöpfe. Außerdem war das Ganze nicht mal eine eigene Schöpfung, sondern wir haben bloß ein vorhandenes Projekt ein bisschen aufgepäppelt.

Wagen wir uns hier also endlich mal daran, komplett neue, eigene Projekte zu erstellen. Und diesmal verwenden wir ein paar Komponenten mehr.

In diesem Kapitel lernst du

- wie man ein Projekt (wieder) öffnet
- wie man ein neues Projekt erzeugt
- die Komponente `Label` kennen
- etwas über Ereignisse und Methoden
- etwas über Lage und Maße von Komponenten in einem Formular

Ein Projekt wieder öffnen

Für unser nächstes Projekt könnten wir das Beispiel aus dem letzten Kapitel übernehmen. Eine Schaltfläche ist dort ja schon vorhanden. Wir müssten sie nur ein bisschen verändern und eine zweite hinzufügen.

≫ Wenn du Visual Basic verlassen hast, starte es neu.

Schon wieder vergessen? Dann versuch es mal so:

◇ Klicke nacheinander auf START/ALLE PROGRAMME.

◇ Klicke auf MICROSOFT VISUAL BASIC EXPRESS EDITION (oder den Eintrag, den du vergeben hast).

Wenn das nicht klappt, startest du Visual Basic über START/AUSFÜHREN und eventuell über die Schaltfläche DURCHSUCHEN.

≫ Um ein Projekt wieder von Festplatte (oder Diskette) zu holen, klickst du auf DATEI und dann auf PROJEKT ÖFFNEN.

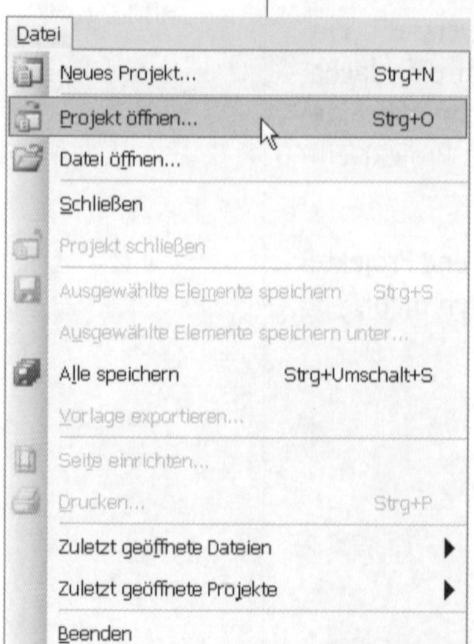

Ein Dialogfeld erscheint. Angezeigt wird das aktuelle Arbeitsverzeichnis von Visual Basic.

Das Projekt, mit dem wir im letzten Kapitel gearbeitet haben, hat den Namen PROJEKT1.VBPROJ und liegt im Ordner PROJEKT1 – wenn du es nicht unter anderem Namen gespeichert hast. Diesen Namen findest du in der Liste unter SUCHEN IN. (Wenn nicht, musst du dich weiter durchklicken.)

➢ Klicke in der Anzeige auf den Namen PROJEKT1.VBPROJ.

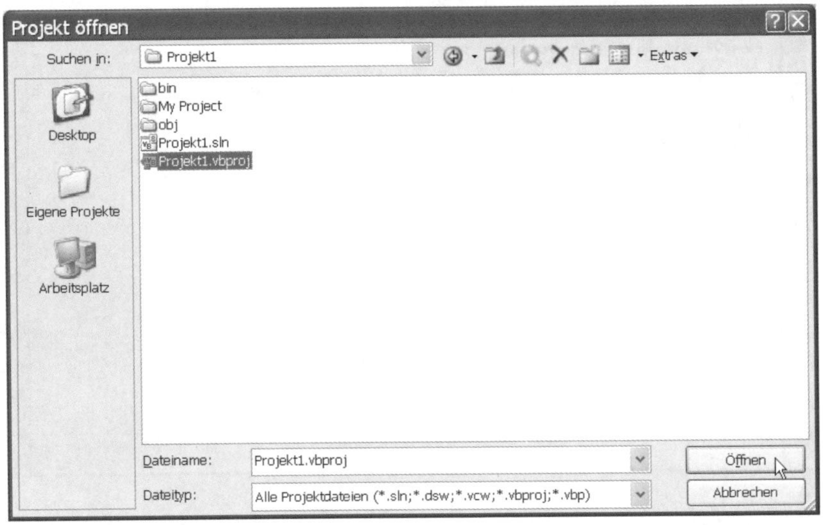

Da ist ja das Projekt!

➢ Klicke anschließend auf ÖFFNEN.

Und einige Zeit darauf bauen sich die zugehörigen Fenster inklusive Formular für das Projekt aus dem letzten Kapitel auf.

Um ein Projekt zu öffnen, das man einige Zeit zuvor bearbeitet hat, kann man auch über DATEI und ZULETZT GEÖFFNETE PROJEKTE gehen. Dann kannst du aus einem Zusatzmenü unter den zuletzt geöffneten Projekten eines auswählen.

Noch ein Knopf

Stürzen wir uns gleich in die Arbeit. Was wir jetzt brauchen, sind zwei Knöpfe, möglichst gleich groß.

Du möchtest lieber ein neues Projekt beginnen? Aber du willst dabei nicht auf die Arbeit verzichten, die du bereits ins alte Projekt gesteckt hast?

- ◇ Erzeuge über DATEI und NEUES PROJEKT sowie die Auswahl WINDOWS-ANWENDUNG ein neues Projekt. Gib ihm z.B. den Name `Hallo1`.

– Fortsetzung

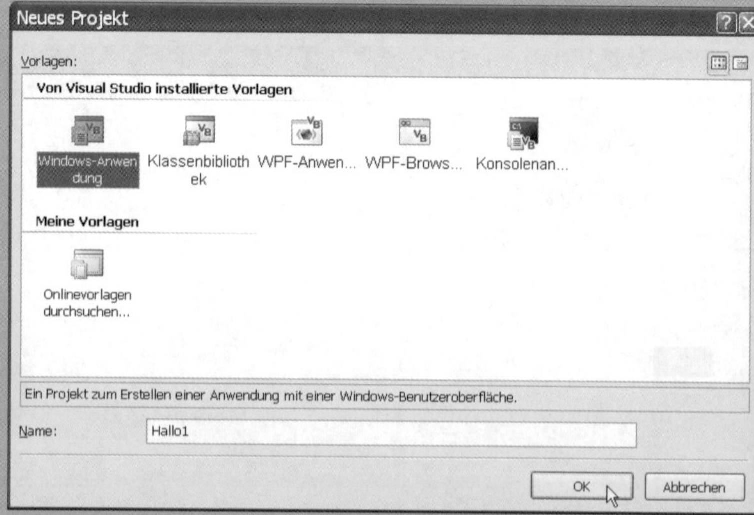

◇ Klicke in der Menüleiste auf PROJEKT und dann auf VORHANDENES ELEMENT HINZUFÜGEN.

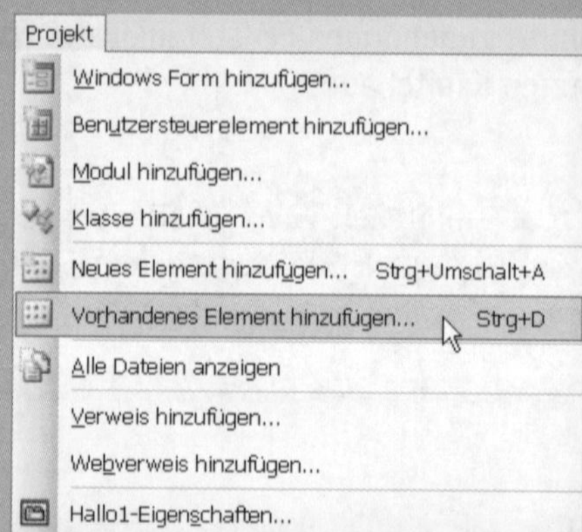

Im Dialogfeld wechselst du zum Ordner des Projekts, in dem die gewünschten Dateien zu finden sind. Dort markierst du alle Dateien, die du zum neuen Projekt hinzufügen willst. In der Regel sind das mindestens diese drei:

◇ FORM1.VB (Quelltext)

◇ FORM1.DESIGNER.VB (Formular)

◇ FORM1.RESX (Ressourcen)

– *Fortsetzung*

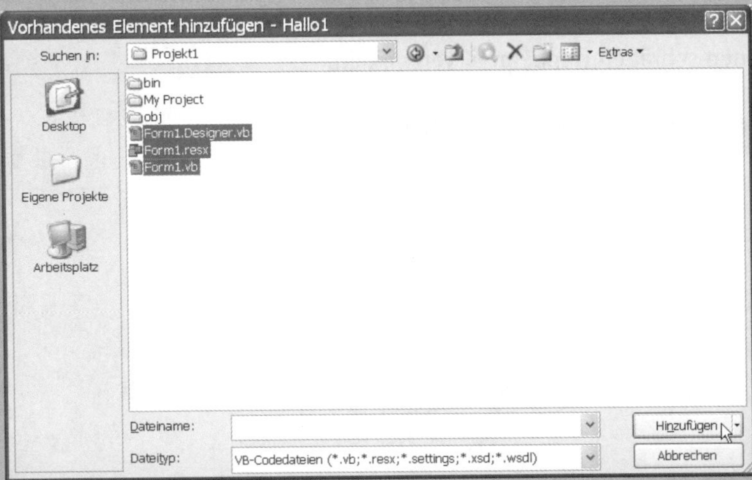

- Klicke abschließend auf HINZUFÜGEN.
- Weil es im neuen Projekt bereits Dateien mit gleichem Namen gibt, erscheint eine entsprechende Meldung:

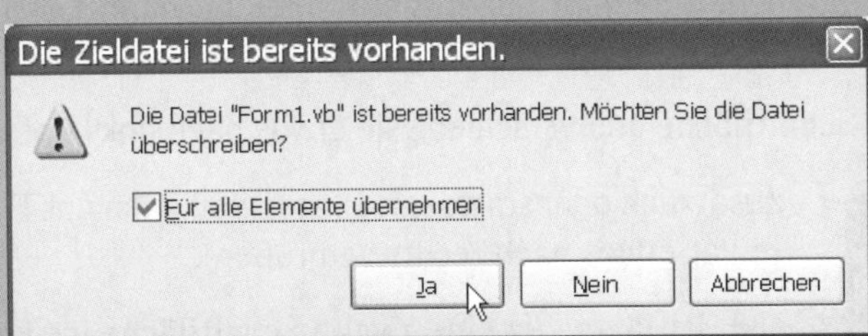

- Klicke auf JA. (Wenn du diese Bestätigung nicht für jede Datei wiederholen willst, kannst du vor den Eintrag FÜR ALLE ELEMENTE ÜBERNEHMEN ein Häkchen setzen.)
- Sollte zusätzlich noch die folgende Meldung erscheinen, klickst du auf JA oder JA, ALLE.

Nun werden die neu erzeugten durch deine alten Dateien ersetzt. Und du kannst dort weitermachen, wo du beim ersten Projekt aufgehört hast.

➢ Zeige mit der Maus im Formular auf die untere rechte Ecke der Schaltfläche mit der Aufschrift DRÜCK MICH, bis der Zeiger sich in einen kleinen schrägen Doppelpfeil verwandelt.

Buttongröße ändern

➢ Dann ziehe mit der Maus nach links, damit die Schaltfläche kleiner wird.

➢ Wenn die Schaltfläche ungefähr quadratisch aussieht, dann lass die Maustaste los.

➢ Klicke auf die Schaltfläche und verschiebe sie etwas nach links unten.

Zusätzlich oder stattdessen kannst du auch das Formular etwas nach rechts vergrößern.

Nun ist Platz, um eine zweite Schaltfläche ins Formular einzusetzen.

➢ Suche im Toolboxmenü das Symbol für BUTTON und klicke darauf.

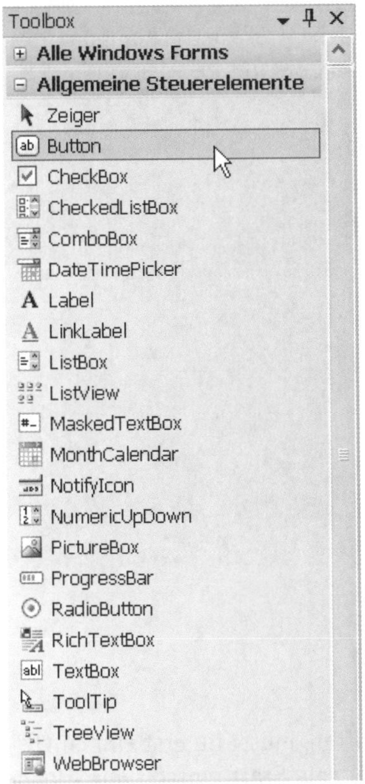

Zwei Knöpfe

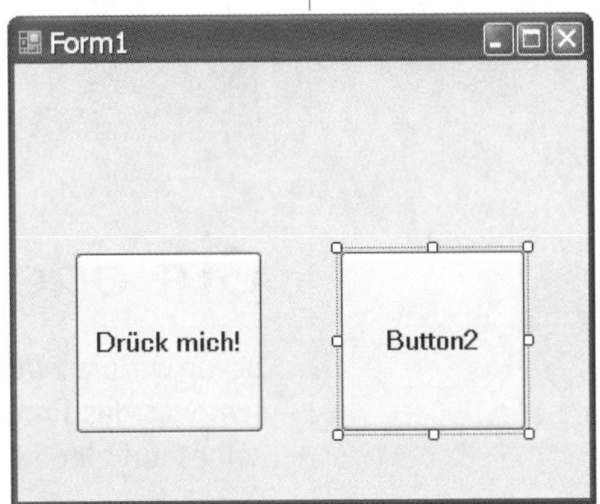

➢ Ziehe die neue Schaltfläche im Formular auf.

Für jede Komponente lässt sich im Eigenschaftenfenster die Größe festlegen:

- Die Höhe wird hinter **SIZE/HEIGHT** eingetragen.
- Die Breite wird hinter **SIZE/WIDTH** eingetragen.

Und auch die Position kannst du hier bestimmen:

- Die Position links wird hinter **LOCATION/X** eingetragen (englisch: Left).
- Die Position oben wird hinter **LOCATION/Y** eingetragen (englisch: Top).

– Fortsetzung

Mit diesen vier Werten sind die Lage und die Größe jeder Komponente eindeutig festgelegt. Denn die rechte und die untere Position lassen sich so bestimmen:

```
Rechts = Location.X + Size.Width  // englisch: Right
Unten  = Location.Y + Size.Height // englisch: Bottom
```

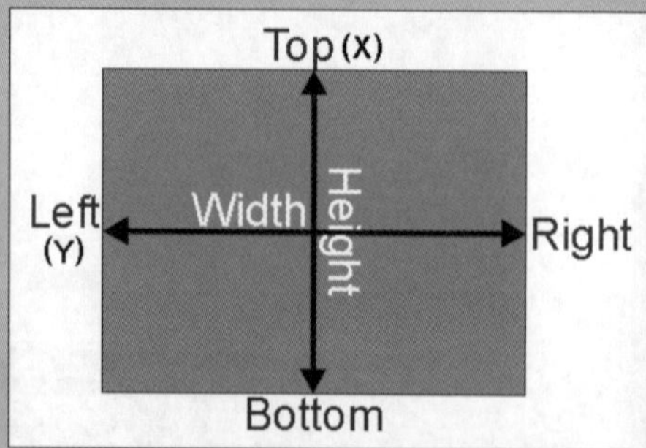

Gut oder schlecht?

Bevor wir die zweite Schaltfläche beschriften, musst du erst einmal wissen, was das Programm eigentlich leisten soll. Statt einfach nur »Hallo« soll es auf einen Knopfdruck schon ein bisschen intelligenter reagieren.

Damit man aber beim Programmstart auch weiß, worum es eigentlich geht, muss irgendwo ein Satz stehen, der darauf hinweist. Wir regeln das über die Titelleiste des Formulars:

≫ Klicke auf die Fläche des Formulars. Dann trage im Eigenschaftenfenster hinter TEXT ein: `Hallo, wie geht es denn so?`

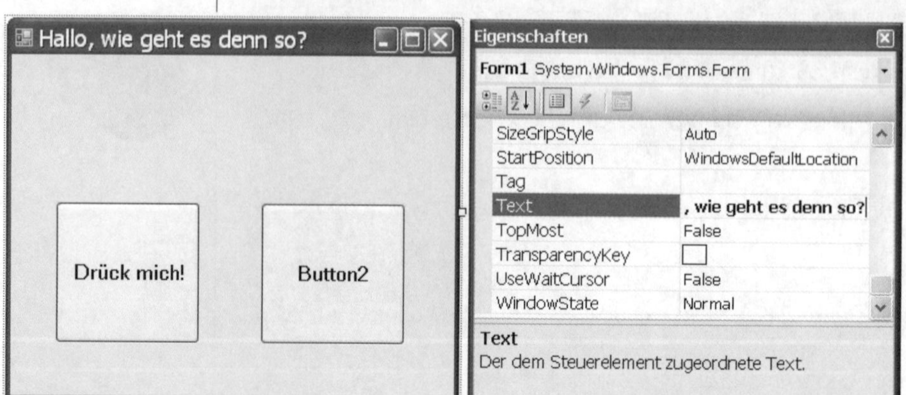

Ein neuer Titel für das Formular

Für die beiden Schaltflächen nehmen wir die beiden Antworten, die man am ehesten gibt, wenn man »Hallo, wie geht es denn so?« gefragt wird. Mit den Aufschriften GUT und SCHLECHT werden die beiden Schaltflächen zu Antwortknöpfen.

- Klicke auf die linke Schaltfläche und tippe dann im Eigenschaftenfenster hinter TEXT das Wort `Gut` ein.
- Klicke auf die rechte Schaltfläche und tippe dann hinter TEXT das Wort `Schlecht` ein.

Nun sind die Knöpfe fertig. Damit auch auf Knopfdruck die richtigen Texte erscheinen, müssen wir uns jetzt um die `Button_Click`-Methoden kümmern. Jetzt benötigen wir gleich zwei dieser Methoden.

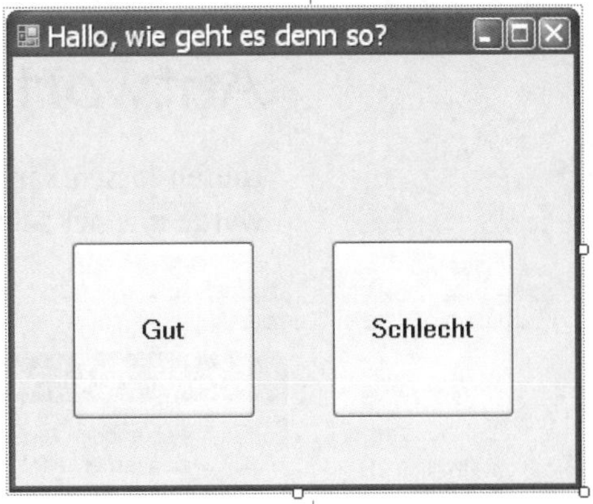

- Doppelklicke auf die linke Schaltfläche (GUT). Und wieder landest du im Editorfenster. Ändere den Text von `Button1_Click` so um (→ HALLO1\FORM1.VB):

```
Private Sub Button1_Click (ByVal sender As _
System.Object, ByVal e As System.EventArgs) _
Handles Button1.Click
  Label1.Text = "Das freut mich!"
End Sub
```

Auch hier taucht wieder der Unterstrich (_) auf: Weil der komplette Quelltext (der im Editor von Visual Basic in **einer einzigen** Zeile steht) im Buch nur in drei Zeilen passt, muss mit Hilfe dieses Zeichens am Zeilenende der Text »umbrochen« werden. (Beachte, dass vor dem Unterstrich ein Leerzeichen stehen muss!)

- Wechsle nun wieder zum Formularfenster.
- Doppelklicke auf die rechte Schaltfläche (SCHLECHT). Und als Text unter `Button2_Click` gibst du ein:

```
Private Sub Button2_Click (ByVal sender As _
System.Object, ByVal e As System.EventArgs) _
Handles Button1.Click
  Label1.Text = "Das tut mir leid!"
End Sub
```

Ist da nicht ein neuer Name aufgetaucht? Was ist ein Label? Das erfährst du sofort.

Antwort per Label

Laufen lassen kannst du dein Programm leider noch nicht. Der Versuch würde in einer solchen Fehlermeldung enden:

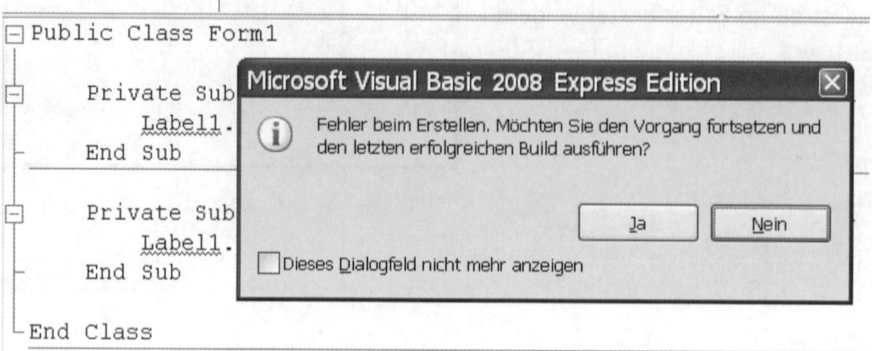

Dass Visual Basic `Label1` beanstandet, ist auch kein Wunder. Denn diese Komponente müssen wir erst in unser Formular einbauen.

➢ Suche im Toolboxmenü den Eintrag für LABEL und klicke darauf.

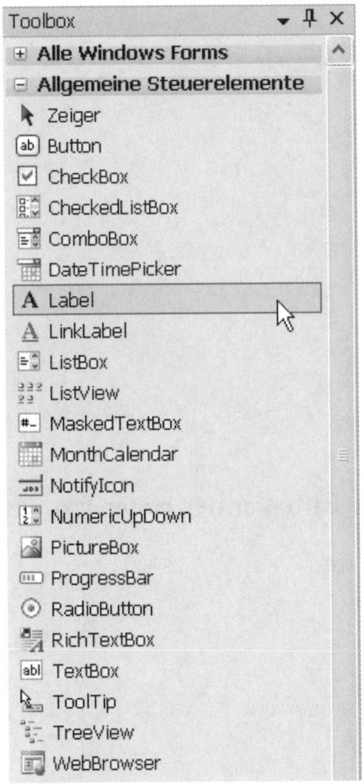

Ein **Label** (gesprochen: Leybl) ist eine **Anzeigefläche** für einen Text. Genau so etwas brauchen wir jetzt, um unseren Begrüßungssatz richtig zu platzieren.

- Ziehe die Anzeigefläche im Formular über den beiden Knöpfen auf.
- Damit diese Größe erhalten bleibt, musst du jetzt als Erstes im Eigenschaftenfenster die Eigenschaft AUTOSIZE auf FALSE einstellen. Klicke dazu zuerst auf das kleine Dreieck und dann auf den Eintrag FALSE.

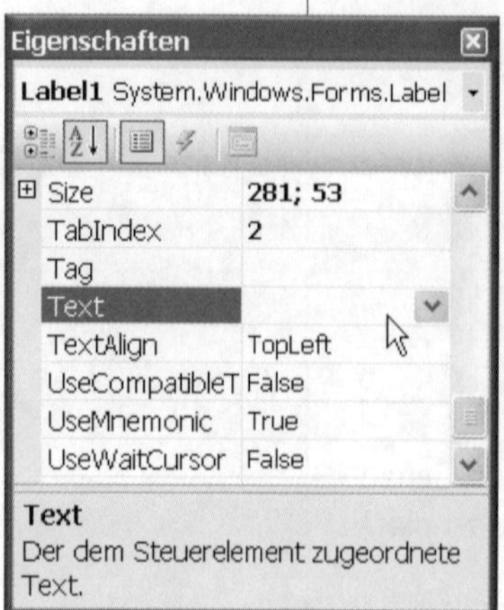

➢ Dann kannst du im Eigenschaftenfenster hinter TEXT das Wort `Label1` löschen.

In Visual Basic hat ein Label zunächst die Eigenschaft, seine Größe automatisch an den angezeigten Text anzupassen. Gibt es keinen Text, schrumpft das Label so zusammen, dass es nunmehr wirklich sehr unscheinbar geworden ist. Deshalb ist es fast immer sinnvoll, die Eigenschaft AUTOSIZE auf FALSE zu setzen.

Speichern und ausprobieren

➢ Bevor du das neue Projekt startest, sollte es nun unbedingt komplett gespeichert werden (DATEI und ALLES SPEICHERN).

Ist dein Projekt neu, hast du jetzt die Gelegenheit, einen Namen einzugeben:

➢ Und nun probier mal aus, ob das Programm tut, was es soll. Klicke dazu auf DEBUGGEN und dann noch mal auf DEBUGGEN STARTEN. Oder du drückst gleich [F5].

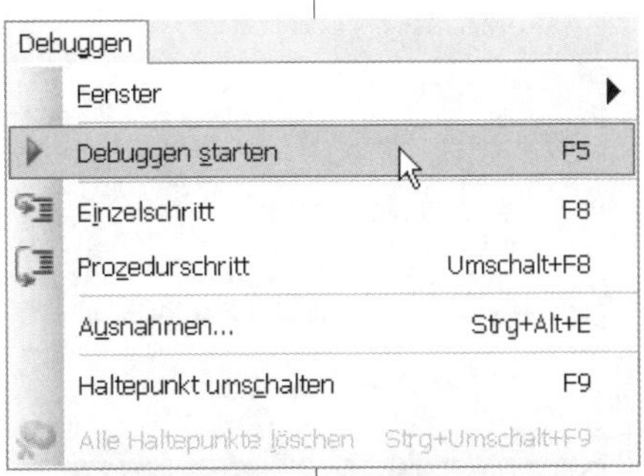

Bei der Programmausführung kannst du nun sehen, dass der Computer je nach Knopfdruck mit diesen Sätzen reagiert:

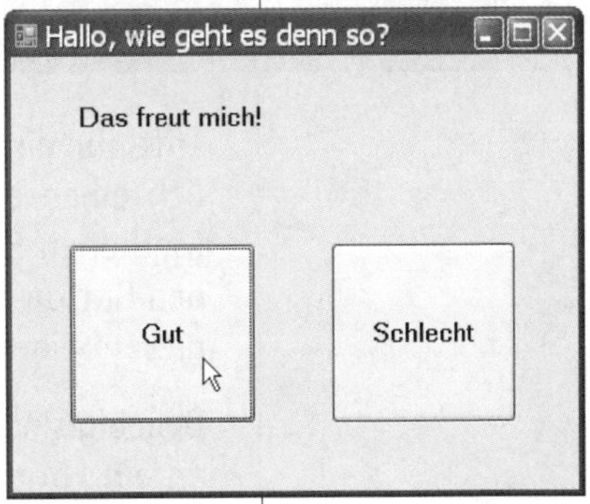

Schaltfläche	Anzeigefläche
Gut	Das freut mich!
Schlecht	Das tut mir Leid!

Ereignisse und Methoden

So könnte die Struktur aussehen, die hinter dem Klicken auf die beiden Schaltflächen steckt:

- Klickt man auf den Knopf mit der Aufschrift GUT, dann wird »Das freut mich!« gemeldet.
- Klickt man auf den Knopf mit der Aufschrift SCHLECHT, dann wird »Das tut mir Leid!« gemeldet.

So etwas wie einen Mausklick bezeichnet man unter Windows als **Ereignis**. Das kann auch ein Tastendruck sein. Oder das Verschieben eines Fensters. Allgemein könnte man sagen: Wenn etwas auf dem Windows-Bildschirm passiert, dann ist es ein Ereignis. Es gibt aber auch Ereignisse, die unsichtbar oder ganz unbemerkt von uns ablaufen. Um die geht es aber jetzt nicht.

Die beiden Ereignisse, die in unserem aktuellen Programmbeispiel auftreten, werden in Visual Basic `Click`-Ereignisse genannt.

Tritt nun ein solches Ereignis auf, wird eine **Methode** aktiviert, die natürlich einen dazu passenden Namen trägt. In unserem Fall sind das die Methoden `Button1_Click` und `Button2_Click`. So löst ein Klick auf den Button Nr. 1 oder ein Klick auf den Button Nr. 2 eine Aktion aus: Eine dieser beiden Methoden wird ausgeführt.

Beliebig sind die genannten Methoden nicht verwendbar, sondern sie sind an ein Formular gebunden. Sie können also nur aktiviert werden, wenn sich der Mausklick innerhalb des Formulars abspielt.

Auch das Formular ist eine Komponente, sozusagen die Hauptkomponente im Programm. Während eine Schaltfläche von Typ `Button` ist, heißt der Typ des Formulars `Form`.

Veredelung

Nicht übel, unser erstes eigenes Programm. Aber es gibt nichts, was man nicht noch irgendwie verbessern könnte. Der Text im Label liegt noch ein bisschen ungünstig. Außerdem kommt möglicherweise bei dir die Schrift etwas mickrig daher.

- Wenn du das Hallo-Programm noch nicht beendet hast, tu das mit einem Klick auf das X oben rechts.
- Dann klicke im Formular auf die Labelfläche, damit sie markiert ist.

- Damit der angezeigte Text nachher schön in der Mitte steht, klicke im Eigenschaftenfenster hinter TEXTALIGN auf das kleine Dreieck. Dann klicke auf das mittlere Symbol (für MIDDLECENTER).

Damit erhält die Anzeige eine zentrierte Ausrichtung. (»Align« ist das englische Wort für »Ausrichten« – gesprochen etwa: Elain.)

- Wenn du dir noch eine schönere oder auch nur größere Schrift wünschst, dann klicke jetzt noch im Eigenschaftenfenster hinter FONT ganz rechts auf den kleinen Knopf mit den drei Pünktchen (...).

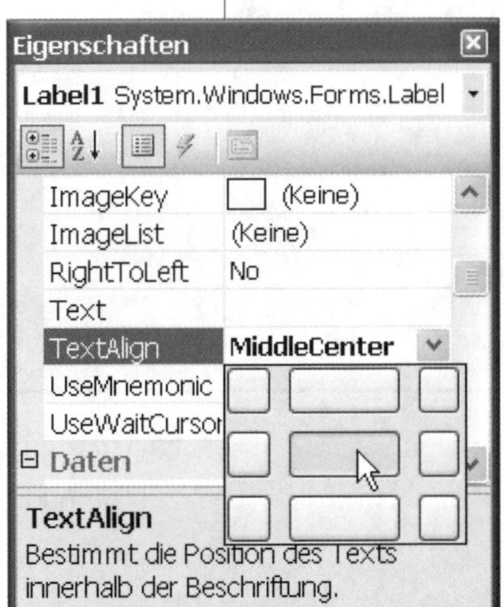

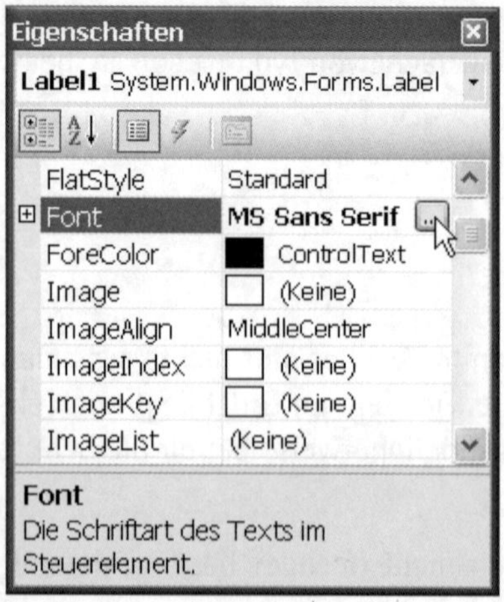

Ein kleines Dialogfenster öffnet sich. Dort kannst du dir eine andere Schriftart aussuchen, wenn du willst. Jetzt und bei den meisten künftigen Projekten geht es aber darum, die Schriftgröße zu ändern. Sinnvoll ist ein Wert zwischen 12 und 20, damit die angezeigte Antwort auch gut sichtbar ist. Nicht jede Schriftart ist übrigens gleich groß zu sehen.

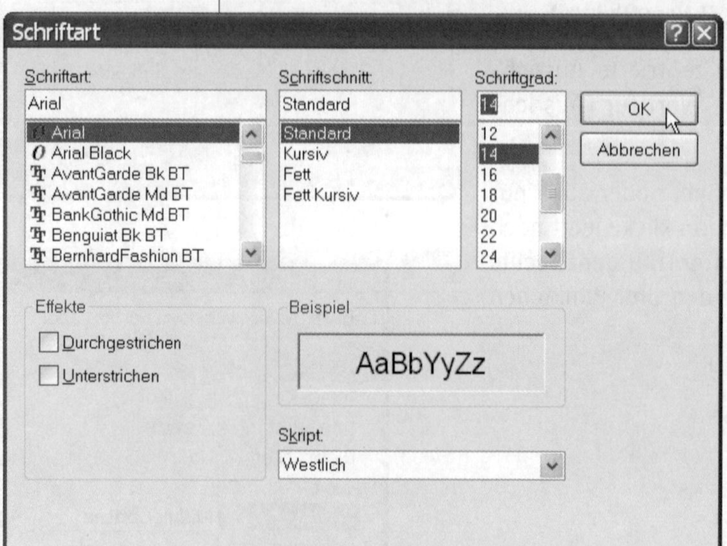

≫ Wähle links eine Schriftart aus und gib rechts eine Schriftgröße ein. Dann klicke auf OK.

➢ Gib auch den beiden Schaltflächen eine andere Schriftgröße. Wenn du möchtest, such dir auch eine neue Schriftart aus.

Und nun kommt der letzte Probelauf. Zuvor aber sollte das Projekt noch einmal gespeichert werden:

➢ Klicke wieder auf DATEI und auf ALLES SPEICHERN.

➢ Jetzt kannst du auf DEBUGGEN und dann noch mal auf DEBUGGEN STARTEN klicken.

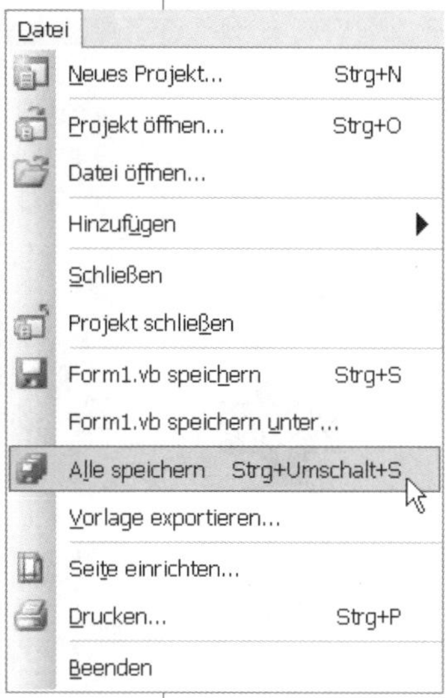

Das Programm läuft ab wie vorhin. Nun aber sieht es doch ein bisschen eleganter aus, vor allem wenn der Antwortsatz erscheint.

Hin und wieder kann es passieren, dass nach dem Laden eines Projekts weit und breit nichts von einem Formular oder einem Quelltext zu sehen ist. Auch der Versuch, diese Fenster über ANSICHT und CODE bzw. ANSICHT und DESIGNER zu erreichen, geht schief – weil diese Einträge in diesem Menü gar nicht zu finden sind.

Das ist vor allem dann möglich, wenn du in ein neues Projekt Daten eines anderen (über VORHANDENES ELEMENT HINZUFÜGEN) importiert hast. Aber auch wenn ein Projekt aus einem anderen als dem aktuellen Arbeitsverzeichnis von Visual Basic geladen wurde, kann es sein, dass nichts angezeigt wird.

Hier hilft nur ein Klick auf den (offenbar immer vorhandenen) Eintrag PROJEKTMAPPEN-EXPLORER im ANSICHT-Menü.

– Fortsetzung

Damit öffnet man ein kleines Extrafenster, in dem man sich die zum Projekt gehörende Dateien für Formular und Quelltext aussuchen kann (z.B. FORM1.VB).

Anschließend tauchen auch die Einträge CODE und DESIGNER wieder im ANSICHT-Menü auf.

Ein ganz neues Projekt

Lassen wir das Hallo-Projekt jetzt in Ruhe und fangen wir etwas Neues an. Dein PC soll jetzt beweisen, dass er mindestens das kann, was ein Taschenrechner schon lange bringt. Und du tust einfach nur das, was dein Mathelehrer mit dir gemacht hat: Du lässt rechnen, und zwar den Computer. Allerdings musst du zuvor das passende Projekt erstellen.

Ein ganz neues Projekt

Erst mal brauchen wir ein neues Formular. Und auch die übrigen Bestandteile des Projekts sollen natürlich ganz frisch sein.

➢ Schließe das Hallo-Projekt mit einem Klick auf das **X** rechts oben im Projektfenster.

Was ist, wenn ein Fenster mit einem Hinweis wie MÖCHTEN SIE ÄNDERUNGEN SPEICHERN erscheint? Das heißt, dass eine oder mehrere Dateien des aktuellen Projekts nach dem letzten Speichern geändert wurden.

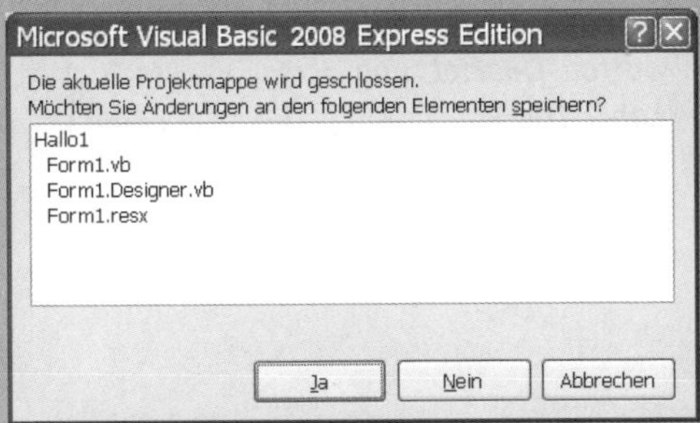

- ◇ Klickst du auf JA, werden alle geänderten Projektdateien (nochmals) gespeichert.
- ◇ Klickst du auf NEIN, schließt sich das Projekt und die alte Fassung bleibt auf der Festplatte.
- ◇ Mit einem Klick auf ABBRECHEN kehrst du zum aktuellen Projekt zurück (z.B. um es weiter zu bearbeiten).

➢ Klicke auf DATEI und auf NEUES PROJEKT.

Komponentenschwemme

Und nun brauchst du drei Labels und beim Typ Button kannst du dich gleich viermal bedienen. Wozu, das erfährst du noch. Wie die Komponenten im Formular verteilt werden, siehst du hier:

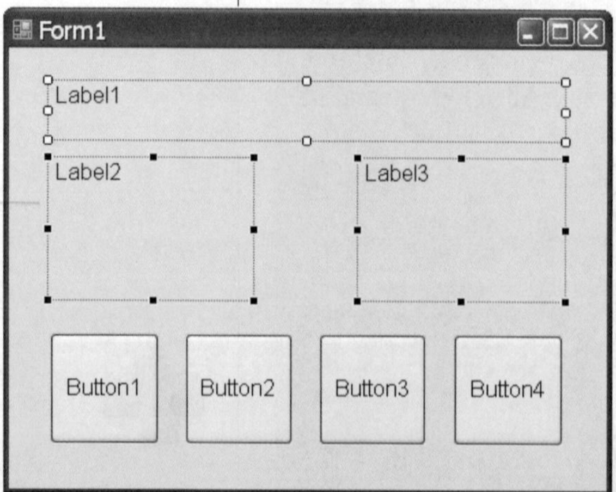

Button-Quartett und Label-Trio

- Klicke in der Komponentenpalette auf das Symbol für LABEL. Dann ziehe die Anzeigefläche im Formular auf. Wiederhole das noch zweimal.
- Klicke auf das Symbol für BUTTON. Ziehe dann die Schaltfläche im Formular auf. Wiederhole das noch dreimal.

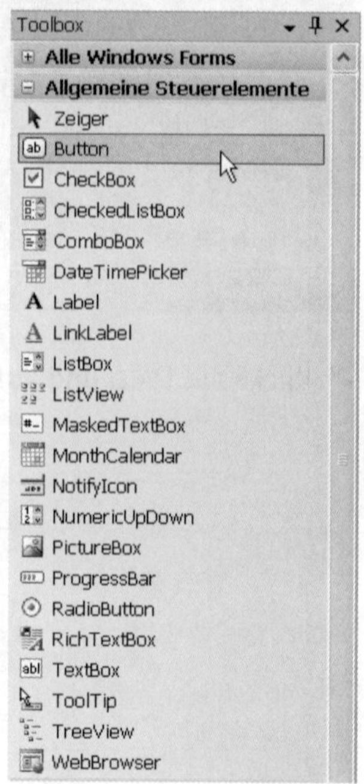

Brauchst du etwas Hilfestellung?

- Neue Komponenten bekommst du über die Toolbox (Menüeinträge BUTTON oder LABEL): Klicke darauf und ziehe jede Schaltfläche bzw. Anzeigefläche mit der Maus im Formular auf.
- Die Größe von Komponenten änderst du, indem du mit der Maus unten an der rechten Ecke ziehst.
- Eine Komponente verschiebst du, indem du mit der Maus darauf klickst und sie dann mit der Maus dorthin ziehst, wo die Komponente hin soll.
- Den Anzeigetext einer Komponenten trägst du im Eigenschaftenfenster hinter TEXT ein.
- Gleiches gilt, wenn du andere Eigenschaften (z.B. Lage oder Größe) ändern willst. Auch das wird über den Eigenschaftenfenster erledigt: Hierfür sind LOCATION und SIZE zuständig. Dort kannst du jeweils genaue Werte eintragen.

Sicher willst du dein Projekt schon mal speichern?

≫ Dann klicke auf DATEI und ALLES SPEICHERN. Verwende den Projektnamen MATHE1.

Zusammenfassung

Das war erst der Anfang unseres Mathe-Projekts. Trotzdem ist es Zeit für eine kleine Pause, ehe es dann im nächsten Kapitel richtig losgeht.

In diesem Kapitel haben wir noch mal »Hallo« gesagt und dann mit ein paar Labels und vielen Knöpfen hantiert. Dabei hast du schon wieder einiges von Visual Basic kennen gelernt und weißt schon wieder ein bisschen mehr über den Umgang mit Visual Basic:

Visual Basic starten	Klicke auf START/ALLE PROGRAMME/ MICROSOFT VISUAL BASIC EXPRESS
Neues Projekt erstellen	Klicke auf DATEI/NEUES PROJEKT
Projekt öffnen	Klicke auf DATEI/PROJEKT ÖFFNEN
Letztes Projekt öffnen	Klicke auf DATEI/ZULETZT GEÖFFNETE PROJEKTE ÖFFNEN
Projekt speichern	Klicke auf DATEI/ALLES SPEICHERN
Datei speichern (unter)	Klicke auf DATEI/... SPEICHERN (UNTER)

Auch mit einigen weiteren Komponenten von Visual Basic hast du hier wiederholt oder neu Bekanntschaft gemacht:

`Form`	Das Formular, in dem sich alle Komponenten des Programms befinden. Das Formular selbst ist die Hauptkomponente.
`Label`	Eine Anzeigefläche, mit der man Text anzeigen kann
`Button`	Eine Schaltfläche, auf die man mit der Maus klicken kann
`Button_Click`	Diese Methode wird mit Mausklick auf eine Schaltfläche aktiviert.
`Size (Height, Width)`	Höhe und Breite einer sichtbaren Komponente
`Location (X, Y)`	Position der linken oberen Ecke einer sichtbaren Komponente

Ein paar Fragen ...

1. Welche Komponenten in Visual Basic kennst du schon?
2. Was bedeuten Ereignisse und Methoden in Visual Basic?
3. Wie lässt sich während des Programmlaufs die Aufschrift auf einem Button oder Label ändern?

... und eine Aufgabe

1. Erweitere das Hallo-Projekt auf mindestens vier Schaltflächen: Finde außer GUT und SCHLECHT noch ein paar weitere Knopfaufschriften. Und programmiere die passenden Antworten dazu.

3

Von Zahlen, Zeichen und Operatoren

Und weiter geht es mit unserem Mathematik-Projekt. Ein bisschen Rechnen ist in diesem Kapitel angesagt. Dabei erfährst du auch einiges über Zahlen und Zeichen und wie Visual Basic damit umgeht. Außerdem lassen wir uns hier vom Zufall etwas unter die Arme greifen.

In diesem Kapitel lernst du

- wie man Variablen in Visual Basic vereinbart
- einige Datentypen und Operatoren kennen
- wie man in Visual Basic Zufallszahlen erzeugt
- wie man Zahlen in Zeichenketten umwandelt
- wie man Kommentare im Quelltext verwendet

Die passende Optik

Und so geht das kleine Spiel:

- Durch Klick auf das Label mit der Aufschrift »Klick dir zwei Zahlen« sollen in den anderen beiden Anzeigeflächen zwei zufällige Zahlen auftauchen.
- Wird dann auf einen der vier Knöpfe für die Rechenarten geklickt, werden diese Zahlen addiert, subtrahiert, multipliziert oder dividiert. Und das Ergebnis soll dann oben im Label angezeigt werden.

Weil es vier Grundrechenarten gibt, brauchen wir für jede eine Schaltfläche. Ein Label dient der Information, was zu tun ist. Zwei weitere Labels sind für die beiden Zahlen, die jeweils verknüpft werden sollen.

Beschriftet werden nur die vier Schaltflächen, und auch der Titel des Formulars muss geändert werden. Wie, das zeigt dir diese Tabelle:

Komponente	Text	Schriftgröße
Button1	+ (plus)	36
Button2	– (minus)	36
Button3	* (mal)	36
Button4	/ (durch)	36
Label1	Klick dir zwei Zahlen.	14
Label2		36
Label3		36
Form1	Rechenarten	

> Du bist dir nicht sicher, wie du ein Projekt wieder laden kannst? Klicke auf DATEI und dann auf PROJEKT ÖFFNEN. In der Regel musst du in einen Ordner wechseln, um dort die Projektdatei zu finden (die dann dafür sorgt, dass auch alle weiteren Dateien des Projekts geöffnet werden). Diese »Hauptdatei« hat die Kennung VBPROJ.

- Klicke auf jeden Button und ändere im Eigenschaftenfenster den Eintrag hinter TEXT entsprechend.
- Klicke auf jedes Label und ändere im Eigenschaftenfenster jeweils die Einstellung AUTOSIZE auf FALSE um.

- Für jedes Label solltest du außerdem die Anzeige zentrieren. Dazu stellst du im Eigenschaftenfenster hinter TEXTALIGN jeweils MIDDLECENTER (für »Zentriert«) ein.

Mit den Labels sind wir damit noch nicht fertig. Jetzt geht es nämlich um den Anzeigetext.

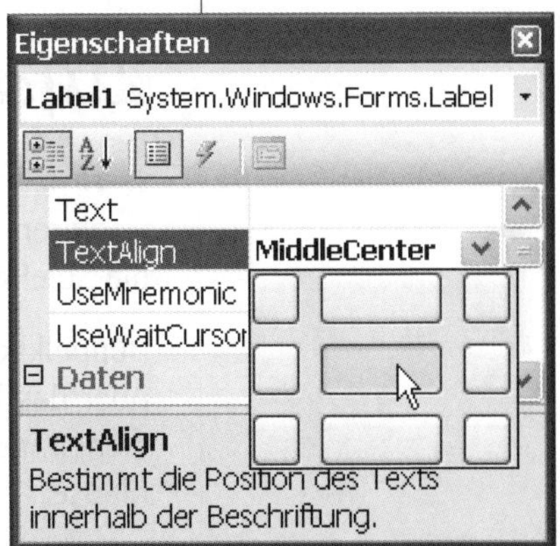

- Klicke nun auf das obere Label und trage im Eigenschaftenfenster hinter TEXT ein: `Klick dir zwei Zahlen`.
- Lösche dann bei den anderen beiden Labels den Eintrag hinter TEXT.

Nun sollte noch für jede Komponente die Schriftgröße geändert werden. Die Zahlen in der Tabelle sind nur Vorschläge. Du darfst natürlich auch andere Werte wählen. Wenn du willst, kannst du dir auch eine andere Schriftart aussuchen.

- Dazu musst du jedes Mal im Eigenschaftenfenster über FONT das entsprechende Dialogfeld öffnen.
- Abschließend klickst du auf die Formularfläche und trägst im Eigenschaftenfenster hinter TEXT `Rechenarten` ein.

Nach getaner Arbeit könnte das Ergebnis etwa so aussehen:

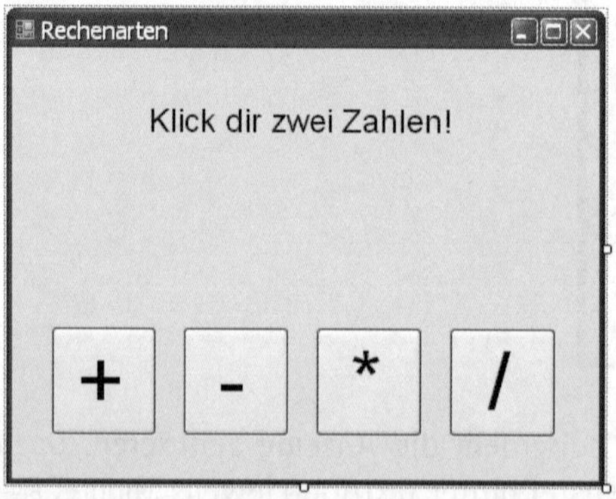

Zufallszahlen und Variablen

Jetzt haben wir ein schönes Formular für unser Rechenspiel erstellt. Funktionieren tut das Ganze freilich nur, wenn wir dem Computer nun auch die Spielregeln beibringen. Fangen wir mit den zwei zufälligen Zahlen an.

Doppelklicken auf den Titel ganz oben im Formular wäre jetzt angesagt. Aber das klappt nicht. Also muss ein Label als Objekt für den Mausklick dienen, denn das ist wie auch schon ein Button tatsächlich sensibel für Mäuse.

≫ Doppelklicke auf das obere Label mit dem Text »Klick dir zwei Zahlen«.

Im Editorfenster bietet Visual Basic dir eine Methode mit dem Namen `Label1_Click` an.

≫ Nun kannst du für diese Methode die folgenden Zeilen eintippen:

```
Private Sub Label1_Click (ByVal sender As _
System.Object, ByVal e As System.EventArgs) _
Handles Label1.Click
  Randomize()
  Zahl1 = Int (100 * Rnd())
  Zahl2 = Int (100 * Rnd())
  Label1.Text = "Wähle die Rechenart!"
  Label2.Text = CStr(Zahl1)
  Label3.Text = CStr(Zahl2)
End Sub
```

Klar, dass du jetzt auf einige Erläuterungen wartest. Also folgt nun Zeile für Zeile, was in dieser Methode passieren soll:

Mit Randomize wird ein Zufallszahlengenerator gestartet. Der Computer berechnet nach einer Formel von Visual Basic einen zufälligen Startwert und nimmt dabei Datum und Uhrzeit zur Hilfe. Weil die sich dauernd ändern, entsteht dadurch auch bei jedem Aufruf von Randomize ein neuer Startwert.

> Falls du die runden Klammern nicht gleich findest: Versuchs mal mit [Shift] [8] und mit [Shift] [9].

Rnd erzeugt dann eine Zufallszahl, die zwischen 0 und 1 liegt. Weil wir aber eine Zahl bis 100 haben wollen, müssen wir den Zufallswert mit 100 multiplizieren:

```
Zahl1 = Int (100 * Rnd())
Zahl2 = Int (100 * Rnd())
```

Allerdings sind die zufälligen Werte in der Regel irgendwelche »Kommazahlen«. Mit der Funktion Int sorgen wir dafür, dass wir nur die ganzen Zahlen von 0 bis 100 zur Verfügung haben.

> Wozu dienen die Klammern hinter Randomize und Rnd? Grundsätzlich trägt jede Methode in Visual Basic Klammern mit sich: Dort stehen normalerweise so genannte Parameter, also Werte, die die Methode übernimmt und verarbeitet. Das kannst du z.B. an Int oder CStr sehen.
>
> Übernimmt eine Methode keine Parameter, dann bleiben die Klammern einfach leer.

Weil wir zwei Zahlen brauchen, kommt Rnd auch zweimal in dieser Label_Click-Methode vor. Damit der Computer sie aber auch irgendwo aufheben kann, benötigt er zwei Behälter. Mit Zahl1 und Zahl2 wird jeweils ein solcher Platz im Arbeitsspeicher deines PC bezeichnet.

Weil dort dann die beiden Zufallszahlen abgelegt werden, spricht man bei Zahl1 und Zahl2 auch von **Bezeichner** oder von **Variablen**.

Und bei der ganzen Rechnung spricht man auch von einer **Zuweisung**. Demgemäß wird das Gleichheitszeichen (=) in Visual Basic auch als **Zuweisungsoperator** bezeichnet.

So genau weißt du nicht mehr, was **Variablen** sind? Aus dem Matheunterricht kennst du wahrscheinlich den Begriff **Platzhalter**. Platzhalter werden meist mit Buchstaben wie **x** oder **y** bezeichnet. Und weil diese Platzhalter in jeder Aufgabe einen anderen Wert annehmen können, also keinen von vornherein festgelegten Wert haben, nennt man so was Variablen (das Fremdwort »variabel« heißt auf Deutsch so viel wie »veränderlich«).

Im Gegensatz dazu gibt es natürlich in Visual Basic auch **Konstanten**. Die haben dann einen festgelegten Wert, der sich während des Programmlaufs nicht verändert. Und auch bei jedem neuen Programmstart behält eine Konstante ihren Wert. Beispiele sind diese beiden Texte, die das obere Label im Formular anzeigen soll:

```
"Klick dir zwei Zahlen!"
"Wähle die Rechenart!"
```

Aber auch Zahlen wie z.B. 0, 1, –1, 3,14 lassen sich als Konstanten einsetzen (wie du noch sehen wirst).

Der Name für eine Variable ist eigentlich egal, aber er sollte schon erkennen lassen, wozu die Variable verwendet wird. Ich hätte wie die Mathematiker z.B. auch `x` und `y` nehmen können, aber `Zahl1` und `Zahl2` sind hier sicher aussagekräftiger.

Jeder beliebige Name ist für Variablen ohnehin nicht erlaubt: So kommen alle Schlüsselwörter, die zur Sprache Visual Basic gehören, schon mal nicht in Frage. **Schlüsselwörter** sind z.B. `Sub`, `Rnd` und `End`. Außerdem darf ein Variablenname nicht mit einer Zahl anfangen. Am sichersten ist es, wenn du mit einem Buchstaben beginnst und weitgehend auf Sonderzeichen verzichtest.

Zeichenketten

Den Rest der Methode `Label1_Click` bilden noch ein paar weitere Zuweisungen. Diese betreffen die Eigenschaft `Text` der drei Anzeigeflächen `Label1`, `Label2` und `Label3`. Jede von ihnen bekommt etwas zugewiesen, das anschließend im Formular sichtbar werden soll:

```
Label1.Text = "Wähle die Rechenart!"
Label2.Text = CStr(Zahl1)
Label3.Text = CStr(Zahl2)
```

Wieder mal taucht hier der Punkt (.) auf, den du schon von den letzten beiden Kapiteln her kennst. Dieser Operator verbindet ein Objekt oder eine Klasse mit einer Methode.

Während die erste Anweisung wohl ziemlich klar ist, muss ich die anderen beiden etwas näher erklären. In allen drei Fällen wird für die Eigenschaft `Text` keine Zahl, sondern ein Text erwartet. In Visual Basic spricht man auch von **Zeichenkette** oder **String** – wie in anderen Programmiersprachen auch.

Eindeutig funktioniert diese Anweisung:

```
Label1.Text = "Wähle die Rechenart!"
```

Der Satz »Wähle die Rechenart!« ist eindeutig ein String und wird als Anzeigetext für `Label1` akzeptiert. Bei `Label2` und `Label3` dagegen übergeben wir `Zahl1` und `Zahl2` nicht einfach direkt. Für den Computer sind nun mal Zahlen nicht dasselbe wie Zeichenketten – ebenso wie für uns. Diese beiden Werte sollten also erst in einen Text umgewandelt werden. Das wird durch diese Aktionen erledigt:

```
Label2.Text = CStr(Zahl1)
Label3.Text = CStr(Zahl2)
```

Mit der Methode `CStr` wird aus einer ganzen Zahl wie z.B. 49 eine Zeichenkette mit den Ziffern 4 und 9, also `"49"`. Diese Methode übernimmt eine ganze Zahl als Parameter und gibt einen String zurück.

> Eine Methode, die nicht nur Werte übernehmen, sondern auch ein Ergebnis zurückliefern kann, wird **Funktion** genannt.

Und nun können nach einem Klick auf die obere Anzeigefläche zwei zufällige Zahlen und ein neuer Text angezeigt werden.

≫ Starte das Projekt: Mit Klick auf DEBUGGEN und noch mal DEBUGGEN STARTEN oder Druck auf die Taste [F5]. Du kannst aber auch auf das Symbol unter dem Menüeintrag EXTRAS klicken.

Vereinbarungen sind nötig

Beim Versuch von Visual Basic, deinem Computer das neue Programm beizubringen, scheint irgendetwas nicht zu klappen. Ganz unten erscheinen gleich mehrere Fehlermeldungen:

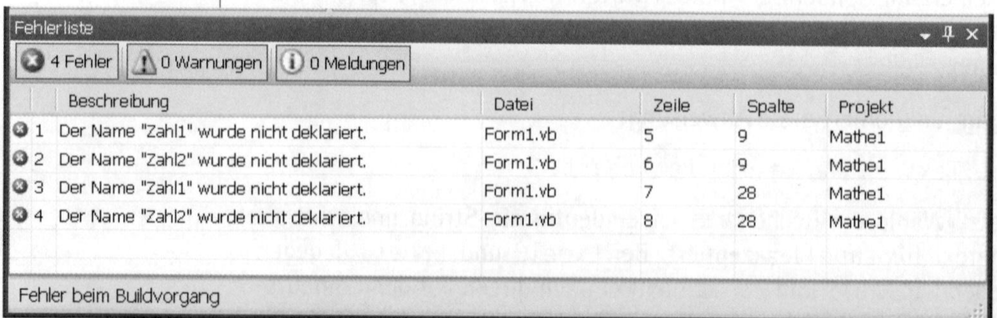

Fehlerliste

4 Fehler | 0 Warnungen | 0 Meldungen

	Beschreibung	Datei	Zeile	Spalte	Projekt
1	Der Name "Zahl1" wurde nicht deklariert.	Form1.vb	5	9	Mathe1
2	Der Name "Zahl2" wurde nicht deklariert.	Form1.vb	6	9	Mathe1
3	Der Name "Zahl1" wurde nicht deklariert.	Form1.vb	7	28	Mathe1
4	Der Name "Zahl2" wurde nicht deklariert.	Form1.vb	8	28	Mathe1

Fehler beim Buildvorgang

Für Visual Basic ist die Variable `Zahl1` nicht definiert (»Undefinierter Bezeichner«). Das Gleiche gilt für `Zahl2`.

Da hab ich doch tatsächlich etwas übersehen! Wir können also nicht einfach eine Variable benutzen, ohne vorher Bescheid zu sagen. Erst einmal muss jede Variable vereinbart werden! Nur dann wird im Arbeitsspeicher deines PC Platz für eine Zahl oder Zeichenkette bereitgestellt.

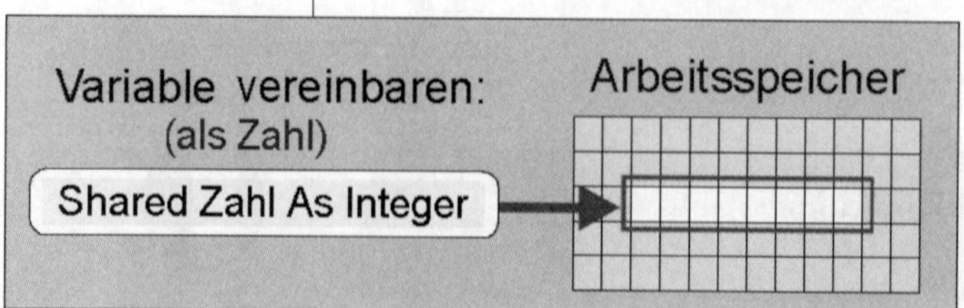

Für die Variablen `Zahl1` und `Zahl2` sieht das dann so aus:

```
Shared Zahl1, Zahl2 As Integer
```

Eingeleitet wird die Vereinbarung mit dem Wort `Shared`, dann kommt der Name der Variablen. Sind es mehrere, werden sie durch Komma getrennt. Dann folgt ein `As` und schließlich der **Datentyp**. Mit `Integer` ist hier eine ganze Zahl gemeint.

Bei einer Zeichenkette könnte die Vereinbarung z.B. so aussehen:

```
Shared Text As String
```

Die Variable `Text` ist damit vom Typ `String` (ein anderer Begriff für »Zeichenkette«).

> Zahlen und Zeichenketten sind Daten. Mit **Datentyp** ist also der Typ bestimmter Daten gemeint. Das sind natürlich nicht alle Datentypen, die Visual Basic zu bieten hat. Aber die am meisten verwendeten.

Jetzt willst und musst du natürlich noch wissen, wo die Variablenvereinbarung eigentlich hin soll. Man kann sie ja nicht einfach mitten in irgendeine Methode schreiben.

```
Public Class Form1

    Shared Zahl1, Zahl2 As Integer

    Private Sub Label1_Click(ByVal sender As System.Object,
        Randomize()
        Zahl1 = Int((1000 * Rnd()) + 1)
        Zahl2 = Int((1000 * Rnd()) + 1)
        Label1.Text = "Wähle die Rechenart!"
        Label2.Text = CStr(Zahl1)
        Label3.Text = CStr(Zahl2)
    End Sub

End Class
```

➢ Wechsle zum Editorfenster und suche oben diesen Eintrag:

```
Public Class Form1
```

➢ Ergänze dann die Variablenvereinbarung um diese Zeile:

```
Shared Zahl1, Zahl2 As Integer
```

➢ Starte das Programm noch einmal. Dann klicke mehrmals auf die obere Anzeigefläche.

Wie du siehst, taucht nun bei jedem Mausklick ein neues Zahlenpaar auf. Und nach dem ersten Klick auf »Klick dir zwei Zahlen!« verändert sich der Anzeigetext in »Wähle die Rechenart!«.

Kommentare

Manchmal kann es nützlich sein, im Programmtext ein paar Zeilen unterzubringen, die Visual Basic eigentlich nichts angehen: Kommentare, Bemerkungen, Erläuterungen. Für den Programmablauf selbst spielen Kommentare keine Rolle. Visual Basic ignoriert sie einfach.

In Visual Basic wird ein Kommentar durch das Wörtchen `Rem` eingeleitet – bequemer aber ist es, nur den einfachen Anführungsstrich (') zu benutzen.

Kommentare sind immer dann sinnvoll, wenn es um längere oder kompliziertere Anweisungen oder Formeln geht. Ich hätte z.B. in die Methode `Label1_Click` auch ein paar Kommentarzeilen einfügen können:

```
Private Sub Label1_Click (ByVal sender As _
System.Object, ByVal e As System.EventArgs) _
Handles Label1.Click
' zwei Zufallszahlen zwischen 0 und 99 erzeugen
  Randomize()
  Zahl1 = Int (100 * Rnd())
  Zahl2 = Int (100 * Rnd())
' neuen Infotext anzeigen
  Label1.Text = "Wähle die Rechenart!"
' Zahlen umwandeln und Label zur Anzeige übergeben
  Label2.Text = CStr(Zahl1)
  Label3.Text = CStr(Zahl2)
End Sub
```

Du musst einen solchen Kommentar nicht unbedingt in eine eigene Zeile schreiben, du kannst ihn auch irgendwo hinten dran hängen, z.B. so:

```
Zahl1 = Int (100 * Rnd())   '1. Zufallszahl
Zahl2 = Int (100 * Rnd())   '2. Zufallszahl
```

Plus oder minus, mal oder durch

Damit auch gerechnet wird, müssen wir uns jetzt noch um die Methoden der vier Schaltflächen kümmern. Im Einzelnen sehen die so aus (→ MATHE1):

```
Private Sub Button1_Click (ByVal sender As _
System.Object, ByVal e As System.EventArgs) _
Handles Button1.Click
  Ergebnis = Zahl1 + Zahl2
  Label1.Text = "Ergebnis der Addition: " _
  + CStr(Ergebnis)
End Sub

Private Sub Button2_Click (ByVal sender As _
System.Object, ByVal e As System.EventArgs) _
Handles Button2.Click
  Ergebnis = Zahl1 - Zahl2
  Label1.Text = "Ergebnis der Subtraktion: " _
  + CStr(Ergebnis)
End Sub

Private Sub Button3_Click (ByVal sender As _
System.Object, ByVal e As System.EventArgs) _
Handles Button3.Click
  Ergebnis = Zahl1 * Zahl2
  Label1.Text = "Ergebnis der Multiplikation: " _
  + CStr(Ergebnis)
End Sub

Private Sub Button4_Click (ByVal sender As _
System.Object, ByVal e As System.EventArgs) _
Handles Button4.Click
  Ergebnis = Zahl1 / Zahl2
  Label1.Text = "Ergebnis der Division: " _
  + CStr(Ergebnis)
End Sub
```

Im Grunde genommen geschieht hier viermal das Gleiche. Nicht ganz, denn es handelt sich ja jedes Mal um eine andere Rechenart. In der ersten Zeile der Methode wird die jeweilige Rechenoperation durchgeführt:

```
Ergebnis = Zahl1 + Zahl2
Ergebnis = Zahl1 - Zahl2
Ergebnis = Zahl1 * Zahl2
```

```
Ergebnis = Zahl1 / Zahl2
```

Anschließend bekommt die Anzeigefläche `Label1` mal wieder neues Futter. Diesmal muss sie für die Anzeige des Rechenergebnisses herhalten – z.B.:

```
Label1.Text = "Ergebnis der Division: " _
+ CStr(Ergebnis)
```

Beim Ermitteln des Ergebnisses ist wieder eindeutig zu erkennen, wie eine **Zuweisung** auszusehen hat. Rechts steht immer die Formel, nach der etwas berechnet oder eine Zeichenkette zusammengesetzt werden soll. Und links sitzt immer die Variable, die den Wert aufnehmen soll, der bei der Berechnung herausgekommen ist. Umgekehrt aber funktioniert es nicht. Eine Zuweisung muss also immer so aussehen:

Variable = Formel

Es stehen also in Visual Basic alle vier Grundrechenarten zur Verfügung. Allerdings unterscheiden sich die **Operatoren** für die Multiplikation und Division von denen, die du aus dem Matheunterricht oder vom Taschenrechner kennst:

	Mathe/Schule	Taschenrechner	Computer
Addition	+	+	+
Subtraktion	–	–	–
Multiplikation	•	×	*
Division	:	÷	/

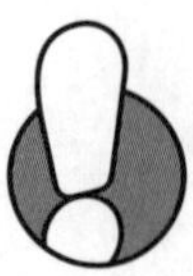

So ganz nebenbei hast du den Plus-Operator (+) noch in einer weiteren Rolle kennen gelernt. Er kann nämlich nicht nur Zahlen addieren, sondern auch Zeichenketten verknüpfen. Die anderen Operatoren dagegen funktionieren bei Strings nicht.

Eine Alternative zum »+« ist das »&«, auch »Kaufmännisches Und« genannt, was im Einsatz z.B. so aussieht:

```
Label1.Text = "Ergebnis: " & CStr(Ergebnis)
```

Wenn du das Programm nun erneut laufen lässt, erntest du wieder mal eine Fehlermeldung. Denn die neue Variable möchte Visual Basic schon gern kennen lernen, ehe sie verwendet werden darf.

- Ergänze die Variablenvereinbarungen so:

```
Shared Zahl1, Zahl2, Ergebnis As Integer
```

- Speichere dein Projekt mit Klick auf DATEI und ALLES SPEICHERN. Hierzu genügt auch ein Klick auf das passende Symbol unter dem Menüeintrag ANSICHT. (Du findest das Projekt auch in den Downloaddateien unter dem Namen MATHE1.)

Speicherst du das neue Projekt zum ersten Mal, musst du jetzt einen Namen eingeben:

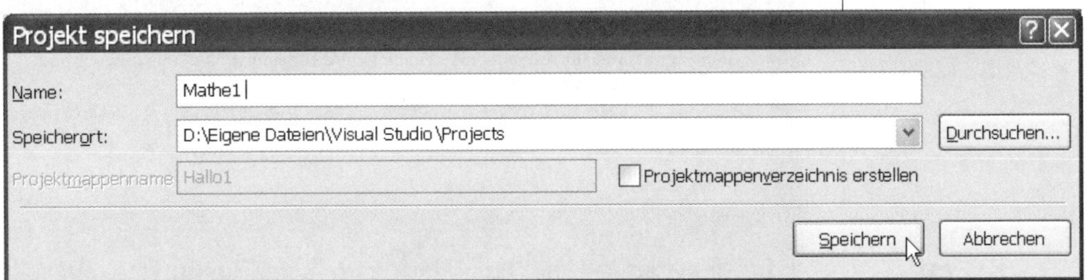

- Starte das Programm und probiere alle vier Rechenarten aus. (Was fällt dir nach längerem Experimentieren auf?)

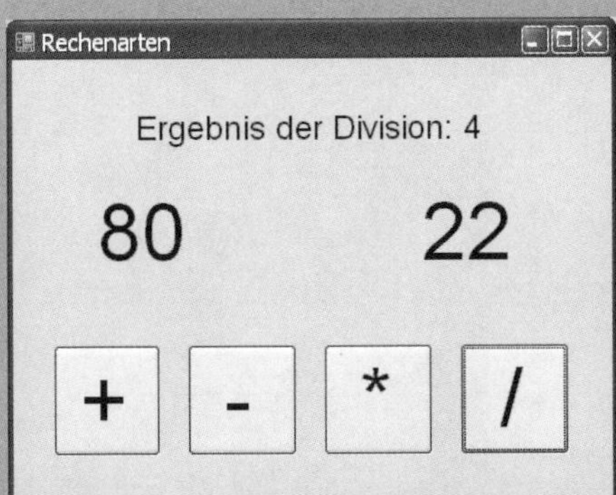

Ist einmal zufällig die zweite Zahl eine Null, geht die Division schief, denn durch null darf ja bekanntlich nicht geteilt werden. Dann erscheint eine solche Fehlermeldung:

– Fortsetzung

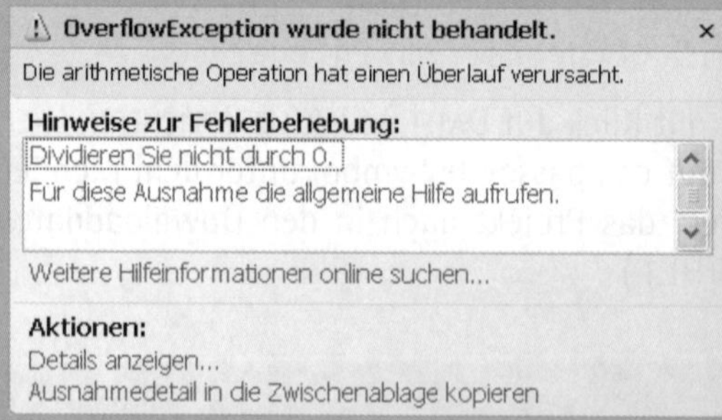

Unter Visual Basic handelt es sich dabei um eine so genannte **Exception**, hier vom Typ OverflowException. Gemeint ist damit ein Ausnahmefehler, der nicht ständig auftritt.

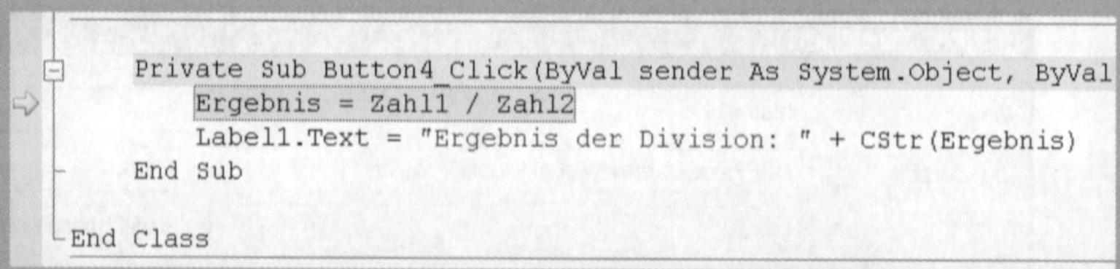

Du siehst an der (gelb) markierten Stelle im Quelltext, wo Visual Basic den Fehler vermutet. Das Programm wird nun von Visual Basic unterbrochen, ist aber noch **nicht** beendet.

Das musst du selbst erledigen, allerdings nicht über das Schließsymbol (das X oben rechts in der Fensterecke), sondern über das DEBUGGEN-Menü von Visual Basic: Klicke dort auf DEBUGGEN BEENDEN.

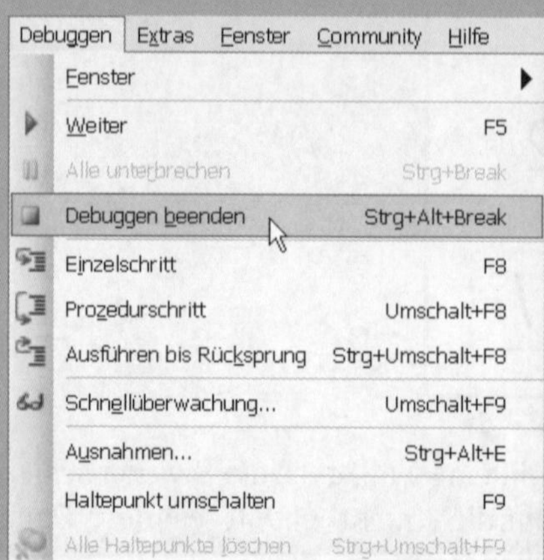

Schon bald lernst du Möglichkeiten kennen, um auch mit solchen Exceptions umzugehen.

Zahlen mit Format

Das mit der Division durch null dürfte eigentlich gar nicht passieren, lässt sich aber mit unserem jetzigen Wissensstand noch nicht ändern. Man könnte höchstens dafür sorgen, dass der PC als zweite Zahl keine 0 erzeugt, das würde allerdings dann auch für die anderen Rechenarten gelten. Durch diese Zeilen ließe sich das regeln:

```
' Zufallszahlen zwischen 1 und 99
Zahl1 = Int (99 * Rnd()) + 1
Zahl2 = Int (99 * Rnd()) + 1
```

Ansonsten ist unser kleines Matheprogramm gar nicht so schlecht. Natürlich gibt es da noch einiges zu verbessern. So wird z.B. immer eine ganze Zahl als Ergebnis angezeigt, obwohl doch bei der Division so manches Mal eine Dezimalzahl bzw. so genannte »Kommazahl« herauskommen müsste.

Denn mit `Integer` werden die Variablen `Zahl1` und `Zahl2` als ganze Zahlen vereinbart. Nur eine kleine Änderung der Vereinbarung aber bringt bei der Division die gewünschte »Kommazahl«:

> Ändere die Variablenvereinbarungen so um (du findest diese Änderung auch unter den Downloaddateien im Projekt MATHE1A):

```
Shared Zahl1, Zahl2, Ergebnis As Single
```

Mit `Single` werden so genannte Dezimalzahlen vereinbart, die einen Dezimalpunkt oder ein Komma haben können. Ebenso wie der Taschenrechner arbeitet der Computer mit einem Punkt, während in der Mathematik ja das Komma üblich ist.

`Single` umfasst natürlich auch die ganzen Zahlen. Der Unterschied zu `Integer` besteht darin, dass dein PC mit Zahlen, die keine Ganzzahlen sind, umständlicher rechnen muss, da er ein eigenes Zahlensystem verwendet. (Für höhere Rechengenauigkeit und noch mehr Stellen hinter dem Dezimalpunkt kannst du auch den Typ `Double` verwenden.)

> Am besten, du speicherst das geänderte Programm noch einmal. Dann lass es laufen und benutze dabei die Schaltfläche mit dem Symbol »/«.

Wie du siehst, bekommst du jetzt bei einer Division auch mal eine »Kommazahl«, manchmal allerdings mit recht vielen Stellen. Sollte die Anzeige nicht mehr ausreichen, musst du die Anzeigefläche so weit wie möglich nach links und rechts bis an den Rand des Formulars ausdehnen. Oder du machst auch das Formular noch etwas breiter.

Wenn dich aber die vielen Stellen hinter dem Komma stören, kann dir Visual Basic mit dieser Funktion weiterhelfen:

```
CStr(Format(Ergebnis, "#0.00"))
```

`Format` übernimmt als Parameter eine Zahlvariable und einen String mit dem Muster, wie die Anzeige aussehen soll. Hier sind es zwei Stellen hinter dem Dezimalpunkt und beliebig viele davor. (Und die Null hinter dem Zeichen »#« sorgt dafür, dass eine Zahl wie z.B. `0.5` nicht als `.5` dargestellt wird.)

Und so sieht die elegantere Version der `Button_Click`-Methode für die Division aus:

```
Private Sub Button4_Click (ByVal sender As _
System.Object, ByVal e As System.EventArgs) _
Handles Button4.Click
  Ergebnis = Zahl1 / Zahl2
  Label1.Text = "Ergebnis der Division: " _
  + CStr(Format(Ergebnis, "#0.00"))
End Sub
```

≫ Ändere das Mathe-Programm entsprechend um (→ MATHE1A).

Zusammenfassung

Nun hast du dein erstes Mathe-Projekt vollendet und dann hoffentlich auch mit den Zahlen herumgespielt. Dabei ist dein Visual-Basic-Wortschatz schon wieder ein bisschen gewachsen:

`Integer`	Vereinbarung einer Variablen vom Datentyp Ganze Zahl
`Single`	Vereinbarung einer Variablen vom Datentyp Dezimalzahl
`String`	Vereinbarung einer Variablen vom Datentyp Zeichenkette
`Randomize`	Zufallszahlengenerator starten
`Rnd`	Eine Zufallszahl zwischen 0 (einschließlich) und unter 1 erzeugen
`CStr`	Eine Zahl in eine Zeichenkette (String) umwandeln

`Format`	Formatierte Anzeige (z.B.) von Zahlen
+, -, *, /	Rechenoperatoren für Zahlen
+, &	Verknüpfung von Zeichenketten
=	Zuweisungsoperator
', `Rem`	Kommentar
( )	Runde Klammern umfassen die Parameter einer Methode.
., _	Verbindungsoperator/Zugriffsoperator für Eigenschaften und Methoden

Keine Fragen ...

... aber ein paar Aufgaben

1. Erstelle ein Horoskop-Programm, das zu jedem eingegebenen Sternzeichen einen Button anbietet und bei Klick eine kurze Antwortmeldung ausgibt.
2. Ändere das Mathe-Programm in diese Anzeigeform:

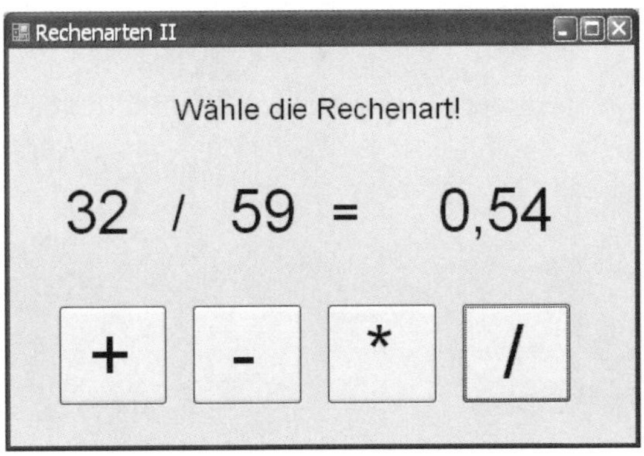

4 Bedingungen

Nicht für jeden sind Zeugnisse etwas Hässliches. Kommt einfach drauf an, was drin steht. Wenn du zu viele Fünfen oder gar Sechsen hast, bist du wahrscheinlich recht unzufrieden. Besser wären Zweien und Dreien und vielleicht auch mal eine Eins. In diesem Kapitel bestimmst du mit einem Zensurenprogramm die Noten selbst.

In diesem Kapitel lernst du

- die Komponente `TextBox` kennen
- was eine Kontrollstruktur ist
- wie man Werte von Variablen vergleicht
- wie man Bedingungen verknüpft
- die Verwendung von `If` und `Then` kennen
- wie man Fehler über `Try` und `Catch` abfängt

Von 1 bis 6

Auf ein Neues! Dich erwartet nun schon dein drittes Projekt – nach dem Hallo- und dem Mathe-Programm.

Hast du im letzten Kapitel Visual Basic beendet, musst du es jetzt neu starten, indem du dich über START und das Menü ALLE PROGRAMME noch mal zu VISUAL BASIC durchklickst.

≫ Klicke dann auf DATEI und auf NEUES PROJEKT.

Das Programm, das wir jetzt erstellen, soll dir eine Zensur ausgeben, wenn du die Punkte eingibst, die du z.B. in einem schriftlichen Test erreicht hast. Natürlich ist auch Mogeln erlaubt.

Damit es jetzt nicht zu kompliziert wird, beginnen wir mit einer einfachen Version, die zu jeder Zahl von 1 bis 6 die entsprechende Zensur als Text anzeigt. Später erweitern wir unser Projekt dann entsprechend.

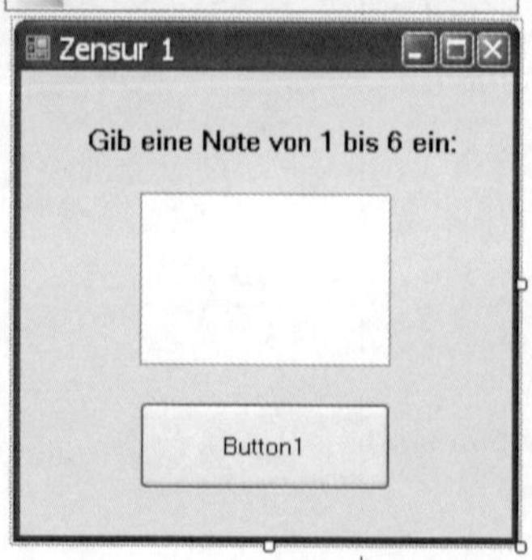

Zuerst brauchen wir wieder eine Schaltfläche. Außerdem verwenden wir hier eine neue Komponente, damit du auch etwas eintippen kannst. So etwa soll unser Formular aussehen:

≫ Klicke im Toolboxmenü auf den Eintrag LABEL. Dann ziehe die Anzeigefläche oben im Formular auf.

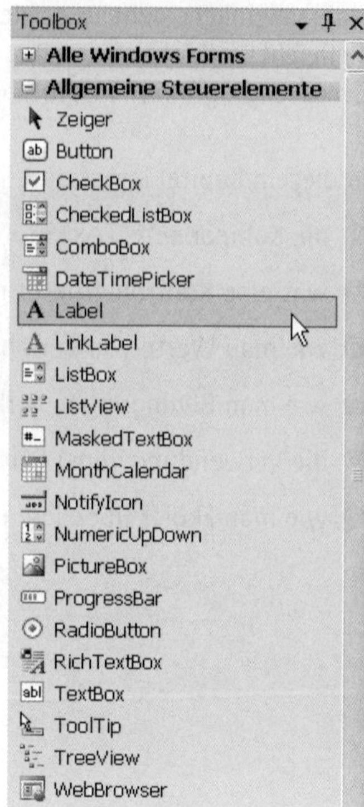

≫ Klicke auf den Eintrag BUTTON. Ziehe dann die Schaltfläche unten im Formular auf.

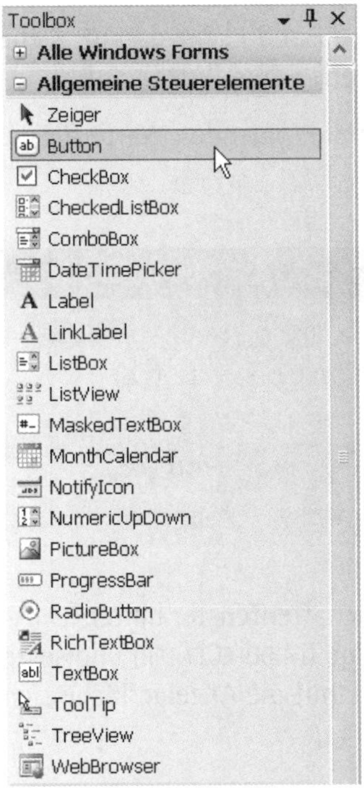

≫ Klicke auf die Fläche des Formulars und trage im Eigenschaftenfenster hinter TEXT `Zensur 1` oder einen Titel deiner Wahl ein.

Wo ist das Eigenschaftenfenster? Sollte es mal verschwunden sein, kannst du es einfach über ANSICHT und EIGENSCHAFTENFENSTER oder mit Druck auf die Taste [F4] wieder herzaubern.

Was jetzt noch fehlt, ist ein **Eingabefeld** oder **Textfeld**. Dort sollst du später deine Note als Zahl eintippen. Der Typ für die Eingabefläche ist `TextBox`.

≫ Suche den Eintrag TEXTBOX im Toolboxmenü und klicke darauf. Ziehe dann das Eingabefeld im Formular links neben dem Button auf.

≫ Stelle im Eigenschaftenfenster die folgenden Werte für die Komponenten im Formular ein:

	Text	Font/Größe
Label1	Gib eine Note von 1 bis 6 ein:	12 (14)
TextBox1	(leer)	36 (48)
Button1	OK	14

≫ Spendiere dem Label im Eigenschaftenfenster hinter TEXTALIGN noch eine zentrierte Anzeige (MIDDLECENTER) und setze AUTOSIZE unbedingt auf FALSE, damit die Anzeigefläche sich nicht verkleinert.

Wenn … dann …

Jetzt geht es ans Auswerten. Aber wie bringen wir das bloß dem Computer bei? Formulieren wir erst einmal in unserer Umgangssprache:

```
WENN Zensur = 1 DANN Anzeige = "Sehr gut"
WENN Zensur = 2 DANN Anzeige = "Gut"
WENN Zensur = 3 DANN Anzeige = "Befriedigend"
WENN Zensur = 4 DANN Anzeige = "Ausreichend"
WENN Zensur = 5 DANN Anzeige = "Mangelhaft"
WENN Zensur = 6 DANN Anzeige = "Ungenügend"
```

Daraus müssen nun Anweisungen in Visual Basic gemacht werden. Eine Übertragung ins Englische beginnt mit einem `If`, dazu gesellt sich dann ein `Then`:

```
If Zensur = 1 Then Label1.Text = "Sehr gut"
If Zensur = 2 Then Label1.Text = "Gut"
If Zensur = 3 Then Label1.Text = "Befriedigend"
If Zensur = 4 Then Label1.Text = "Ausreichend"
If Zensur = 5 Then Label1.Text = "Mangelhaft"
If Zensur = 6 Then Label1.Text = "Ungenügend"
```

Diese Zeilen schauen wir uns später etwas näher an. Erst einmal müssen wir uns um die Variable Zensur kümmern. Mit

```
Shared Zensur As Integer
```

ist die schnell vereinbart. Aber wie kommen wir zu der Note, die ausgewertet werden soll? Die liefert uns das Texteingabefeld, natürlich erst, nachdem eine Zahl eingegeben wurde. Weil TextBox.Text ein String ist, muss der für Zensur in eine Zahl umgewandelt werden. Das erledigt die Methode CInt:

```
Zensur = CInt (TextBox1.Text)
```

CInt und CStr heißt also das Pärchen, das Zahlen in Zeichenketten und umgekehrt verwandelt.

> Genauer gesagt handelt es sich hier um ganze Zahlen (Integer). Geht es darum, einen String in eine »Kommazahl« (Single, Double) umzuwandeln, kann z.B. eine der Funktionen CSng oder CDbl benutzt werden.

Nun willst du noch wissen, wo das alles hin soll? Na, wieder mal in die Button_Click-Methode. Außer der Variablenvereinbarung. Die steht weiter oben.

```
Public Class Form1

    Shared Zensur As Integer

    Private Sub Button1_Click(ByVal sender As System.Object,
        Zensur = Str(TextBox1.Text)
        If Zensur = 1 Then Label1.Text = "sehr gut"
        If Zensur = 2 Then Label1.Text = "gut"
        If Zensur = 3 Then Label1.Text = "befriedigend"
        If Zensur = 4 Then Label1.Text = "ausreichend"
        If Zensur = 5 Then Label1.Text = "mangelhaft"
        If Zensur = 6 Then Label1.Text = "ungenügend"
    End Sub

End Class
```

- Doppelklicke auf die Schaltfläche (Button) im Formular. Trage im Editorfenster den obigen Quelltext ein: zuerst die Zuweisung an *Zensur*, dann die `If`-Zeilen. Vergiss nicht, die Variable `Zensur` zu vereinbaren! (Wenn du keine Lust zum Tippen hast, findest du das Ganze auch in den Downloaddateien unter ZENSUR1.)

Jedes Mal dieses Schreiben von `If` und `Label1.Text` usw., muss das sein?

Nein, denn du kannst dir unnötiges Eintippen sparen, wenn du die Methoden zum Ausschneiden und Einfügen aus dem BEARBEITEN-Menü von Visual Basic benutzt:

- Erst muss der Text markiert werden. Das geschieht mit `Shift` und den Pfeiltasten oder der Maus bei gedrückter linker Maustaste.
- Über BEARBEITEN und AUSSCHNEIDEN kannst du den markierten Text ausschneiden und in die Zwischenablage von Windows einfügen. Oder du benutzt die Tastenkombination `Strg` `X`.
- Über BEARBEITEN und KOPIEREN kannst du den markierten Text in die Zwischenablage von Windows kopieren. Oder du benutzt die Tastenkombination `Strg` `C`.
- Über BEARBEITEN und EINFÜGEN kannst du etwas aus der Zwischenablage von Windows in deinen Text einfügen. Oder du benutzt die Tastenkombination `Strg` `V`.
- Über BEARBEITEN und RÜCKGÄNGIG schließlich kannst du einen Bearbeitungsschritt wieder rückgängig machen. Oder du benutzt die Tastenkombination `Strg` `Z`.

- Speichere das Projekt unter den Namen ZENSUR1.
- Starte das Programm und gib verschiedene Zahlen ein. Bevor du eine neue Zahl eintippen kannst, musst du in das Eingabefeld klicken.

Die If-Then-Struktur

Nachdem du das Zensur-Programm ausprobiert hast, nehmen wir jetzt die ganze Struktur von Visual Basic genauer unter die Lupe:

If Bedingung Then Anweisung

Du sollst auch gleich eine Variante kennen lernen, die für mehrzeilige Anweisungen gilt:

If Bedingung Then

AnweisungsBlock

End If

Zu Deutsch heißt das:

WENN eine bestimmte Bedingung erfüllt ist, DANN soll der Computer eine Anweisung oder einen Anweisungsblock ausführen.

Die **Bedingung**, das ist hier z.B.:

```
Zensur = 1
```

oder

```
Zensur = 6
```

Visual Basic verwendet als **Vergleichsoperator** ein einfaches Gleichheitszeichen (=), leicht verwechselbar mit dem Zuweisungsoperator.

Im **Anweisungsblock** stehen die Anweisungen, in diesem Fall nur eine, z.B.:

```
Label1.Text = "Sehr gut"
```

oder

```
Label1.Text = "Ungenügend"
```

Wie schon erwähnt, kann in einem Anweisungsblock natürlich auch **mehr als eine** Anweisung stehen. Immerhin könnte es ja sein, dass der Computer gleich eine ganze Kette von Aktionen durchführen soll. Dann genügen oft auch ein paar Anweisungen nicht. Vielleicht soll dein PC ein Bild oder sogar einen kleinen Film anzeigen. Das kann er nicht alles mit einer einzigen Anweisung lösen.

Hier aber genügt für den Anweisungsblock erst mal nur eine Anweisung. Und wenn sie besonders lang gerät, kann man auch mal den Unterstrich (_) zum Trennen benutzen.

Größere Blöcke mit mehreren Anweisungen lernst du später noch kennen. Wichtig ist, dass bei mehrzeiligen Anweisungen am Schluss ein `End If` steht!

Das Ganze nennt man `If-Then`-Struktur oder kürzer auch `If`-Struktur. Ein anderer Begriff ist **Kontrollstruktur**. Denn der Computer bekommt die Anweisung, etwas zu kontrollieren. Hier ist es das, was als `Zensur` eingegeben wird. Und davon abhängig reagiert er mit einer Anzeige im Formular.

Allerdings nur, wenn in unserem Beispiel eine ganze Zahl zwischen 1 und 6 eingegeben wurde. Vertippt man sich oder gibt irgendetwas anderes ein, dann tut der Computer nichts: Er überspringt den Anweisungsblock, weil die Bedingung nicht erfüllt wurde.

Die Sache mit Try und Catch

Du hast aus Versehen einen Buchstaben ins Eingabefeld getippt? Das ist nicht so gut, denn damit erntest du eine solche Fehlermeldung:

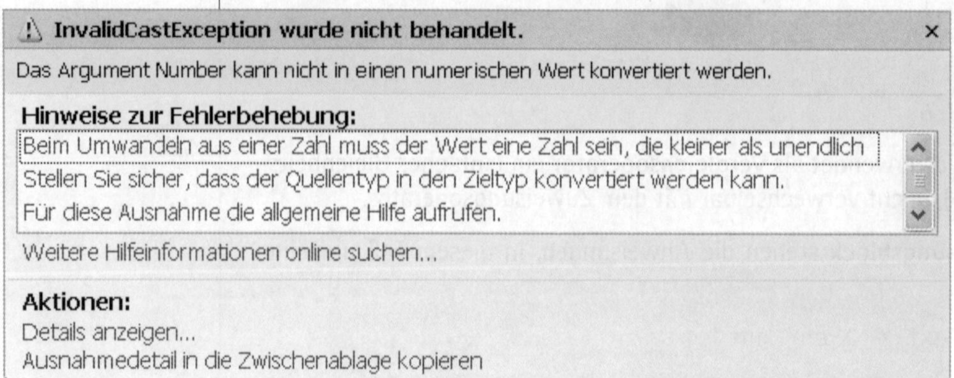

Nur ist es hier keine Division durch null, sondern ein Umwandlungsfehler: Das eingegebene Zeichen lässt sich nicht in eine Zahl umwandeln (InvalidCastException).

Visual Basic bricht das Programm ab. Um das Programm weiterlaufen zu lassen, das durch einen Fehler unterbrochen wurde, musst du es erst mal beenden.

≫ Klicke dann auf DEBUGGEN und DEBUGGEN BEENDEN.

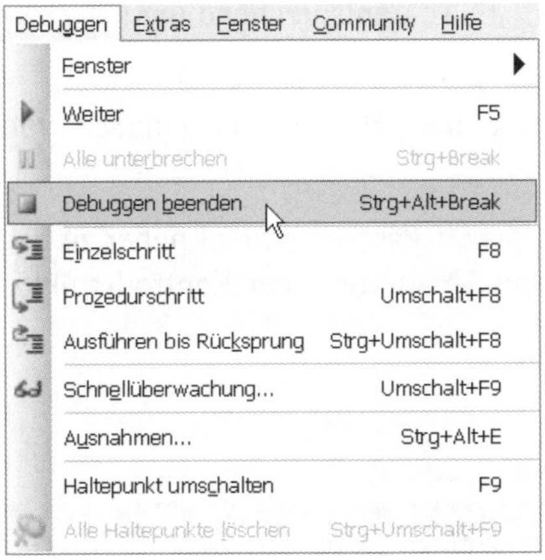

Aber damit ist das Problem mit den falschen Eingaben nicht gelöst. Man kann zwar darauf achten, nur Zahlen einzugeben, trotzdem kann es immer wieder mal passieren, dass man sich einfach vertippt.

Nicht nur für solche Exceptions bietet Visual Basic einen nützlichen Mechanismus an, der es dir ermöglicht, selbst auf einen Fehler zu reagieren. Und so funktioniert es:

Ein bestimmter Abschnitt eines Programms wird sozusagen nur versuchsweise ausgeführt. Wenn es klappt, ist es gut. Wenn nicht, dann wird eine Aktion zur Fehlerbehandlung gestartet, die du selbst bestimmst.

Im Zensur-Programm könnte die Methode für den Knopfdruck dann so aussehen:

```
Private Sub Button1_Click (ByVal sender As _
System.Object, ByVal e As System.EventArgs) _
Handles Button1.Click
  Try
    Zensur = CInt(TextBox1.Text)
    If Zensur = 1 Then Label1.Text = "Sehr gut"
    If Zensur = 2 Then Label1.Text = "Gut"
    If Zensur = 3 Then Label1.Text = "Befriedigend"
    If Zensur = 4 Then Label1.Text = "Ausreichend"
    If Zensur = 5 Then Label1.Text = "Mangelhaft"
    If Zensur = 6 Then Label1.Text = "Ungenügend"
  Catch
    Label1.Text = "Quatsch!"
  End Try
End Sub
```

> Ändere den Quelltext in `Button1_Click` entsprechend um (→ ZENSUR1A).

> Starte das Programm und ärgere den PC mit der Eingabe von »Quatsch«.

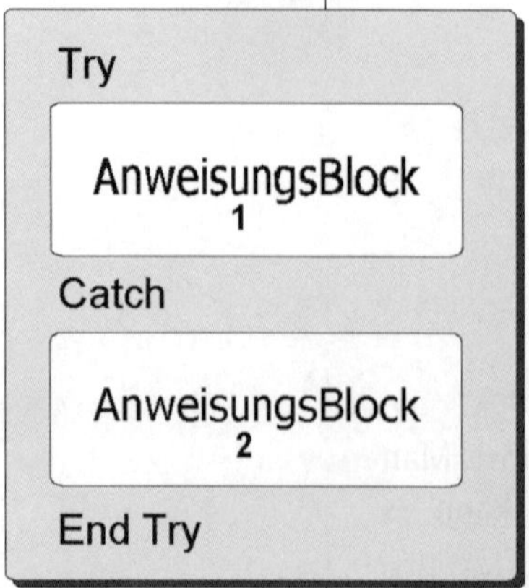

Es lohnt sich, das `Try&Catch`-Pärchen einmal näher zu begutachten. Auch hier kann man von einer Kontrollstruktur sprechen:

Zu Deutsch heißt das etwa so viel:

VERSUCH mal, den ersten Anweisungsblock auszuführen, bei einem AUSNAHMEFEHLER führe den zweiten Anweisungsblock aus.

Zum Anweisungsblock für `Try` gehören alle (bisherigen) Anweisungen der Methode `Button1_Click`:

```
Try
  ' hier stehen alle Anweisungen,
  ' die "versuchsweise" ausgeführt werden sollen
```

Der Anweisungsblock für `Catch` umfasst dann die Anweisungen, die ersatzweise ausgeführt werden sollen:

```
Catch
  ' hier stehen alle Anweisungen,
  ' die einen Fehler auswerten
  ' oder auf ihn hinweisen sollen
End Try
```

Der Anweisungsblock nach `Try` wird dort begrenzt, wo das `Catch` auftaucht. Die ganze Struktur muss immer mit `End Try` abgeschlossen werden!

Punkt für Punkt

Die nächste Version unseres Zensur-Programms soll dir nun endlich die Möglichkeit geben, für eine eingegebene Punktzahl deine Zensur zu

ermitteln. Ich orientiere mich dabei an dieser Aufteilung (und gehe dabei von ganzen Punktwerten aus):

Punkte von	Punkte bis	Zensur (Text)	Zensur (Zahl)
0	19	ungenügend	6
20	44	mangelhaft	5
45	59	ausreichend	4
60	74	befriedigend	3
75	89	gut	2
90	100	sehr gut	1

Du kannst natürlich diese Unterteilung nach Belieben ändern, wenn du willst. Ein neues Projekt ist nicht zwingend nötig. Wir bauen einfach das erste Zensur-Programm ein wenig um. Die hauptsächlichen Änderungen finden ohnehin nur in der Methode für den Knopfdruck (`Button1_Click`) statt.

Wenn du willst, kannst du aber auch ein neues Projekt erstellen und über PROJEKT und VORHANDENES ELEMENT HINZUFÜGEN die Daten des alten Projekts importieren.

Zuallererst aber muss ganz oben die neue Variable `Punkte` als Ganzzahl (`Integer`) vereinbart werden. Und nun fangen wir mal mit der miesesten Zensur an:

```
WENN die Punktzahl zwischen 0 und 19 liegt,
DANN zeige eine Sechs bzw. "Ungenügend" an.
```

Bequem wäre eine solche Lösung:

```
If Punkte Between 0 And 19 Then
  Label1.Text = "Ungenügend"
End If
```

Leider gibt es in Visual Basic so etwas wie `Between` direkt nicht. Hier ist also schon wieder mal die Mathematik gefragt. Versuchen wir's mal so: Auf jeden Fall muss der Punktwert größer oder gleich 0 sein: Als Bedingung formuliert sieht das dann so aus:

```
Punkte >= 0
```

Außerdem sind es bei einer Sechs unter 20 Punkte. Das ergibt diese Bedingung:

```
Punkte < 20
```

Nun müssen wir beide noch miteinander verknüpfen. Das erledigt der Operator And, den es in Visual Basic wirklich gibt:

```
(Punkte >= 0) And (Punkte < 20)
```

> Die Klammern sind sinnvoll, damit genau zu erkennen ist, was zur ersten und was zur zweiten Bedingung gehört!

Und jetzt das Ganze noch mal – für alle anderen fünf Zensuren. Damit sieht die Methode Button1_Click bei mir jetzt so aus.

```
Private Sub Button1_Click (ByVal sender As _
System.Object, ByVal e As System.EventArgs) _
Handles Button1.Click
  Try
    Punkte = CInt(TextBox1.Text)
    If (Punkte >= 90) And (Punkte <= 100) Then _
    Label1.Text = "Sehr gut"
    If (Punkte >= 75) And (Punkte < 90) Then _
    Label1.Text = "Gut"
    If (Punkte >= 60) And (Punkte < 75) Then _
    Label1.Text = "Befriedigend"
    If (Punkte >= 45) And (Punkte < 60) Then _
    Label1.Text = "Ausreichend"
    If (Punkte >= 20) And (Punkte < 45) Then _
    Label1.Text = "Mangelhaft"
    If (Punkte >= 0) And (Punkte < 20) Then _
    Label1.Text = "Ungenügend"
    If (Punkte > 100) Or (Punkte < 0) Then _
    Label1.Text = "Gemogelt!"
  Catch
    Label1.Text = "Quatsch!"
  End Try
End Sub
```

≫ Ändere den Text in der `Button_Click`-Methode entsprechend um (→ ZENSUR2).

Ich habe mich für die einzeilige `If`-Version entschieden. Willst du alles gleich mehrzeilig eintippen, vergiss das abschließende `End If` nicht! (Insgesamt sieben Mal.)

Viel Tipparbeit kannst du sparen, wenn du das BEARBEITEN-Menü zur Hilfe nimmst: Mit AUSSCHNEIDEN oder KOPIEREN und EINFÜGEN erzeugst du so viele neue `If`-Strukturen wie nötig. Dann musst du nur ein paar Werte ändern.

Und und Oder, oder?

Kriegst du alle Bedingungen zusammen? Wenn du genau hinsiehst, entdeckst du sogar neben dem ständigen `And` so ziemlich am Programmende noch ein `Or`.

Diese beiden Symbole werden als **Verknüpfungsoperatoren** bezeichnet. Wie der Name schon sagt, sind sie sozusagen der Klebstoff, mit dem man mehrere Bedingungen zusammenfügen kann. Man sagt dazu auch `UND`-Operator bzw. `ODER`-Operator. Dabei haben sie diese Bedeutung:

Name	Auf Deutsch	Bedeutung
`And`	UND	Hier müssen **alle** Bedingungen erfüllt sein, damit der zugehörige Anweisungsblock ausgeführt wird
`Or`	ODER	Hier muss **nur eine** Bedingung erfüllt sein, damit der zugehörige Anweisungsblock ausgeführt wird

Klar ist, dass für alle Zensuren jeweils **beide** Bedingungen erfüllt sein müssen. Aber da ist ja noch eine weitere `If`-Anweisung:

```
If (Punkte > 100) Or (Punkte < 0) Then _
Label1.Text = "Gemogelt!"
```

Die ist für den Fall, dass du bei der Eingabe deiner Punkte mal mogelst: Mehr als 100 Punkte sind nämlich nicht erlaubt, daher die Bedingung

```
Punkte > 100
```

Negative Zahlen sind ebenfalls nicht zulässig, denn du sollst dich ja auch nicht schlechter als »Ungenügend« machen! Deshalb diese Bedingung:

```
Punkte < 0
```

Eine von beiden kann ja nur gelten. (Oder kennst du eine Zahl, die negativ und größer als 100 ist?) Also ist hier das `And` fehl am Platz und muss dem `Or` weichen.

Da sind bei den verschiedenen Bedingungen einige Zeichen aufgetaucht, z.B. »<« oder »>«. Sie heißen ebenso wie das Gleichheitszeichen »=« **Vergleichsoperatoren**. Mit diesem Programm hast du nun fast alle kennen gelernt. Hier sind sie komplett auf einen Blick:

Operator	Bedeutung	Operator	Bedeutung
=	gleich	<>	ungleich
<	kleiner	>=	größer oder gleich
>	größer	<=	kleiner oder gleich

Dabei stehen immer die Operatoren in einer Zeile, von denen der linke jeweils das Gegenteil des rechten ist.

Und jetzt solltest du mal sehen, ob das Programm wirklich auch leistet, was es verspricht. Eine Kleinigkeit aber ist noch zu erledigen:

- Klicke auf die Anzeigefläche (Label) und ändere im Eigenschaftenfenster hinter TEXT den Eintrag in `Gib deine Punkte (0 bis 100) ein`.
- Speichere dein Zensur-Programm.
- Lass das Programm laufen und gib auch mal ein paar Mogelzahlen ein. Und sogar Quatsch ist als Eingabe erlaubt.

Zusammenfassung

Das war's erst mal wieder. Doch ehe du dir eine wohl verdiente Ruhepause gönnst, wollen wir erst mal sehen, was von alledem noch hängen geblieben ist.

Zuerst mal kennst du ein paar Aktionen, um dir besonders das Erstellen von größeren Textmengen zu erleichtern:

Funktion	Klicke auf	Drücke
Text ausschneiden (und merken)	BEARBEITEN/AUSSCHNEIDEN	Strg X
Text (in Zwischenablage) kopieren	BEARBEITEN/KOPIEREN	Strg C
Text (aus Zwischenablage) einfügen	BEARBEITEN/EINFÜGEN	Strg V
Arbeitsschritt rückgängig machen	BEARBEITEN/RÜCKGÄNGIG	Strg Z

Und deinen Visual-Basic-Horizont hast du wieder um einiges erweitert:

`If`	WENN eine Bedingung erfüllt ist
`Then`	DANN führe einen Anweisungsblock aus
`End If`	Ende der (mehrzeiligen) `If`-Struktur
`Try`	VERSUCHE, einen Anweisungsblock auszuführen
`Catch`	Reagiere auf einen misslungenen Versuch (Exception) mit einem anderen Anweisungsblock.
`End Try`	Ende der `Try-Catch`-Struktur
=	Testen, ob gleich
<>	Testen, ob ungleich
<	Testen, ob kleiner
<=	Testen, ob kleiner oder gleich
>	Testen, ob größer
>=	Testen, ob größer oder gleich
=	Einer Variablen etwas zuweisen (nur zur Erinnerung)

`And`	Bedingungen verknüpfen (UND): Alle müssen erfüllt sein.
`Or`	Bedingungen verknüpfen (ODER): Eine muss erfüllt sein.
`CInt`	Eine Zeichenkette (String) in eine Ganzzahl umwandeln
`CSng`	Eine Zeichenkette (String) in eine »Kommazahl« umwandeln

Du weißt, dass ein Block mit `Try` und `Catch` sowie ein mehrzeiliger mit `If` und `Then` immer mit `End Try` bzw. `End If` abgeschlossen werden muss.

Außerdem ist eine weitere Komponente aufgetaucht:

`TextBox`	Ein Eingabefeld, in dem man Text eingeben kann

Nur eine Frage ...

1. Was bewirkt diese Zuweisung:

```
Zensur = Int (6*Rnd())+1
```

... und ein paar Aufgaben

1. Ändere das Mathe-Projekt aus dem letzten Kapitel so um, dass eine Division durch null (mit `Try` und `Catch`) abgefangen wird.
2. Schreibe ein weiteres Mathe-Programm, in dem dir eine Aufgabe gestellt wird und du diese über ein Eingabefeld (`TextBox`) lösen musst.

5

Ein Ratespiel mit Zahlen

Wie wäre es jetzt mit einem Spielchen? Nichts mit 3D-Grafik und Stereosound, nur ganz einfach. Aber Spaß machen kann es trotzdem.

Worum geht es? Der Computer denkt sich eine Zahl aus – sagen wir, zwischen 1 und 1000. Und du hast die Aufgabe, diese Zufallszahl mit möglichst wenigen Versuchen zu erraten. Auch dabei muss dein PC eigene Entscheidungen treffen, natürlich unter deiner Kontrolle.

In diesem Kapitel lernst du

- was ein Fokus ist und wie man ihn setzt
- die Erweiterung `Else` kennen
- den Typ `Boolean` kennen
- wie man ein Formular auf Knopfdruck schließt

Zu groß, zu klein

Zuerst brauchen wir wieder ein frisches Formular. Wie man das bekommt, weißt du ja inzwischen. Deshalb die Anleitung in aller Kürze:

➢ Klicke auf DATEI und NEUES PROJEKT, wähle im Dialogfeld WINDOWS-ANWENDUNG und gib einen Namen – wie z.B. `Raten1` – ein. Dann klicke auf OK.

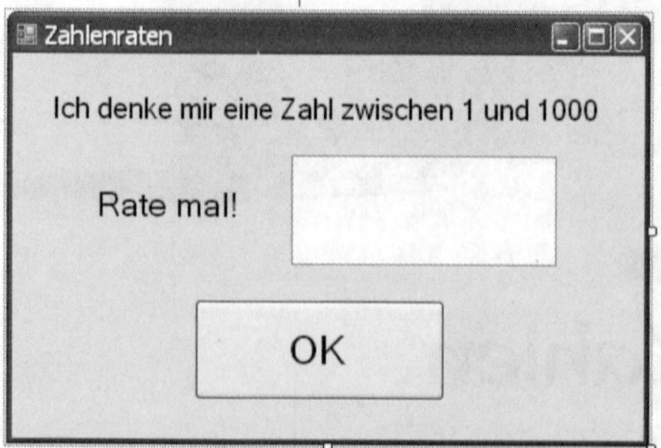

Nun hast du wieder ein leeres Formular vor dir. Dort fügst du jetzt zwei Anzeigeflächen (`Label`), ein Eingabefeld (`TextBox`) und eine Schaltfläche (`Button`) ein. Das Ganze hat eine gewisse Ähnlichkeit mit dem letzten Projekt, dem Zensur-Programm.

➢ Klicke in der Komponentenpalette auf die entsprechenden Symbole, ziehe im Formular die Komponenten auf. Dann orientiere dich an dieser Tabelle:

	Text	Font/Größe
Label1	Ich denke mir eine Zahl zwischen 1 und 1000.	12 (14)
Label2	Rate mal:	14
TextBox1	(leer)	28 (36)
Button1	OK	16 (14)
Form1	Zahlenraten (oder Ratespiel)	

Weil mit Klick auf OK die Eingabe einer Zahl abgeschlossen werden soll, hat die Methode für die Schaltfläche wieder einiges zu tun.

➢ Doppelklicke auf den OK-Button.

Es erscheint das Editorfenster mit der schon bekannten Methode `Button1_Click`.

➢ Tippe dort diesen Text ein:

```
Private Sub Button1_Click (ByVal sender As _
System.Object, ByVal e As System.EventArgs) _
Handles Button1.Click
```

```
    TextBox1.Focus()
    Try
      Eingabe = CInt(TextBox1.Text)
      If Eingabe = Zufall Then _
      Label1.Text = "Richtig geraten!"
      If Eingabe < Zufall Then _
      Label1.Text = "Deine Zahl ist zu klein!"
      If Eingabe > Zufall Then _
      Label1.Text = "Deine Zahl ist zu groß"
    Catch
      Label1.Text = "Quatsch!"
    End Try
  End Sub
```

> Vergiss nicht, die Variablen `Eingabe` und `Zufall` zu vereinbaren:

```
Shared Eingabe, Zufall As Integer
```

Auch in dieser `Button_Click`-Methode habe ich das `Try-Catch`-Paar eingesetzt, um »Quatsch-Eingaben« abzufangen. Außerdem erledigen wir gleich als Erstes ein Problem, das im Zensur-Programm ein bisschen lästig wurde. Vor jeder Eingabe musste erst ins Eingabefeld geklickt werden. Mit

```
TextBox1.Focus()
```

wird der Fokus auf das Eingabefeld (`TextBox1`) gesetzt. **Fokus** bedeutet hier, dass im Formular immer gerade eine Komponente die aktivierte ist. Hat z.B. die Schaltfläche für OK den Fokus, dann muss ich sie gar nicht anklicken, sondern kann sie mit einem Druck auf die [Eingabe]-Taste aktivieren. Und besitzt das Eingabefeld den Fokus, dann erspare ich mir das Anklicken vor einer Eingabe.

> Und nun klicke auf DEBUGGEN und noch mal auf DEBUGGEN STARTEN. Oder drücke [F5].

So oft du auch rätst, es erscheint immer wieder eine Meldung, dass du die richtige Zahl noch nicht gefunden hast. Es sei denn, du gibst eine Null ein. Dann klappt es. Ein richtiges Spiel wird daraus jedoch nicht. Denn der Computer hat sich gar keine Zahl ausgedacht. Es ist also noch einiges zu tun. Offenbar lässt sich nicht alles auf Knopfdruck erledigen.

Es kann geraten werden

Irgendwo war doch da schon mal was mit Zufallszahlen. Richtig, im dritten Kapitel haben wir den Zufallszahlengenerator bemüht, um den Computer ein paar Matheaufgaben lösen zu lassen. Auch hier muss erst mal eine Zufallszahl erzeugt werden:

```
Randomize()
Zufall = Int (1000*Rnd())+1
```

Bloß wohin damit? Ausgelöst werden soll das Erzeugen einer Zufallszahl ja nicht bei einem Klick auf die Schaltfläche. Denn dann würde sich der Computer bei jedem Rateversuch eine neue Zahl ausdenken. Die zu erratende Zahl muss also schon zur Verfügung stehen, ehe man mit dem Raten anfängt.

Also ist es sozusagen die Aufgabe des Formulars als Hauptkomponente, für das Erzeugen der Ratezahl zu sorgen:

≫ Doppelklicke auf die Fläche des Formulars. Das Editorfenster erscheint mit einer neuen Methode:

```
Private Sub Form1_Load(ByVal sender As System.Object,

End Sub

End Class
```

Form_Load heißt frei übersetzt »Formular holen«. Diese Methode wird beim Programmstart aufgerufen.

Über Form_Load lassen sich Startwerte initialisieren. Sie stehen dann kurz nach dem Programmstart zur Verfügung. Dort gehören unsere Programmzeilen hin.

≫ Erweitere die Methode also entsprechend:

```
Private Sub Form1_Load (ByVal sender As _
System.Object, ByVal e As System.EventArgs) _
Handles MyBase.Load
  Randomize()
  Zufall = Int (1000 * Rnd()) + 1
End Sub
```

Die Variable `Zufall` bereitet uns hier keine Probleme, denn die hast du ja bereits oben vereinbart.

> Du hast aus Versehen auf die Anzeigefläche mit dem Text ICH DENKE MIR EINE ZAHL ZWISCHEN 1 UND 1000 geklickt? Und im Editorfenster steht jetzt die Methode `Label1_Click`. Die können wir hier natürlich nicht gebrauchen. Das ist weiter kein Beinbruch, denn die Methode tut ja nichts, weil dort keine Anweisungen stehen. Deshalb keine Panik: Du kannst die Methode einfach wieder aus dem Quelltext entfernen, indem du alle zugehörigen Zeilen löschst.

≫ Speichere dein Projekt (→ RATEN1). Dann starte das Programm und rate mal. Und das ein paar Mal!

Dein PC zählt mit

Mit einiger Übung (und Überlegung) dürfte es dir nicht schwer fallen, mit maximal 10 bis 15 Versuchen auszukommen. Um das zu kontrollieren, lassen wir jetzt den Computer deine Rateversuche mitzählen.

Dazu brauchen wir eine neue Variable, nennen wir sie `Versuche`. Die muss natürlich wieder vereinbart werden, und zwar als `Integer`.

Als Startwert erhält `Versuche` erst einmal den Wert 1 für das erste Mal:

```
Versuche = 1
```

Mit jedem Rateversuch muss dieser Wert dann um 1 weitergezählt werden. Das könnte diese Zuweisung erledigen:

```
Versuche = Versuche + 1
```

Dein PC holt sich den aktuellen Wert der Variablen `Versuche` und addiert dazu eine 1. Dann weist er das Ergebnis der Variablen `Versuche` wieder zu. Dadurch ist der neue Wert nun um 1 größer als der alte.

> Eine **Zuweisung** ist keine Gleichung, wie du sie aus dem Matheunterricht kennst! (Welche Zahl sollte das sein, für die `Versuche = Versuche + 1` gilt?)
>
> Der Computer führt immer zuerst das aus, was rechts vom Zuweisungsoperator (=) steht. Hier berechnet er die Formel
>
> `Versuche + 1`
>
> *– Fortsetzung*

Dann geht er nach links und übergibt das Ergebnis als neuen Wert an die Variable. Vielleicht würde ein Pfeil diesen Vorgang besser erklären:

```
Versuche ← Versuche + 1
```

Nehmen wir an, *Versuche* hat den Startwert 1. Dann könnte das Ganze so aussehen:

Dein PC führt aus:	Das passiert:	Werte:
Zuweisen	Versuche ← 1	1
Berechnen	Versuche + 1	1 + 1
Zuweisen	Versuche ← Ergebnis	2

Der alte Wert von `Versuche` ist also durch einen neuen ersetz worden. Beim nächsten Rateversuch wird aus der 2 dann eine 3 usw.

In Visual Basic ist es übrigens auch zulässig, eine »zählende« Zuweisung so zu verkürzen:

```
Versuche += 1
```

Die kompletten Änderungen im Raten-Programm sehen jetzt so aus:

```
Shared Zufall, Eingabe, Versuche As Integer
Private Sub Button1_Click (ByVal sender As _
System.Object, ByVal e As System.EventArgs) _
Handles Button1.Click
  TextBox1.Focus()
  Try
    Eingabe = CInt(TextBox1.Text)
    Versuche = Versuche + 1
    If Eingabe = Zufall Then _
    Label1.Text = "Richtig geraten!"
    If Eingabe < Zufall Then _
    Label1.Text = "Deine Zahl ist zu klein!"
    If Eingabe > Zufall Then _
    Label1.Text = "Deine Zahl ist zu groß"
  Catch
    Label1.Text = "Quatsch!"
```

```
  End Try
End Sub
Private Sub Form1_Load (ByVal sender As _
System.Object, ByVal e As System.EventArgs) _
Handles MyBase.Load
  Randomize()
  Versuche = 1
  Zufall = Int (1000 * Rnd()) + 1
End Sub
```

Auch die Methode `Form1_Load` hat etwas abgekriegt. Sie übernimmt es, `Versuche` auf den Startwert 1 zu setzen.

≫ Tippe den Kram ein und lasse das Programm laufen (→ RATEN2).

Die If-Then-Else-Struktur

Was nützt das ganze Mitzählen, wenn man nichts davon zu sehen bekommt? Fehlt also noch eine zusätzliche Anzeige, etwa in dieser Art:

```
Label2.Text = CStr(Versuche) + ". Versuch:"
```

Die Zahl `Versuche` wird hier in einen String umgewandelt und dann zusammen mit dem Text »Versuch« angezeigt.

Aber wenn dein PC schon mitzählt, dann sollte er auch ein Auge darauf haben, dass du nicht zu viel rätst. Alles muss seine Grenzen haben. Setzen wir zuerst ein Limit:

```
Const Max = 12  ' ein Dutzend ist genug
```

Mit `Const` wird eine **Konstante** vereinbart. `Max` erhält also einen festen Wert und der kann während des Programmlaufs nicht mehr geändert werden. Diese Vereinbarungszeile kommt dorthin, wo auch die Variablenvereinbarungen stehen.

```
Public Class Form1

    Const Max = 12  ' ein Dutzend ist genug
    Shared Zufall, Eingabe, Versuche As Integer
```

Wenn dieser Grenzwert an Versuchen erreicht ist, soll eine entsprechende Anzeige erscheinen. Wenn du willst, kannst du dazu im Formular auch ein

drittes Label aufziehen. Oder du bürdest wie ich alles der schon vorhandenen zweiten Anzeigefläche auf:

```
If Versuche <= Max Then
  Label2.Text = CStr(Versuche) + ". Versuch:"
Else
  Label2.Text = "Es reicht!"
End If
```

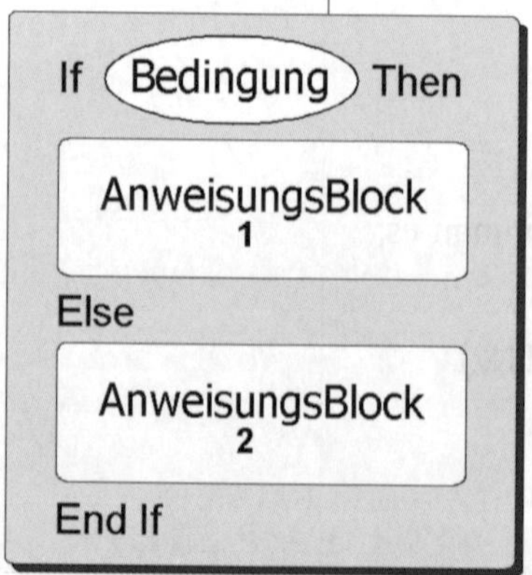

Else ist das englische Wort für »Sonst« (gesprochen: Els).

Und das bedeutet es:

WENN eine bestimmte Bedingung erfüllt ist, DANN soll der Computer einen Anweisungsblock ausführen. WENN sie **nicht** erfüllt ist (= SONST) dann soll der Computer einen **anderen** Anweisungsblock ausführen.

Die **Bedingung** ist hier:

```
Versuche <= Max
```

Und im ersten **Anweisungsblock** steht die Zuweisung:

```
Label2.Text = CStr(Versuche) + ". Versuch:"
```

Die führt dein PC aus, wenn die Bedingung erfüllt ist. Wenn **nicht**, kommt der zweite **Anweisungsblock** dran. Dort steht die Zuweisung:

```
Label2.Text = "Es reicht!"
```

Ebenso wie beim einfachen If spricht man auch hier von **Verzweigung**.

Ohne Else müsste es so heißen:

```
If Versuche <= Max Then _
Label2.Text = CStr(Versuche) + ". Versuch:"
If Versuche > Max Then _
Label2.Text = "Es reicht!"
```

Die zweite Bedingung Versuche > Max ist genau das Gegenteil der ersten Versuche <= Max.

Der Teil If Versuche > Max Then kann hier also einfach durch das Wörtchen Else ersetzt werden.

> Ergänze die `Button_Click`-Methode im Raten-Programm entsprechend (→ RATEN2). Vergiss die Vereinbarung von `Max` nicht. Dann probiere das Ganze noch mal aus.

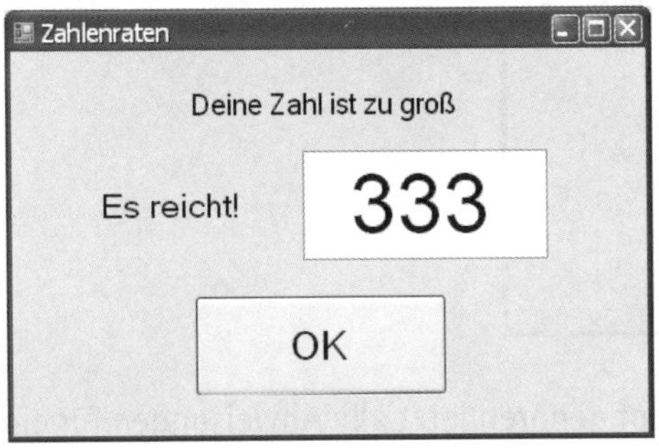

Neues Spiel oder wirklich Schluss?

Was mir an unserem Ratespiel noch nicht so recht passt, ist das Programmende. Es gibt nämlich nur die Möglichkeit, das Programmfenster über `Alt` `F4` oder per Mausklick auf das X rechts oben zu schließen. Aber wenn man die Zahl geraten hat, wäre das Programm doch eigentlich zu Ende. Oder man bekommt die Möglichkeit, noch mal eine neue Zahl zu raten. Dieses Problem lässt sich durch eine Erweiterung der `Button_Click`-Methode und eine zweite Schaltfläche beheben. Beginnen wir mit der Erweiterung für die erste Schaltfläche:

```
If (Eingabe = Zufall) Or (Versuche > Max) Then _
Button1.Text = "Ende"
```

Ist das Spiel zu Ende, weil die richtige Zahl geraten wurde oder die Anzahl der Versuche über dem Maximum liegt, dann wird der OK-Button zum ENDE-Button.

Demnach brauchen wir einen weiteren Knopf, falls ein neues Spiel gewünscht wird. Dem geben wir einfach die Aufschrift NEU – wenn du willst, z.B. auch NEUES SPIEL.

> Verschiebe den vorhandenen Knopf im Formular nach rechts und verkleinere ihn gegebenenfalls etwas. Klicke in der Komponentenpalette auf das Button-Symbol und ziehe links den zweiten Knopf auf.

> Gib im Eigenschaftenfenster für TEXT `Neu` ein und für FONT dieselbe Schriftgröße wie für den anderen Button.

Damit könnte das Ganze so aussehen:

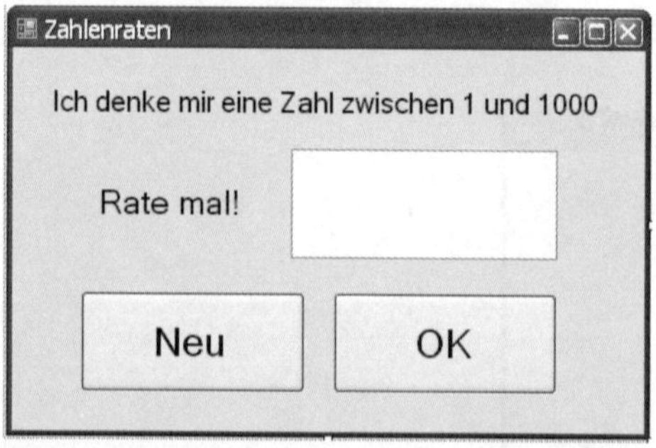

In die Methode für den NEU-Knopf gehören jetzt alle Anweisungen für ein neues Spiel (→ RATEN3):

```
Private Sub Button2_Click (ByVal sender As _
System.Object, ByVal e As System.EventArgs) _
Handles Button2.Click
  TextBox1.Focus()
' Wenn neues Spiel, Startwerte/Zufallszahl neu
  Label1.Text = "Ich denke mir eine neue Zahl!"
  Label2.Text = "Rate mal!"
  TextBox1.Text = ""
  Button1.Text = "OK"
  Versuche = 1
  Zufall = Int (1000 * Rnd()) + 1
  SpielEnde = False
End Sub
```

Die Anzeigen werden neu gesetzt, der OK-Button bekommt seinen Namen zurück. Eine neue Zufallszahl wird erzeugt und `Versuche` beginnt wieder bei 1. Doch dann taucht eine neue Variable namens `SpielEnde` auf.

Diese Variable ist ein besonderer Datentyp und wird so vereinbart:

```
Shared SpielEnde As Boolean
```

Variablen dieses Typs sind keine Zeichen oder Zahlen, sondern können nur zwei Werte haben:

Wert	Bedeutung	im Ratespiel
`True`	wahr, zutreffend	Spiel ist zu Ende (Ende-Button).
`False`	falsch, unzutreffend	Spiel ist (noch) nicht zu Ende (OK-Button).

Neues Spiel oder wirklich Schluss?

Da mit Klick auf NEU das Spiel neu beginnen soll, erhält `SpielEnde` den Wert `False`. Und weil der OK-Button nun eine zweite Rolle übernommen hat, muss die Methode `Button1_Click` noch ein wenig aufgebessert werden (→ RATEN3):

```
Private Sub Button1_Click (ByVal sender As _
System.Object, ByVal e As System.EventArgs) _
Handles Button1.Click
  If SpielEnde Then Close()
  TextBox1.Focus()
  Try
    Eingabe = CInt(TextBox1.Text)
  ' Versuche mitzählen und bei Max warnen
    Versuche = Versuche + 1
    If Versuche <= Max Then
      Label2.Text = CStr(Versuche) + ". Versuch:"
    Else
      Label2.Text = "Es reicht!"
    End If
  ' Eingabe auswerten, ob zu klein oder zu groß
    If Eingabe = Zufall Then _
    Label1.Text = "Richtig geraten!"
    If Eingabe < Zufall Then _
    Label1.Text = "Deine Zahl ist zu klein!"
    If Eingabe > Zufall Then _
    Label1.Text = "Deine Zahl ist zu groß"
  ' Wenn richtig geraten oder zu viele Versuche
    If (Eingabe = Zufall) Or (Versuche > Max) Then
      Button1.Text = "Ende"
      SpielEnde = True
    End If
  Catch
    Label1.Text = "Quatsch!"
  End Try
End Sub
```

Ganz zu Anfang steht nun die neue Zeile:

```
If SpielEnde Then Close()
```

Mit der Methode Close verabschiedet sich das Formular und damit wird auch die Anwendung beendet. Die Bedingung If SpielEnde ist eine erlaubte Kurzform von If SpielEnde = True, weil auch eine Bedingung (nur) wahr oder falsch sein kann.

Damit ist die Rolle des ENDE-Buttons erfüllt. Wenn SpielEnde den Wert False hat, macht die Button_Click-Methode weiter wie gehabt, denn das ist die Aufgabe des OK-Buttons. Das Spiel wird fortgesetzt, nur am Schluss ist noch eine Erweiterung nötig:

```
If (Eingabe = Zufall) Or (Versuche > Max) Then
  Label1.Text = "Richtig geraten!"
  Button1.Text = "Ende"
  SpielEnde = True
End If
```

Wenn das Spielende dann erreicht ist, wird nicht nur die Aufschrift des Buttons geändert, sondern auch der Wert von SpielEnde auf True gesetzt. Dabei fällt auf, dass hier mal ein Anweisungsblock mit mehreren Anweisungen mit End If abgeschlossen wird.

- Erweitere die Methode Button1_Click entsprechend.
- Ergänze auch die Methode Form_Load noch um die Zuweisung für SpielEnde (denn am Spielanfang sollte dieser Wert False sein):

```
Private Sub Form1_Load (ByVal sender As _
System.Object, ByVal e As System.EventArgs) _
Handles MyBase.Load
  Randomize()
  Versuche = 1
  Zufall = Int (1000 * Rnd()) + 1
  SpielEnde = False
End Sub
```

- Und dann mach ein neues Spiel oder zwei oder mehr. Mit Klick auf NEU lässt sich jederzeit neu anfangen (auch mittendrin). Und ein Klick auf ENDE macht mit dem Raten Schluss.

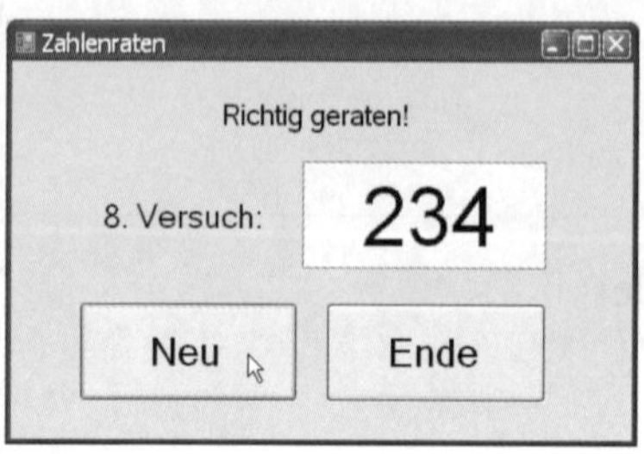

Zusammenfassung

Nun hast du dein erstes Spiel programmiert. An professionelle Produkte reicht es zwar nicht heran, doch es ist selbst gemacht – und das ist doch schon was!

Dabei hast du wieder ein paar neue Visual-Basic-Wörter kennen gelernt bzw. einige alte wiedererkannt:

Const	Konstantenvereinbarung
Boolean	Vereinbarung einer Variablen, die nur zwei Werte annehmen kann: True oder False
False	Wahrheitswert für Boolean
True	Wahrheitswert für Boolean
If	WENN eine Bedingung erfüllt ist
Then	DANN führe einen Anweisungsblock aus
Else	SONST führe einen anderen Anweisungsblock aus

Auch mit einigen Eigenschaften und Methoden von Komponenten hast du hier neu Bekanntschaft gemacht:

Form_Load	Diese Methode initialisiert Startdaten für das Formular, die beim Benutzen des Programms zur Verfügung stehen sollen.
Focus	Diese Methode setzt den Fokus auf eine Komponente. Damit wird diese aktiviert.
Close	Diese Methode schließt das Formular. Damit lässt sich das Programm beenden.

Eine Frage ...

1. Was hältst du davon, im Raten-Programm den Else-Zweig so zu verwenden:

```
If Eingabe < Zufall Then
  Label1.Text = "Deine Zahl ist zu klein!"
Else
  Label1.Text = "Deine Zahl ist zu groß!"
End If
```

... und ein paar Aufgaben

1. Erzeuge im Raten-Programm eine Methode `Label1_Click` für die erste Anzeigefläche. Dann programmiere diese Methode so, dass beim Klick auf die Anzeige Ich denke mir eine Zahl... die Meldung ausgegeben wird: Klick auf den Knopf!
2. Jetzt bist du dran: Erstelle ein Raten-Programm, bei dem der Computer deine Zahl raten muss.

6 Kontrollstrukturen

Vielleicht macht dir das Ratespiel aus dem letzten Kapitel Spaß, obwohl es nicht auf dem neuesten Stand der Technik ist und es auch nichts zu gewinnen gibt. Es wird ohnehin längst nicht jeder gleich beim ersten Gewinn zum Millionär. Aber wenn man das Geld irgendwo anlegt und ein paar Jahre warten kann, dann hat man vielleicht irgendwann die erste Million zusammen. Dein PC kann dir dabei helfen, diesen Zeitpunkt herauszufinden.

Auch das Hallo-Programm wird uns hier wieder begegnen – in aufgeblähter Form. Alles in allem springen ein paar weitere interessante Möglichkeiten heraus, die Ausführung deiner Programme zu kontrollieren.

In diesem Kapitel lernst du

- die Komponente `ListBox` kennen
- wie man Programmteile wiederholt
- die Verwendung von `Do-Loop` sowie `While` und `Until` kennen
- mit `Select-Case` eine weitere Kontrollstruktur kennen

Auf dem Weg zum Millionär

Reich werden kann man mit ein bisschen Programmieren nicht, aber man kann ja mal so tun als ob! Und so landen wir gleich beim nächsten Projekt.

- Klicke auf DATEI und auf NEUES PROJEKT. Wähle WINDOWS-ANWENDUNG und gib als Namen `Million1` ein. Dann bestätige mit Klick auf OK.

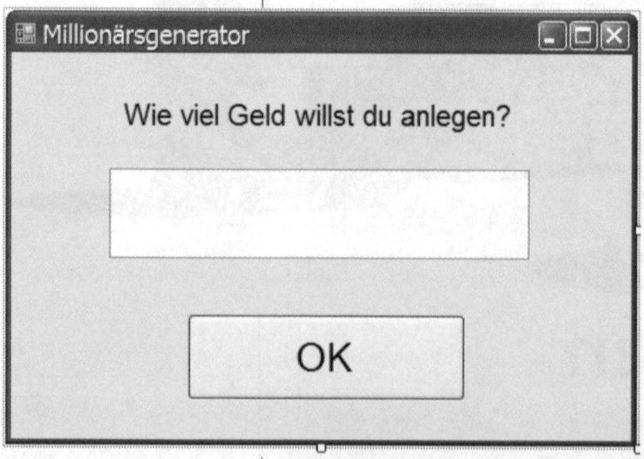

Bleiben wir bei unserer bewährten Kombination aus Anzeigefläche (`Label`), Eingabefeld (`TextBox`) und Schaltfläche (`Button`). Diesmal genügt wieder je ein Exemplar, das so angeordnet werden soll:

- Suche dir die betreffenden Komponenten aus und verteile sie im Formular. Dann passe die Eigenschaften im Eigenschaftenfenster so an:

	Text	Font/Größe
Label1	Wie viel Geld willst du anlegen?	14
Button1	OK	14
TextBox1	(leer)	36
Form1	Millionärs-Generator (oder: Millionenspiel)	

In diesem Projekt geht es darum, dass du eine bestimmte Menge Geld anlegst und erfährst, wie lange es dauern kann, bis du mit dieser Investition zum Millionär wirst.

Die Hauptarbeit liegt auch hier wieder mal bei der Methode `Button1_Click`. Den Anfang machen wir aber mit den Vereinbarungen:

```
Shared Kapital, Zinsen, Prozent As Single
Shared Nr, Laufzeit As Integer
```

Eine ganze Menge an Variablen, die da auf dich zukommen. Weil es hier um Euro und Cent geht, sind `Kapital`, `Zinsen` und `Prozent` als `Single` vereinbart. Für `Laufzeit` genügt `Integer`, weil wir nur in ganzen Jahren rechnen.

Aber da ist noch eine Variable: `Nr` dient einfach nur dazu, die Eingaben mitzuzählen. Denn zuerst wird eingegeben, wie viel Geld du anlegen willst

(`Kapital`). Dann muss der Computer auch noch wissen, wie hoch der Zinssatz ist (`Prozent`).

Erst jetzt können die `Zinsen` berechnet werden. Dazu ist jetzt ein bisschen Zinsrechnung nötig. Falls du das noch nicht im Matheunterricht gehabt (oder wieder vergessen) hast, ist das nicht weiter schlimm. Glaub mir einfach, dass meine Formel stimmt. Was passiert nun im Einzelnen?

Erst mal werden die Zinsen berechnet, die in einem Jahr anfallen:

```
Zinsen = Kapital * Prozent / 100
```

Dann werden sie zum Kapital dazugezählt:

```
Kapital = Kapital + Zinsen
```

Diese Anweisungen soll der Computer nun so lange wiederholen, bis er die Million erreicht hat. Und weil es bei jeder Wiederholung ein Jahr mehr wird, muss die Laufzeit dabei um 1 erhöht werden:

```
Laufzeit = Laufzeit + 1
```

While oder Until?

Was wir dazu brauchen, ist eine neue Struktur, denn mit den bisherigen Mitteln kriegen wir das nicht hin. Und so sieht eine Wiederholung in Visual Basic aus:

```
While Kapital < 1000000
  Zinsen = Kapital * Prozent / 100
  Kapital = Kapital + Zinsen
  Laufzeit = Laufzeit + 1
End While
```

Nehmen wir das gleich mal unter die Lupe:

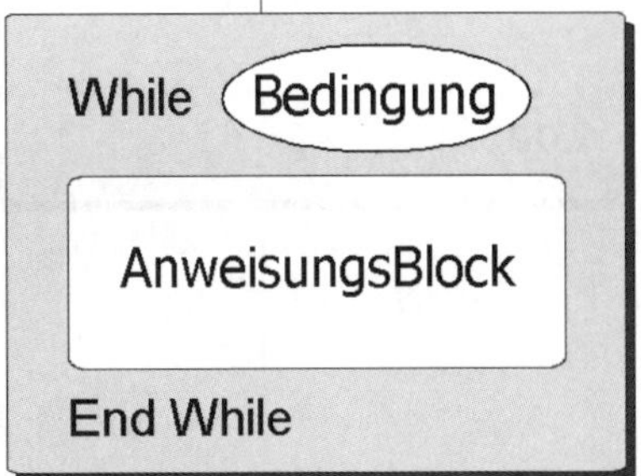

> **Zu Deutsch heißt das:**
>
> SOLANGE eine bestimmte Bedingung erfüllt ist, soll der Computer einen Anweisungsblock WIEDERHOLEN.

Hier heißt die **Bedingung**:

```
Kapital < 1000000
```

Im **Anweisungsblock** stehen die Anweisungen zur Zins- und Kapitalberechnung. Und weil das hier gleich mehrere sind, müssen wir dem Com-

puter klar machen, wo genau der Anweisungsblock aufhört, indem wir an den Schluss der Schleife ein `End While` setzen.

> Die »Klammerung« mit `While` und `End While` ist vergleichbar mit der mehrzeiligen `If`-Struktur, die ja auch mit `End If` abgeschlossen wird. So wird eindeutig markiert, wo ein Anweisungsblock beginnt und wo er endet.

Das Ganze nennt man `While`-Struktur. Eine weitere **Kontrollstruktur** also – aber das ist noch nicht alles, denn gleich kommt noch eine, und die ist recht flexibel, wie du sehen wirst (→ MILLION1A):

```
' Bedingungstest am Anfang
 Do While Kapital < 1000000
   Zinsen = Kapital * Prozent / 100
   Kapital = Kapital + Zinsen
   Laufzeit = Laufzeit + 1
 Loop
' Bedingungstest am Ende
 Do
   Zinsen = Kapital * Prozent / 100
   Kapital = Kapital + Zinsen
   Laufzeit = Laufzeit + 1
 Loop While Kapital < 1000000
```

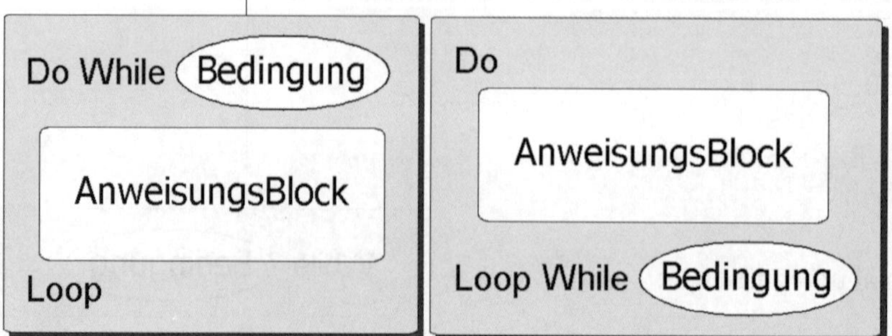

Die beiden neu aufgetauchten Begriffe `Do` und `Loop` könnte man mit »Mach eine Schleife« übersetzen. Wie du hier siehst, lässt sich die Bedingung je nach Wahl an den Anfang oder den Schluss der Schleife setzen.

> **Auch hier kann man frei übersetzen:**
>
> SOLANGE eine bestimmte Bedingung erfüllt ist,
> soll der Computer einen Anweisungsblock WIEDERHOLEN.
> oder:
> Der Computer soll einen Anweisungsblock WIEDERHOLEN,
> SOLANGE eine bestimmte Bedingung erfüllt ist.

Und weiter geht's (→ MILLION1B):

```
' Bedingungstest am Anfang
Do Until Kapital >= 1000000
  Zinsen = Kapital * Prozent / 100
  Kapital = Kapital + Zinsen
  Laufzeit = Laufzeit + 1
Loop
' Bedingungstest am Ende
Do
  Zinsen = Kapital * Prozent / 100
  Kapital = Kapital + Zinsen
  Laufzeit = Laufzeit + 1
Loop Until Kapital >= 1000000
```

Sieht doch so aus wie vorher – oder? Vielleicht muss man genauer hinsehen, um zu erkennen, wo diese Struktur sich von der vorhergehenden unterscheidet: Das `While` ist dem Wort `Until` gewichen .

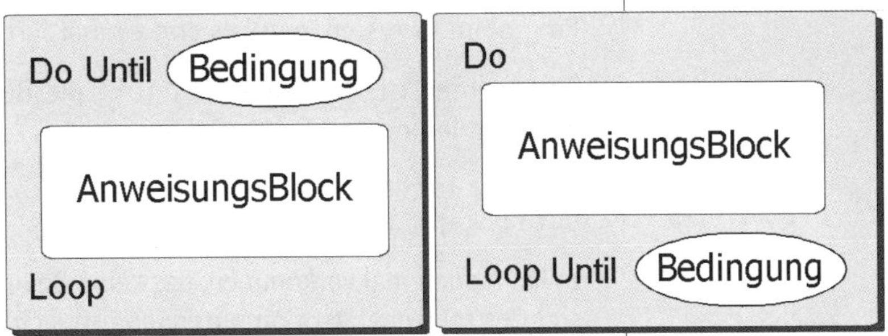

> **Zu Deutsch heißt es nun:**
>
> BIS eine bestimmte Bedingung erfüllt ist.
> soll der Computer einen Anweisungsblock WIEDERHOLEN
> oder:
> Der Computer soll einen Anweisungsblock WIEDERHOLEN,
> BIS eine bestimmte Bedingung erfüllt ist.

Schleifenvariationen

Was ist denn nun der Unterschied? Schau dir mal diese kleine Tabelle an:

	Bedingung steht	Bedingung erfüllt →
`Do-While`	am Anfang der Schleife	Schleife wird wiederholt
`Loop-While`	am Ende der Schleife	Schleife wird wiederholt
`Do-Until`	am Anfang der Schleife	Schleife wird verlassen

	Bedingung steht	Bedingung erfüllt →
`Loop-Until`	am Ende der Schleife	Schleife wird verlassen
`While-End While`	am Anfang der Schleife	Schleife wird wiederholt

Wenn die Bedingung am Schleifenanfang steht, ist es möglich, dass der Anweisungsblock in der Schleife gar nicht ausgeführt wird.

In unserer ersten Fassung vom Million-Programm ist das der Fall, wenn eine Zahl eingegeben wird, die eine Million oder mehr beträgt. Dann wird erst gar keine Berechnung durchgeführt, weil sie unnötig ist. Aber um das Programm zu testen, muss es erst einmal fertig sein.

Zu beachten ist, dass sich bei `Until` die Bedingung gegenüber `While` umkehrt. In unserem Falle wird aus

```
While Kapital < 1000000
Until Kapital >= 1000000
```

Es kann auch mal vorkommen, dass eine Bedingung nie erfüllt wird. Dann steht es schlecht: Der Computer verläuft sich in einer so genannten **Endlosschleife**. Das geschieht nicht in unserem Falle, aber z.B. hier:

```
Laufzeit = 0
Do
  Laufzeit = Laufzeit - 1
  ' weitere Anweisungen
Loop Until Laufzeit >= 0
```

Hier ist der komplette Quelltext für die Methode `Button1_Click` (→ MILLION1):

```
Private Sub Button1_Click (ByVal sender As _
System.Object, ByVal e As System.EventArgs) _
Handles Button1.Click
  Nr = Nr + 1
  If Nr = 1 Then
    Kapital = CSng(TextBox1.Text)
    Label1.Text = "Wie hoch soll der Zinssatz sein?"
    TextBox1.Text = ""
    TextBox1.Focus()
  End If
```

```
    If Nr = 2 Then
      Prozent = CSng(TextBox1.Text)
      Laufzeit = 0
      While Kapital < 1000000
        Zinsen = Kapital * Prozent / 100
        Kapital = Kapital + Zinsen
        Laufzeit = Laufzeit + 1
      End While
      If Laufzeit > 0 Then
        Label1.Text = "Dein Geld muss " _
       + CStr(Laufzeit) + " Jahre auf der Bank braten"
        TextBox1.Text = "1.000.000"
      Else
        Label1.Text = _
        "Willkommen im Club der Millionäre!"
      End If
    End If
End Sub
```

Die Methode Form1_Load nimmt sich dagegen doch sehr mager aus:

```
Private Sub Form1_Load (ByVal sender As _
System.Object, ByVal e As System.EventArgs) _
Handles MyBase.Load
  Nr = 0
End Sub
```

> Tippe den Text für die beiden Methoden im Editorfenster ein. Und vergiss nicht die Vereinbarung der Variablen Nr, Laufzeit, Kapital, Prozent und Zinsen!

Wie du siehst, haben wir hier für die Umwandlung von Strings in Zahlen mal nicht CInt, sondern CSng verwendet – schließlich ist der Datentyp dieser Zahlen ja auch Single.

> Teste das Programm mit den Werten 1, 1000 und 1000000 für Kapital (Zinssatz nach Belieben).

If und Exit

Wie du siehst, braucht es seine Zeit, wenn das Startkapital klein und der Zinssatz nicht sehr hoch ist. Und bei einem Einsatz von einer Million wirst du gleich im Club der Millionäre willkommen geheißen. Das regelt eine `If-Else`-Struktur mit diesen Anweisungen:

```
If Laufzeit > 0 Then
  Label1.Text = "Dein Geld muss "_
  + CStr(Laufzeit) + " Jahre auf der Bank braten"
Else
  Label1.Text = _
  "Willkommen im Club der Millionäre!"
End If
```

Beachtenswert ist, dass offenbar innerhalb einer `If`-Struktur weitere `If`-Strukturen möglich sind. Man nennt das **Verschachtelung.**

➢ Ändere die `While`-Schleife in eine `Do-Loop`-Struktur mit `Until` um. (→ MILLION1B).

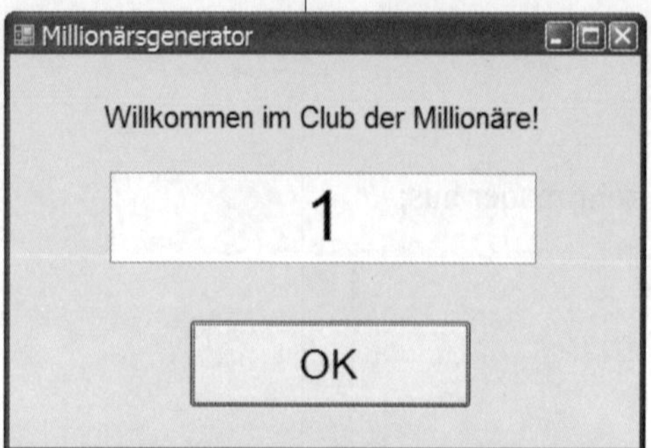

Beim Testen des Programms mit einer Million Startkapital (und z.B. 1% Zinssatz) kommt es zu dieser Anzeige:

Ein bisschen blöd ist das schon: Wozu ein Jahr auf meine Kohle warten, wenn ich schon Millionär bin? Das Problem liegt im Bedingungstest am Schleifenende. Die wird nämlich auf jeden Fall mindestens einmal durchlaufen. Dabei wird der Wert von Laufzeit um eins erhöht. Das lässt sich nur durch ein vorgeschaltetes `If` verhindern:

```
If Kapital < 1000000 Then Laufzeit =
Laufzeit + 1
```

Dann läuft auch diese Version wie gewünscht. Insgesamt aber erscheint hier eine der Strukturen geeigneter, bei denen am Schleifeneingang getestet wird. Auf jeden Fall hast du alle Möglichkeiten sowie ihre Unterschiede kennen gelernt.

Fast alle, denn ab und zu gibt es den Fall, dass jemand mittendrin aus einer Schleife herauswill. Dass auch das geht, siehst du hier (→ MILLION1C):

```
'Bedingungstest mit Sprung
Do
  Zinsen = Kapital * Prozent / 100
  Kapital = Kapital + Zinsen
  Laufzeit = Laufzeit + 1
```

```
  If Kapital >= 1000000 Then Exit Do
  ' hier könnten weitere Anweisungen stehen
Loop
```

Eine Do-Loop-Schleife ohne jede Bedingung. Das kann gefährlich werden, denn aus der kommt man normalerweise nicht mehr heraus (denn es gibt ja keine passende Bedingung).

Es sei denn, man springt:

```
  If Kapital >= 1000000 Then Exit Do
```

Die Anweisung Exit mit nachfolgendem Do sorgt dafür, dass die Schleife aus der Mitte heraus verlassen werden kann. Nachfolgende Anweisungen werden dann nicht mehr ausgeführt.

> An dieser Stelle sei erwähnt, dass man sich mit Exit Sub auch mitten aus einer Prozedur entfernen kann.

Kleine Knopfparade

Wir verlassen jetzt das Millionärsspiel und kehren wieder auf den Boden der Tatsachen zurück. Dazu könnten wir die letzte Version des Hallo-Projekts (aus Kapitel 2) hervorkramen. Oder wir beginnen gleich mit einem neuen Projekt und schauen mal, was man damit alles anstellen kann.

≫ Erstelle das Projekt über Klick auf DATEI und NEUES PROJEKT. Gib ihm den Namen Klemp1.

Wir benötigen nun außer einem Label insgesamt sechs Schaltflächen. In der Tabelle findest du die Aufschriften für die Buttons und die zugehörigen Antwortsätze:

Button	Diagnose	Font/Größe
Prima	Das ist ja toll!	12
Gut	Das freut mich!	12
Mäßig	Das geht ja noch.	12
Schlecht	Das tut mir leid!	12
Miserabel	Das ist ja schlimm!	12
Sag ich nicht	Wenn du meinst ...	12

Da siehst du schon, wohin der Hase läuft: Das Ganze könnte sich zu einem kleinen Seelsorger für zu Hause entwickeln, weshalb ich dem Projekt auch großspurig den Titel »Seelenklempner« geben möchte.

Wie kriegen wir nun sechs Knöpfe in unserem Formular unter? Grundsätzlich gibt es da mehrere Möglichkeiten, von denen ich mich für diese entschieden habe:

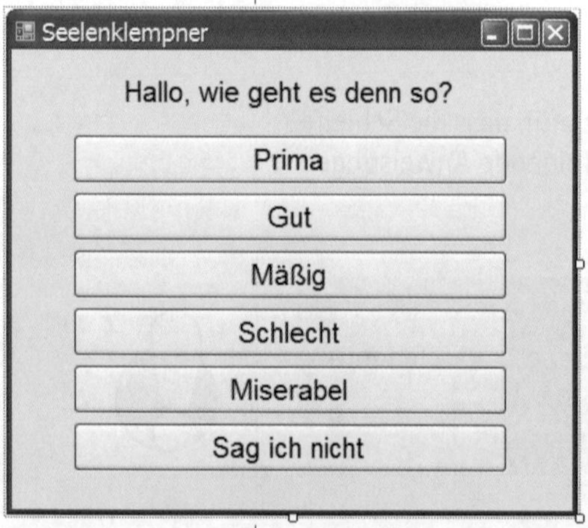

- Ziehe alle sechs Schaltflächen gleich groß und mittig unter der Anzeigefläche (`Label`) auf. Sehr wahrscheinlich musst du die Fläche des Formulars etwas nach unten vergrößern.
- Verpasse im Eigenschaftenfenster dem Label den Anzeigetext `Hallo, wie geht es denn so?` (oder so ähnlich ...).
- Gib jedem neuen Button eine passende Aufschrift und ordne alles so wie oben in der Abbildung – oder wie du es gern hättest (→ KLEMP1).

Diagnose auf Knopfdruck

Was jetzt noch fehlt, sind die passenden Antworten für die Meldungsfenster. Dazu musst du auf jeden Knopf einmal doppelklicken und die entsprechende Anweisung in den `Button_Click`-Methoden ergänzen. Hier der ganze Text am Stück:

```
Private Sub Button1_Click (ByVal sender As _
System.Object, ByVal e As System.EventArgs) _
Handles Button1.Click
  Label1.Text = "Das ist ja toll!"
End Sub

Private Sub Button2_Click (ByVal sender As _
System.Object, ByVal e As System.EventArgs) _
Handles Button2.Click
  Label1.Text = "Das freut mich!"
End Sub
```

```
Private Sub Button3_Click (ByVal sender As _
System.Object, ByVal e As System.EventArgs) _
Handles Button3.Click
  Label1.Text = "Das geht ja noch."
End Sub

Private Sub Button4_Click (ByVal sender As _
System.Object, ByVal e As System.EventArgs) _
Handles Button4.Click
  Label1.Text = "Das tut mir leid!"
End Sub

Private Sub Button5_Click (ByVal sender As _
System.Object, ByVal e As System.EventArgs) _
Handles Button5.Click
  Label1.Text = "Das ist ja schlimm!"
End Sub

Private Sub Button6_Click (ByVal sender As _
System.Object, ByVal e As System.EventArgs) _
Handles Button6.Click
  Label1.Text = "Wenn du meinst ..."
End Sub
```

➢ Ergänze diese Zuweisungen für `Label1` im Editorfenster. (Achte darauf, dass Aufschrift und Meldungstext zusammenpassen!)

Die Nummerierung der einzelnen Buttons (`Button1` bis `Button6`) verläuft bei mir von oben nach unten. Falls du deine Schaltflächen in einer anderen Reihenfolge erzeugt hast, ändert sich natürlich diese Zählung. Richte dich einfach nach der Tabelle.

➢ Zu guter Letzt gib noch dem Formular den Titel »Seelenklempner«. Klicke dazu auf das Formular und trage den Titel im Eigenschaftenfenster hinter TEXT ein.

Und nun wollen wir mal sehen, was unser Seelenklempner zu sagen hat. Zuvor aber soll das Ganze erst mal sicher untergebracht werden.

- Speichere deine Projektdateien über DATEI und ALLES SPEICHERN mit dem Namen KLEMP1 ab.
- Starte das Programm und probier es aus.

Listenwahl

Auf der Suche nach Alternativen kramen wir jetzt noch ein bisschen in der Toolbox. Schließlich willst du es nicht immer nur mit Knöpfen zu tun haben. Ganz ohne Schaltflächen könnte unser Seelenklempner funktionieren, wenn wir uns für eine Liste entscheiden, in der alle Aufschriften stehen, die du den Buttons verpasst hast.

Leider müssen wir dazu alle Schaltknöpfe entfernen. Und weil jetzt auch die ganzen `Button_Click`-Methoden nicht mehr gebraucht werden, ist es hier am besten, gleich ein ganz neues Projekt zu beginnen. (Schon wieder ...)

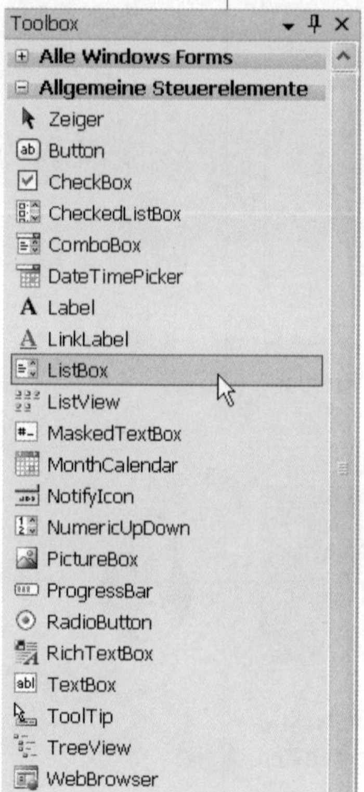

- Schließe das Projekt KLEMP1 und erstelle über DATEI und NEUES PROJEKT ein weiteres mit dem Name `Klemp2`.
- Erzeuge zuerst wieder ganz oben ein Label mit dem Text `Hallo, wie geht es denn so?`.
- Suche im Toolboxmenü das Symbol für LISTBOX und klicke darauf.
- Ziehe die neue Komponente in der Mitte des Formulars auf. (Viel Platz hast du ja!)

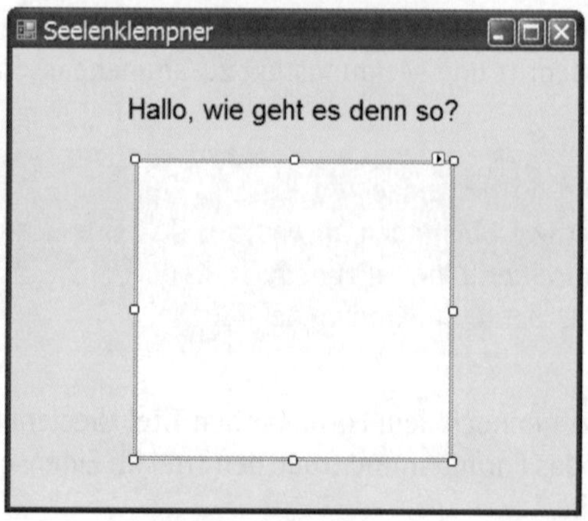

Die Komponente, die wir jetzt benutzen, heißt **Listenfeld**. Dort müssen nun alle sechs Texte untergebracht werden, die vorher auf den Knöpfen standen. Dazu brauchen wir wieder mal das Eigenschaftenfenster:

- Klicke auf das Listenfeld und suche im Eigenschaftenfenster nach dem Eintrag ITEMS. (Dahinter steht das Wort AUFLISTUNG in Klammern.)

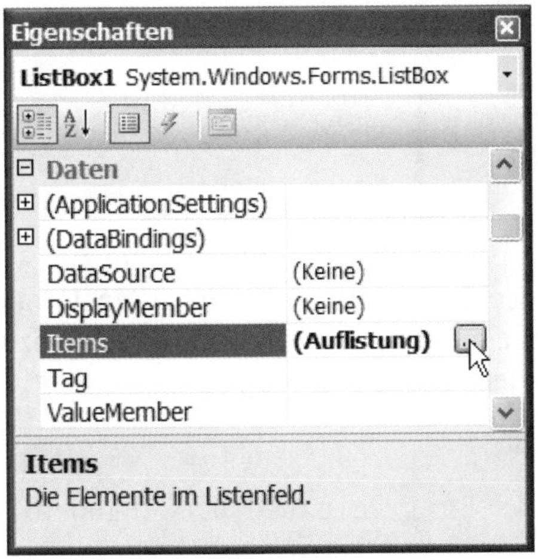

- Klicke auf das kleine Kästchen mit den drei Punkten (...) neben dem Eintrag (AUFLISTUNG).

Das Fenster, das sich nun öffnet, heißt **Zeichfolgen-Editor**. Dort kannst du deinen Text wie in einem normalen Editorfenster eintippen.

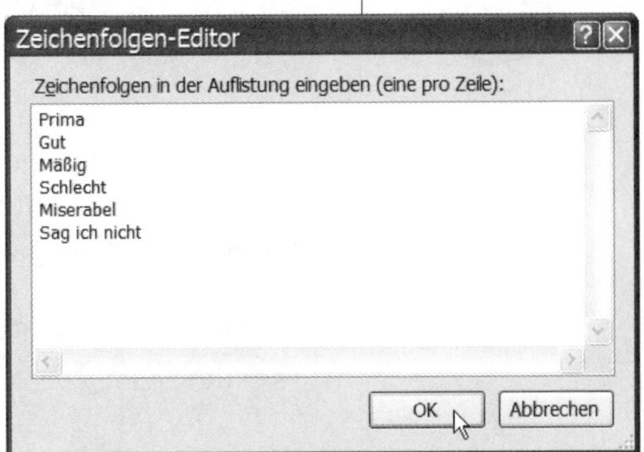

- Tippe die sechs Zeilen ein und beende die Eingabe mit Klick auf die Schaltfläche OK.
- Speichere das neue Projekt unter dem Namen KLEMP2.
- Starte das Programm und schau dir die Liste an. Dann beende das Testprogramm.

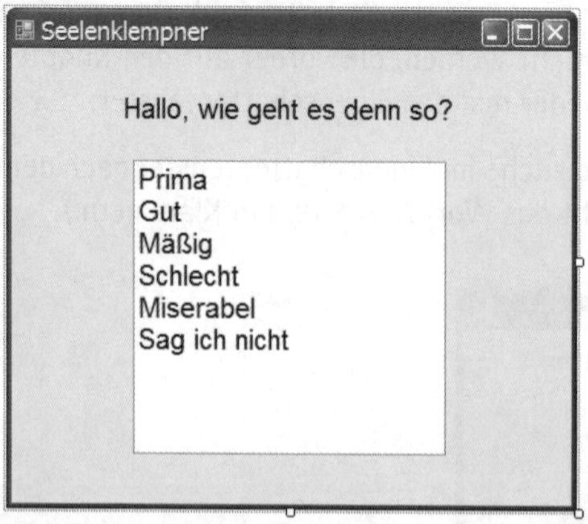

Natürlich geschieht erst mal gar nichts, wenn du auf einen Listeneintrag klickst. Die entsprechende Methode hat ja auch noch nichts zu tun. Dazu müssen wir sie erst mit den richtigen Anweisungen füllen.

> Doppelklicke auf das Listenfeld.

Und du landest in der Methode `ListBox1_SelectedIndexChanged`.

> Warum heißt diese Methode nicht `ListBox1_Click`? Hier geht es darum, dass die Methode bei einer Änderung (englisch: Change, gesprochen Tscheyndsch) des Eintrages reagiert. Und da passt der Name genau.

Dort gehören auch die Anweisungen hin, mit denen reagiert werden soll, wenn man in das Listenfeld geklickt hat. Und zwar alle. Denn sämtliche Einträge stehen ja in einer einzigen Liste (→ KLEMP2):

```
Private Sub ListBox1_SelectedIndexChanged (ByVal _
sender As System.Object, ByVal e As System.EventArgs)
_
Handles ListBox1.SelectedIndexChanged
  If ListBox1.GetSelected(0) Then _
  Label1.Text = "Das ist ja toll!"
  If ListBox1.GetSelected(1) Then _
  Label1.Text = "Das freut mich!"
  If ListBox1.GetSelected(2) Then _
  Label1.Text = "Das geht ja noch!"
```

```
    If ListBox1.GetSelected(3) Then _
    Label1.Text = "Das tut mir leid!"
    If ListBox1.GetSelected(4) Then _
    Label1.Text = "Das ist ja schlimm!"
    If ListBox1.GetSelected(5) Then _
    Label1.Text = "Wenn du meinst ..."
End Sub
```

➢ Füge diese Zeilen in der `ListBox`-Methode ein.

`GetSelected` ist eine Eigenschaft der Komponente `ListBox1`, die den Wert `True` oder `False` haben kann. Ist der entsprechende Eintrag in der Liste gerade aktiviert, so ist die Bedingung erfüllt (= `True`). Zu beachten ist dabei, dass die Zählung nicht bei 1, sondern bei 0 beginnt.

Es ist wirklich nicht nötig, ähnlichen Text immer wieder zu schreiben. Darf ich hier an ein paar Bearbeitungshilfen erinnern?

- Text mit der Maus oder mit `Shift` und den Pfeiltasten markieren
- Text über BEARBEITEN/AUSSCHNEIDEN ausschneiden und in die Zwischenablage übernehmen
- Text über BEARBEITEN/KOPIEREN in die Zwischenablage kopieren
- Text über BEARBEITEN/EINFÜGEN aus der Zwischenablage einfügen
- Arbeitsschritt über BEARBEITEN/RÜCKGÄNGIG rückgängig machen

➢ Probier das Programm gleich aus und teste alle Antworten durch.

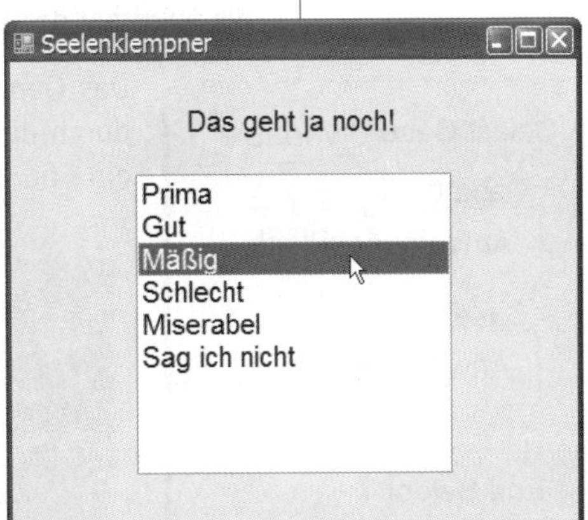

Von Fall zu Fall

Je nach Klick erhältst du wie schon in der ersten Version eine mehr oder weniger passende Diagnose zu deiner Antwort auf die Frage »Hallo, wie geht es denn so?«

So manches Mal kann so ein ständiges `If` schon lästig werden, vor allem wenn man einen so langen Namen wie `ListBox1.GetSelected` dauernd wiederholen muss. Wie gut, dass Visual Basic da eine Alternative bereit hält:

```
Private Sub ListBox1_SelectedIndexChanged (ByVal _
sender As System.Object, ByVal e As System.EventArgs)
_
Handles ListBox1.SelectedIndexChanged
  Select Case ListBox1.SelectedIndex()
    Case 0 : Label1.Text = "Das ist ja toll!"
    Case 1 : Label1.Text = "Das freut mich!"
    Case 2 : Label1.Text = "Das geht ja noch!"
    Case 3 : Label1.Text = "Das tut mir leid!"
    Case 4 : Label1.Text = "Das ist ja schlimm!"
    Case 5 : Label1.Text = "Wenn du meinst ..."
  End Select
End Sub
```

Allerdings müssen wir `GetSelected` durch eine andere Eigenschaft von `ListBox` ersetzen: `SelectedIndex` gibt während eines Programmlaufs die Nummer des ausgewählten Eintrags zurück (auch hier wieder ab 0).

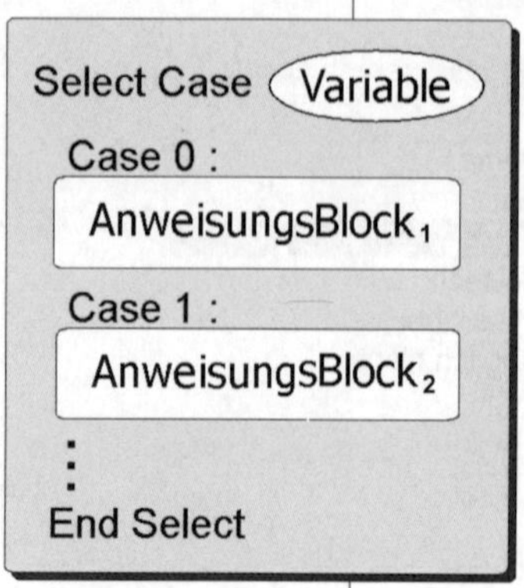

Das Ganze sieht aus wie eine Aufzählung. Eingeleitet wird sie durch das Wort `Select Case`. Und wichtig ist, dass sie durch ein `End Select` abgeschlossen wird.

Zu Deutsch heißt das in etwa:

FALLS eine Variable oder Eigenschaft einen der folgenden Werte hat,
soll der Computer einen zugehörigen Anweisungsblock ausführen.

Diese Struktur ist auch wieder so eine **Kontrollstruktur**. Man spricht bei der `Case`-Struktur auch von **Fallunterscheidung**.

Die Eigenschaft, die hier ausgewertet wird, heißt `ListBox1.SelectedIndex`:

```
Select Case ListBox1.SelectedIndex()
```

Dann folgt die Liste aller Werte, die ausgewertet werden sollen, jeweils eingeleitet mit dem Wort `Case` und vom zugehörigen **Anweisungsblock** durch einen Doppelpunkt (:) getrennt. Auch hier könnten mehrere Anweisungen stehen, in diesem Fall ist es jeweils nur eine:

`Case`	Label1.Text
`0 :`	"Das ist ja toll!"
`1 :`	"Das freut mich!"
`2 :`	"Das geht ja noch."
`3 :`	"Das tut mir leid!"
`4 :`	"Das ist ja schlimm!"
`5 :`	"Wenn du meinst ..."

Und wichtig: Immer muss die ganze Fallunterscheidung mit einem `End Select` abschließen!

≫ Ändere das Programm entsprechend, indem du die `If`-Struktur durch die `Case`-Struktur ersetzt. Dann starte das Programm und probier es aus (→ KLEMP2A).

Zusammenfassung

Wenn wir hier jetzt wieder mal innehalten, heißt das nicht, dass wir mit dem Seelenklempner schon am Ende sind. Das Thema wird uns schon noch eine Weile verfolgen. Aber jetzt geht es ans Zusammenfassen, denn da ist ja eine neue Komponente samt ein paar Methoden angefallen:

`ListBox`	Ein Listenfeld, in dem man einen von mehreren Einträgen aktivieren kann
`Items`	Eine Eigenschaft von `ListBox`: Enthält die Einträge, die ein Listen- oder Kombinationsfeld anzeigen soll

`GetSelected`	Eine Eigenschaft von `ListBox`. Enthält die Nummer des Eintrages, der in einer Liste ausgewählt wurde
`SelectedIndex`	Eine Eigenschaft von `ListBox`. Testet, ob der Eintrag zur gefragten Nummer in einer Liste ausgewählt wurde
`ListBox_SelectedIndexChanged`	Diese Methode wird mit Mausklick auf einen Listeneintrag aktiviert.

Und auch ein paar neue Visual-Basic-Wörter haben sich wieder angesammelt:

`Do-Loop`	WIEDERHOLE etwas (Anweisungsblock)
`Until`	BIS eine Bedingung erfüllt ist
`While`	SOLANGE eine Bedingung erfüllt ist
`End While`	Ende einer `While`-Struktur
`Exit Do`	Aus einer Schleife heraus»springen«
`Select Case`	Fallunterscheidung für den Wert einer Variablen
`Case`	FALLS eine Variable einen entsprechenden Wert hat
`End Select`	Ende einer `Case`-Struktur

Ein paar Fragen ...

1. Was passiert im Million-Programm bei einer Eingabe von Nullen für Kapital oder Zinssatz?
2. Wie ermittelt man in einem Listenfeld, welcher Eintrag ausgewählt worden ist?

... und ein paar Aufgaben

1. Ändere das Million-Projekt so um, dass eine Verarbeitung von Nullen und »Nicht-Zahlen« verhindert wird.

2. Ersetze im Horoskop-Programm aus der ersten Aufgabe in Kapitel 3 (HOROSKOP) alle Schaltflächen (Button) durch ein Listenfeld (ListBox).

3. Erstelle ein Programm, dessen (einziger) Button »Drück mich« bei jedem Mausklick an eine andere Stelle im Formular hüpft. (Hinweis: Mit der Methode SetBounds lassen sich Position und Größe setzen.)

7 Combo, Radio oder Check?

Jetzt kennst du ja bereits einige wichtige Komponenten, aber Visual Basic hat noch eine ganze Menge mehr zu bieten, wie du an der Komponentenpalette sehen kannst. Eigentlich könnte man doch im Formular auch mal ein paar dieser Dinger mischen. Das Seelenklempner-Projekt aus Kapitel 6 bietet dazu schon noch etwas Spielraum – wie du gleich sehen wirst.

In diesem Kapitel lernst du

- die Komponente `ComboBox` kennen
- den Unterschied zwischen Options- und Kontrollfeldern kennen
- was ein Gruppenfeld ist
- mit `For-Next` noch eine Kontrollstruktur kennen

Alles in einer Box

Etwas oberhalb des Eintrags für die `ListBox` findet sich in der Toolbox ein weiteres interessantes Exemplar, die `ComboBox`. Sie ist eine Art aufklappbare Liste und bietet darüber hinaus noch ein Eingabefeld. Wegen dieser Kombination wird sie auch **Kombinationsfeld** genannt. In unserem Seelenklempner-Projekt aus dem letzten Kapitel soll jetzt das Listenfeld durch ein solches Kombinationsfeld ersetzt werden.

Wir könnten ein völlig neues Projekt anfangen. Aber wir könnten das auch einfach in unserem letzten »Seelenklempner« direkt durch einen Austausch erledigen.

- Wenn du im letzten Kapitel dein Projekt geschlossen hast, öffne es jetzt wieder (→ KLEMP2A oder KLEMP2).
- Klicke im Formular auf das Listenfeld. Drücke dann die Taste [Entf]. Damit verschwindet erst einmal diese Komponente, während ihre Methode uns noch erhalten bleibt.

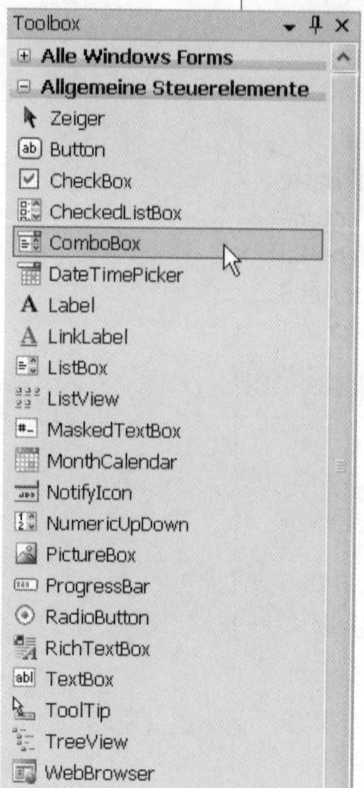

- Suche in der Komponentenpalette das Symbol für COMBOBOX und klicke darauf. Ziehe dann das Auswahlfeld im Formular auf.

Nun kommt ein Kunstgriff, mit dem wir den Inhalt der `ListBox`-Methode ausschneiden und in der neuen Methode für `ComboBox1` wieder einfügen wollen. Damit ersparen wir uns, alles neu programmieren zu müssen.

- Doppelklicke erst mal auf das Kombinationsfeld. Damit landest du im Editorfenster. Und da ist schon die neue Methode `ComboBox1_SelectedIndexChanged`.
- Markiere in der Methode `ListBox1_SelectedIndexChanged` den gesamten Anweisungsteil bis `End Sub`.
- Dann klicke auf BEARBEITEN und AUSSCHNEIDEN. Oder drücke [Strg] [X].

```
Public Class Form1

    Private Sub ListBox1_SelectedIndexChanged(ByVal sender As System.Object,
        Select Case ListBox1.SelectedIndex()
            Case 0 : Label1.Text = "Das ist ja toll!"
            Case 1 : Label1.Text = "Das freut mich!"
            Case 2 : Label1.Text = "Das geht ja noch!"
            Case 3 : Label1.Text = "Das tut mir leid!"
            Case 4 : Label1.Text = "Das ist ja schlimm!"
            Case 5 : Label1.Text = "Wenn du meinst..."
        End Select
    End Sub

    Private Sub ComboBox1_SelectedIndexChanged(ByVal sender As System.Object,
```

➢ Setze den Cursor in der Methode `ComboBox1_SelectedIndexChanged` in den Zwischenraum vor der `End Sub`-Zeile und klicke dann auf BEARBEITEN und EINFÜGEN. Oder drücke [Strg] [V].

```
Public Class Form1

    Private Sub ListBox1_SelectedIndexChanged(ByVal sender As System.Object,
    End Sub

    Private Sub ComboBox1_SelectedIndexChanged(ByVal sender As System.Object
        Select Case ListBox1.SelectedIndex()
            Case 0 : Label1.Text = "Das ist ja toll!"
            Case 1 : Label1.Text = "Das freut mich!"
            Case 2 : Label1.Text = "Das geht ja noch!"
            Case 3 : Label1.Text = "Das tut mir leid!"
            Case 4 : Label1.Text = "Das ist ja schlimm!"
            Case 5 : Label1.Text = "Wenn du meinst..."
        End Select
    End Sub

End Class
```

Nun ist die Methode `ListBox1_SelectedIndexChanged` leer, sie kann also entfernt werden.

Solltest du die neue Klempner-Version gleich ausprobieren wollen, dann erntest du eine Fehlermeldung, denn `ListBox1` gibt es ja nicht mehr.

Klar ist, dass wir im Quelltext `ListBox1` durch `ComboBox1` ersetzen müssen. Denn es geht ja bei `SelectedIndex` jetzt um die Einträge des Kombinationsfeldes.

➢ Passe den Quelltext entsprechend an. Womit die ganze Methode so aussieht (→ KLEMP2B):

```
Private Sub ComboBox1_SelectedIndexChanged (ByVal _
sender As System.Object, ByVal e As System.EventArgs) _
Handles ComboBox1.SelectedIndexChanged
  Select Case ComboBox1.SelectedIndex()
    Case 0 : Label1.Text = "Das ist ja toll!"
    Case 1 : Label1.Text = "Das freut mich!"
    Case 2 : Label1.Text = "Das geht ja noch!"
    Case 3 : Label1.Text = "Das tut mir leid!"
    Case 4 : Label1.Text = "Das ist ja schlimm!"
    Case 5 : Label1.Text = "Wenn du meinst ..."
  End Select
End Sub
```

Wo aber sind die Einträge des Auswahlfeldes? Die müssen wir jetzt erst eintippen. Das geht ebenso wie beim Listenfeld. Auch hier müssen wir den Zeichenfolgen-Editor bemühen, diesmal für die Komponente `ComboBox1`.

➢ Suche im Eigenschaftenfenster nach dem Eintrag ITEMS.

➢ Klicke auf das kleine Kästchen mit den drei Punkten (...) neben dem Text (AUFLISTUNG).

➢ Tippe im Stringlisten-Editor die gleichen sechs Zeilen wie beim Listenfeld ein (oder verwende andere Texte deiner Wahl). Beende die Eingabe mit Klick auf die Schaltfläche OK.

➢ Und dann kannst du die neue Version des »Klempners« laufen lassen.

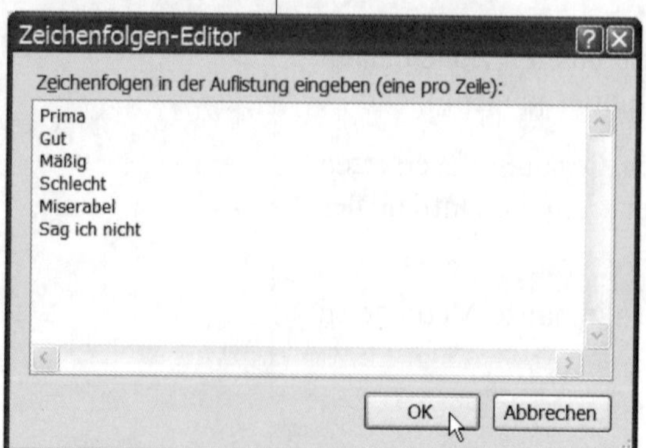

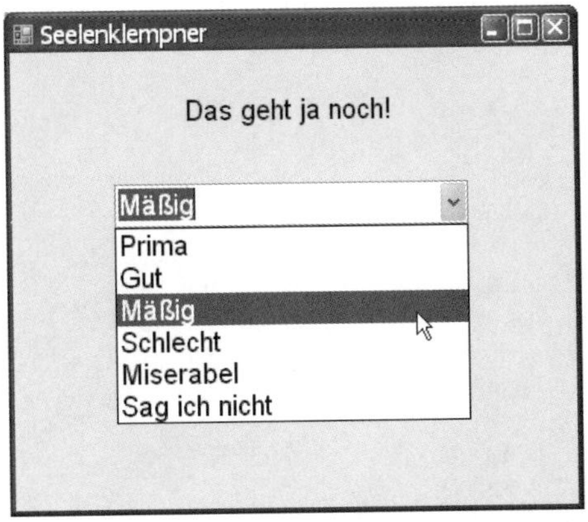

Die Liste des Kombinationsfeldes lässt sich mit einem Klick auf das kleine Dreieck öffnen. Mit einem weiteren Klick in die Liste wird der angeklickte Eintrag dann oben angezeigt. Außerdem gibt es eine entsprechende Meldung. (Du kannst übrigens auch einen eigenen Text in das kleine Fensterchen eingeben.)

Von Pünktchen ...

Auch die moderne Medizin des Westens hat inzwischen erkannt, dass es offenbar außer einem Körper noch einen Geist und eine Seele gibt. Berücksichtigen wir also den neuesten Stand der Wissenschaft auch bei unserem »Seelenklempner«.

- Schließe das aktuelle Projekt. Dann erzeuge über DATEI und NEUES PROJEKT ein neues mit dem Namen `Klemp3`.
- Ganz oben setzt du wieder eine Anzeigefläche (`Label`) mit dem schon bekannten Standardtext für die bisherigen Versionen unseres Seelenklempner-Projektes ein: `Hallo, wie geht es denn so?`
- Verpasse auch gleich dem Formular den richtigen Titel `Seelenklempner`.

Und jetzt fängt die Arbeit erst richtig an. Denn da kommt eine ganze Reihe von Arbeitsschritten auf dich zu.

- Suche in der Komponentenpalette das Symbol für RADIOBUTTON und klicke darauf.

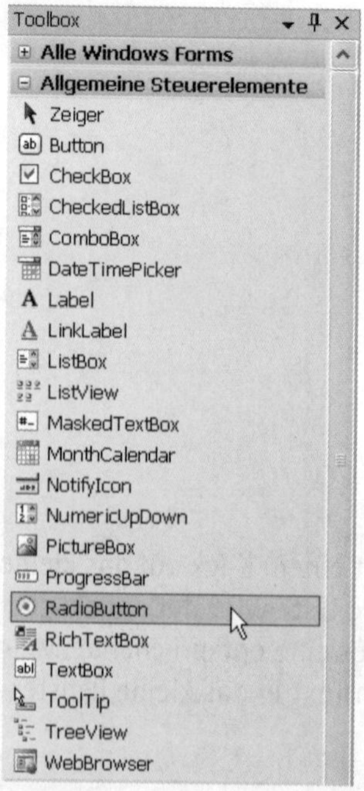

Die neue Komponente wird als **Optionsfeld** bezeichnet. Ein solches Feld hat als Symbol einen Kreis mit einem Punkt darin. Davon brauchen wir jetzt sechs Stück. Und die sollen in der linken Hälfte des Formulars platziert werden.

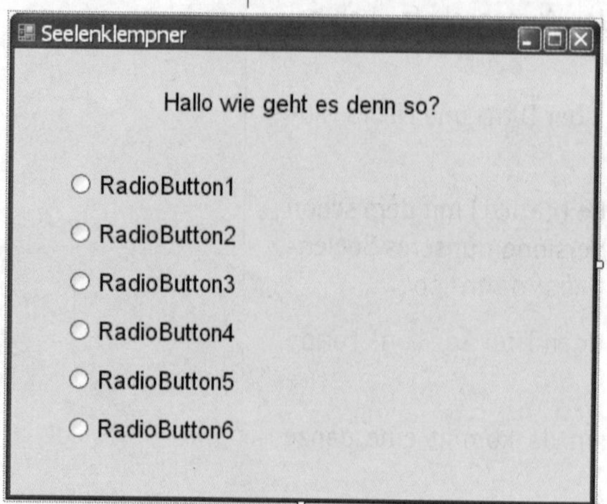

➢ Ziehe die Optionsfelder untereinander im Formular auf. (Achte darauf, dass rechts genügend Platz bleibt: Da sollen nachher noch andere Komponenten hin!)

Tja, und nun muss jedes Optionsfeld den passenden Text erhalten. Das verläuft genau so, wie du es schon von den Buttons her kennst, über den Eintrag TEXT im Eigenschaftenfenster.

➢ Tippe die sechs Antworten für die Optionsfelder ein.

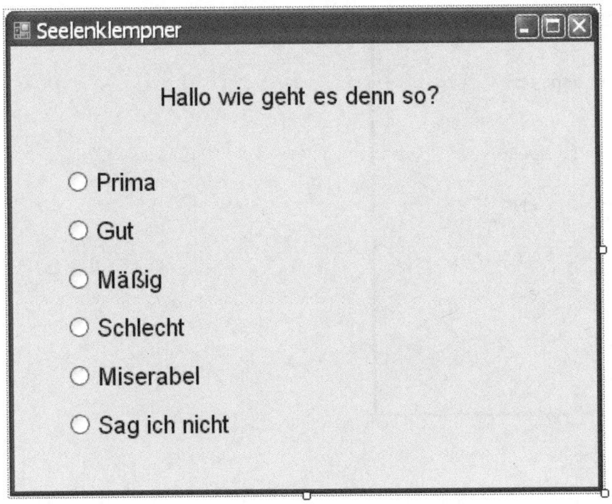

... und Häkchen

Um die Methode für die Optionsfelder kümmern wir uns später. Erst möchte ich in der rechten Hälfte des Formulars noch ein paar weitere neue Komponenten unterbringen. Die sind für die Bereiche Seele, Geist und Körper gedacht.

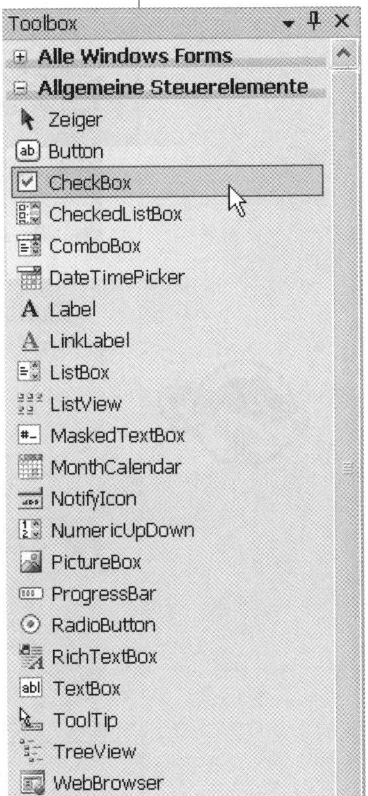

≫ Suche in der Komponentenpalette das Symbol für CHECKBOX und klicke darauf.

Die neue Komponente hat als Symbol ein Quadrat mit einem Häkchen drin. Sie heißt **Kontrollfeld**. Davon brauchen wir drei Exemplare. Die kommen jetzt ins Formular oben rechts.

≫ Ziehe das erste Kontrollfeld im Formular auf. Dann wiederhole das noch zweimal. (Auch hier ist zu beachten, dass darunter später noch eine Schaltfläche passen soll!)

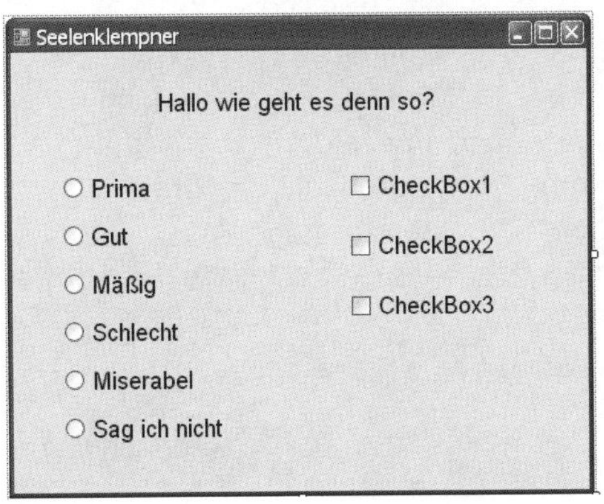

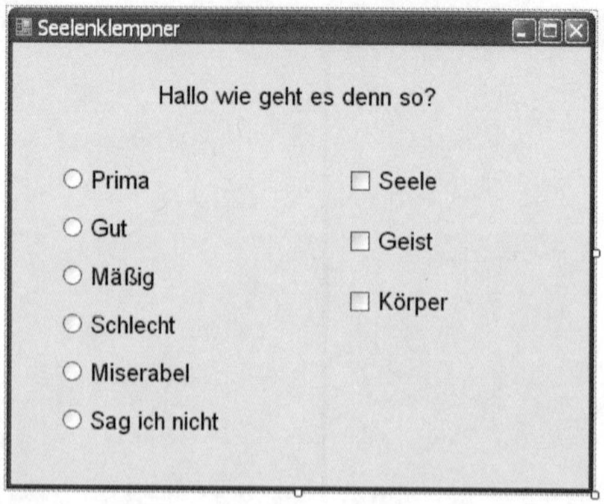

➢ Klicke auf jedes Kontrollfeld. Trage dann im Eigenschaftenfenster hinter TEXT jeweils `Seele`, `Geist` und `Körper` ein.

Optionsfeld und Kontrollfeld, was genau ist denn der Unterschied? Na gut, beim **Optionsfeld** ist da ein Kreis, in den man mit Mausklick ein Pünktchen setzen kann. Beim **Kontrollfeld** klickt man in ein Quadrat und erhält dafür ein Häkchen. Vielleicht verschafft dir diese Tabelle etwas Überblick:

Name	Funktion	Andere Namen	Symbol
Optionsfeld (RadioButton)	Bei einer Gruppe von zusammengehörenden Komponenten kann immer nur eine aktiviert sein.	Schaltfeld, Schaltknopf, Optionsschaltfeld	aktiviert = Punkt im Kreis
Kontrollfeld (Checkbox)	Bei einer Gruppe von zusammengehörenden Komponenten können beliebig viele aktiviert sein.	Wahlfeld, Markierungsfeld, Kontrollkästchen	aktiviert = Häkchen im Quadrat

– Fortsetzung

Da stehen auch gleich ein paar andere Namen, wie sie dir in der Hilfe von Visual Basic, Windows oder in anderen Anwendungen begegnen können. Ich habe mich für die Namen in der ersten Spalte entschieden, weil man

- bei Optionsfeldern eine Option ein- oder ausschalten kann. »Schaltfeld« wäre auch gut, klingt aber zu stark nach »Schaltfläche«. Dabei ist das z.B. wie bei den Tasten eines Radios: Immer nur eine kann gedrückt sein. (Rate mal, woher der Name »RadioButton« kommt!)
- bei Kontrollfeldern eine Einstellung markieren (= abhaken) kann. Der Begriff »Wahlfeld« wäre auch nicht schlecht, kommt aber weder in der Hilfe von Visual Basic noch von Windows vor.

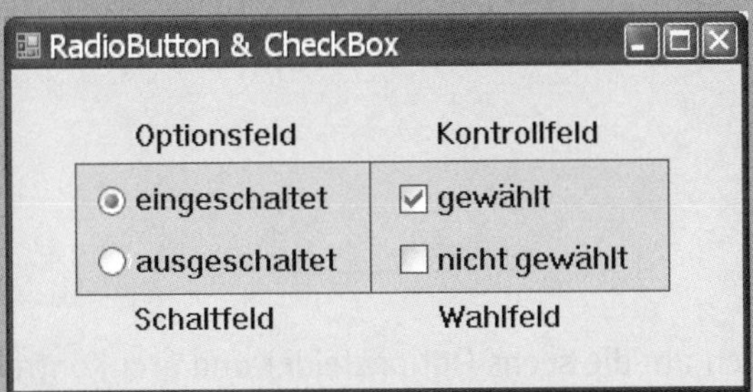

Der letzte Schliff

Damit sich die Komponentengruppen optisch ein bisschen mehr voneinander abheben, kannst du den Kontrollfeldern eine andere Schrift spendieren.

> Die lässt sich im Eigenschaftenfenster unter FONT auswählen. Außerdem kannst du bei der Gelegenheit auch den Schriftschnitt in KURSIV oder FETT (oder beides) ändern. Nach dem Einstellen klicke auf OK.

Damit es noch schöner wird, fassen wir die Optionsfelder ebenso wie die Kontrollfelder jeweils zu einer Gruppe zusammen. Dazu nehmen wir eine Komponente zur Hilfe, die hier scheinbar nichts anderes tut, als den Feldern einen würdigen Rahmen zu geben.

➢ Suche im Toolboxmenü im Bereich CONTAINER das Symbol für GROUPBOX und klicke darauf.

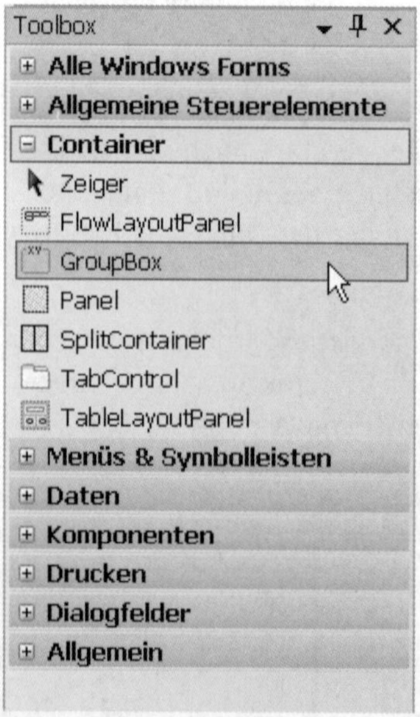

➢ Ziehe je einen Rahmen um die sechs Optionsfelder und drei Kontrollfelder.

➢ Gib für die Eigenschaft TEXT jeweils `Befinden` und `Bereich` ein.

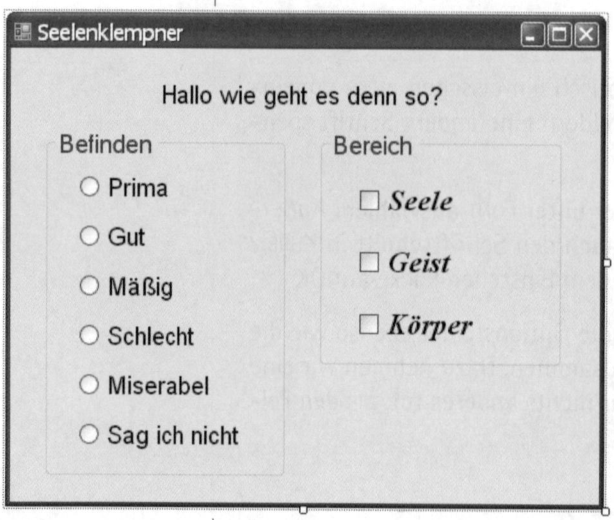

➢ Gegebenenfalls musst du noch bei Lage und Größe der einzelnen Komponenten nachbessern.

Vielleicht hast du schon bemerkt, dass ein **Gruppenfeld** mehr zu bieten hat als nur einen Rahmen mit Überschrift. Es fasst die umgebenen Komponenten wirklich zusammen. Wenn du im Formular ein Gruppenfeld verschiebst, kommen alle darin enthaltenen Elemente schön brav mit. (In der Toolbox gehört ein Gruppenfeld ja auch zum Bereich Container, zu Deutsch: Behälter.)

Wie geht es jetzt weiter? Haben wir uns für eine der Optionen von PRIMA bis SAG ICH NICHT entschieden und einen bis alle Bereiche von SEELE bis KÖRPER ausgewählt, dann brauchen wir noch etwas, worauf wir klicken können, um anzuzeigen, dass wir für die Diagnose bereit sind. Das letzte Element im Formular muss also noch ein ganz normaler Button sein.

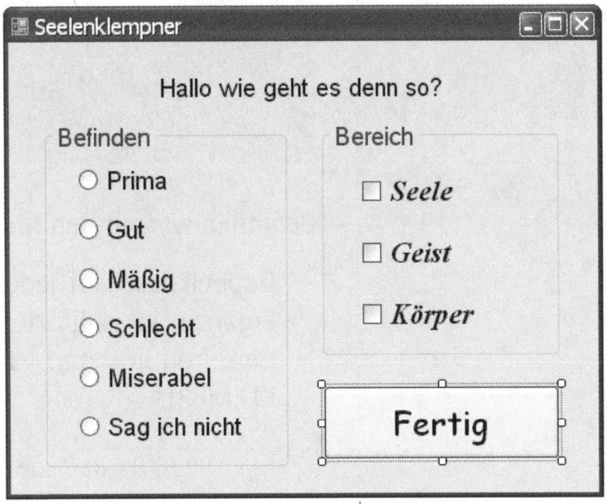

➢ Klicke im Toolboxmenü wieder im Bereich ALLGEMEINE STEUERELEMENTE auf das Symbol für BUTTON und ziehe die Schaltfläche im Formular unter den Kontrollfeldern auf.

➢ Gib dieser Schaltfläche die Aufschrift FERTIG. (Auch hier kann eine andere Schrift nicht schaden.)

Antworten für die Optionsfelder

Sieht doch nicht übel aus, das Ganze – oder? Allerdings bringt uns das allein noch nicht allzu viel weiter. Damit auch etwas passieren kann, wenn du auf die verschiedenen Komponenten klickst, müssen die Methoden mit Leben gefüllt werden. So kommt jetzt einiges an Tipparbeit auf dich zu.

Ehe du aber wild in irgendwelche Methoden Anweisungen eintippst, muss dir erst einmal klar sein, wie das Programm denn ablaufen soll:

- Zuerst sucht man sich unter den Optionen eine Antwort aus. Die müsste in einer Textvariablen gespeichert werden. Nennen wir sie `Diagnose`.
- Dann aktiviert man eins, zwei oder alle der Kästchen von SEELE bis KÖRPER. Auch diese Werte müssen irgendwo gespeichert sein, damit sie bei der abschließenden Diagnose berücksichtigt werden können. Die Variable hierfür soll `Wahl` heißen.
- Mit Klick auf FERTIG schließlich wird ein Meldungsfenster geöffnet, das die Diagnose anzeigt.

Beginnen wir mit den Methoden für die Optionsfelder:

➢ Doppelklicke auf jedes einzelne Optionsfeld (links im Formular) und ergänze im Editorfenster die jeweilige Methode `RadioButton_CheckedChanged`. Tippe dort den folgenden Quelltext ein (→ KLEMP3):

```
Private Sub RadioButton1_CheckedChanged (ByVal sender _
As System.Object, ByVal e As System.EventArgs) _
Handles RadioButton1.CheckedChanged
  Diagnose = "Das ist ja toll!"
End Sub

Private Sub RadioButton2_CheckedChanged (ByVal sender _
As System.Object, ByVal e As System.EventArgs)_
Handles RadioButton1.CheckedChanged
  Diagnose = "Das freut mich!"
End Sub

Private Sub RadioButton3_CheckedChanged (ByVal sender _
As System.Object, ByVal e As System.EventArgs) _
Handles RadioButton1.CheckedChanged
  Diagnose = "Das geht ja noch!"
End Sub

Private Sub RadioButton4_CheckedChanged (ByVal sender _
As System.Object, ByVal e As System.EventArgs) _
```

```
Handles RadioButton1.CheckedChanged
  Diagnose = "Das tut mir leid!"
End Sub

Private Sub RadioButton5_CheckedChanged (ByVal sender _
As System.Object, ByVal e As System.EventArgs) _
 Handles RadioButton1.CheckedChanged
  Diagnose = "Das ist ja schlimm!"
End Sub

Private Sub RadioButton6_CheckedChanged (ByVal sender _
As System.Object, ByVal e As System.EventArgs) _
Handles RadioButton1.CheckedChanged
  Diagnose = "Wenn du meinst ..."
End Sub
```

Hier bekommt diesmal nicht `Label1.Text` den passenden Antworttext, sondern der wird erst mal einer Variablen `Diagnose` zugewiesen.

≫ Ergänze die Vereinbarungen noch um diese:

```
Shared Diagnose As String
```

Wirklich fertig?

Damit du endlich mal ausprobieren kannst, ob sich was tut, kommen wir direkt zur Schaltfläche mit der Aufschrift FERTIG. Um die Kontrollfelder machen wir uns dann später Sorgen.

≫ Doppelklicke auf die Schaltfläche und erweitere die Methode `Button1_Click` nur um eine Zeile:

```
Private Sub Button1_Click (ByVal sender As _
System.Object, ByVal e As System.EventArgs) _
Handles Button1.Click
  Label1.Text = Diagnose
End Sub
```

≫ Speichere das ganze Projekt erst einmal (→ KLEMP3).

≫ Starte das Programm, klicke auf verschiedene Optionsfelder und anschließend auf FERTIG.

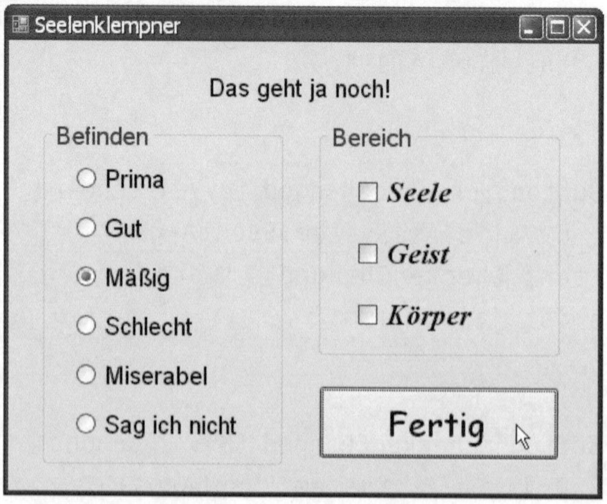

Immerhin sind wir damit in etwa auf dem Stand der zwei vorhergehenden Versionen unseres Seelenklempners.

Variablenfelder und Startwerte

Nun warten da noch immer die Kontrollfelder darauf, dass wir uns als Nächstes um sie kümmern. Wenn dort irgendwo etwas angewählt wird, dann muss das irgendwie im Formular sichtbar werden. Am besten wäre es, wenn wir den Titel so ändern:

Gewählt	Titeltext
Seele	Diagnose für Seele
Geist	Diagnose für Geist
Körper	Diagnose für Körper
alle drei	Diagnose für Seele für Geist für Körper
je zwei	Diagnose für ... (die zwei)

Dazu brauchen wir einige Variablen, in denen wir diese Texte unterbringen.

> Erweitere die Vereinbarungen entsprechend:

```
Shared Diagnose, Titel As String
Shared Bereich(3) As String
Shared Wahl(3) As Boolean
```

Neben `Diagnose` habe ich für die Zusammensetzung des Titels für unser Formular eine gleichnamige Variable vereinbart – ebenfalls vom Typ `String`. Zusätzlich benötigen wir mit `Bereich` und `Wahl` je drei Variablen für die Abfrage der Kontrollfelder.

Mit `Boolean` taucht da wieder ein Typ auf, den du schon kennst. Variablen dieses Typs können nur zwei Werte haben. Hier zeigen sie den Zustand der Kontrollfelder an:

Wert	Bedeutung	bei Kontrollfeldern
`True`	wahr	gewählt, mit Häkchen
`False`	falsch	nicht gewählt, ohne Häkchen

Du möchtest wissen, was es mit den Klammern hinter den Vereinbarungen von `Bereich` und `Wahl` auf sich hat? Wenn man mal mehrere Variablen desselben Typs benötigt, müsste man die eigentlich so vereinbaren:

```
Shared Text1, Text2, Text3, Text4, Text5 As String
```

Das kann ganz schön lästig sein, besonders wenn man eine größere Anzahl von solchen Variablen braucht – sagen wir 100? Da vereinbart man in Visual Basic mit

```
Shared Text(100) As String
```

gleich ein ganzes Feld von Variablen in einem Rutsch. In den Klammern steht die nötige Anzahl von Elementen (hier fünf oder 100), aus denen ein solches **Variablenfeld** besteht. Oft wird hier übrigens auch der englische Ausdruck **Array** als Bezeichnung gebraucht (gesprochen: Errey).

Angesprochen bzw. benutzt werden die einzelnen Variablen eines Feldes ebenfalls über Klammern:

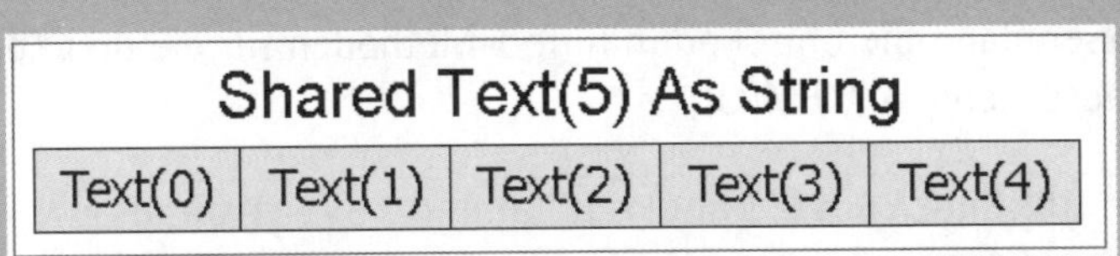

In Visual Basic beginnt die erste Feldvariable mit `Text(0)`, und mit `Text(4)` ist das fünfte (!) Element des Feldes gemeint. Was in den Klammern steht, nennt man **Index**. Außer konstanten Werten sind dort auch Variablen möglich.

Damit die neuen Variablenfelder auch einen Startwert haben, müssen wir die folgenden Zuweisungen irgendwo unterbringen (→ KLEMP3):

```
Bereich(0) = " für Seele " : Wahl(0) = False
Bereich(1) = " für Geist " : Wahl(1) = False
Bereich(2) = " für Körper " : Wahl(2) = False
```

So hätten die drei Zeichenketten des Feldes `Bereich` ihren Text. (Die Leerzeichen haben ihren Sinn!)

Und die drei Variablen von `Wahl` wären auf `False` gesetzt, was bedeutet, dass hier noch kein Kontrollfeld angewählt wurde.

> Kaum auffällig ist der Doppelpunkt (:). Mit ihm als Trennzeichen lassen sich mehrere kurze Anweisungen in einer Zeile unterbringen.

Wohin gehören diese Zuweisungen? Am besten doch in die Methode, mit der das Formular erzeugt wird.

- Doppelklicke auf das Formular und tippe in der Methode `Form1_Load` die Zuweisungen für `Bereich` und `Wahl` ein.
- Speichere mal wieder dein Projekt.

Die richtige Wahl

Was immer noch fehlt, sind die drei Methoden für die Kontrollfelder. Da geht es um den Status der Kästchen, ob sie mit einem Häkchen versehen sind (`True`) oder nicht (`False`). Dazu passt unser vereinbartes Variablenfeld `Wahl`, das ebenfalls `Boolean` ist. Informationen über den Status gibt die Eigenschaft `Checked`.

Und so müssen dann die `CheckedChanged`-Methoden für die drei Kontrollfelder aussehen (→ KLEMP3):

```
Private Sub CheckBox1_CheckedChanged (ByVal sender As
_
System.Object, ByVal e As System.EventArgs) Handles _
CheckBox1.CheckedChanged
  Wahl(0) = CheckBox1.Checked()
End Sub
```

```
Private Sub CheckBox2_CheckedChanged (ByVal sender As
_
System.Object, ByVal e As System.EventArgs) Handles _
CheckBox2.CheckedChanged
  Wahl(1) = CheckBox2.Checked()
End Sub

Private Sub CheckBox3_CheckedChanged (ByVal sender As
_
System.Object, ByVal e As System.EventArgs) Handles _
CheckBox3.CheckedChanged
  Wahl(2) = CheckBox3.Checked()
End Sub
```

➢ Doppelklicke auf jedes der drei Kontrollfelder und tippe dann die Zuweisungen in den passenden Prozeduren ein.

In jeder der drei `CheckBox_CheckedChanged`-Methoden wird die zugehörige `Wahl`-Variable mit dem aktuellen Zustandswert des Kontrollfeldes gefüllt.

Damit aber dann auch endlich etwas davon rüberkommt, was in den Feldern `Bereich` und `Wahl` steht, muss nun noch in der `Button_Click`-Methode etwas nachgeholfen werden:

```
Private Sub Button1_Click (ByVal sender As _
System.Object, ByVal e As System.EventArgs) Handles _
Button1.Click
  Dim Nr As Integer
  Text = "Diagnose "
  For Nr = 0 To 2
    If Wahl(Nr) Then Text = Text + Bereich(Nr)
  Next
  Label1.Text = Diagnose
End Sub
```

➢ Doppelklicke auf die Schaltfläche FERTIG und erweitere die `Button_Click`-Methode entsprechend (→KLEMP3).

Die For-Next-Struktur

Und schon wieder hat sich da was eingeschlichen, das dir neu ist. Ich meine das Wörtchen `For`.

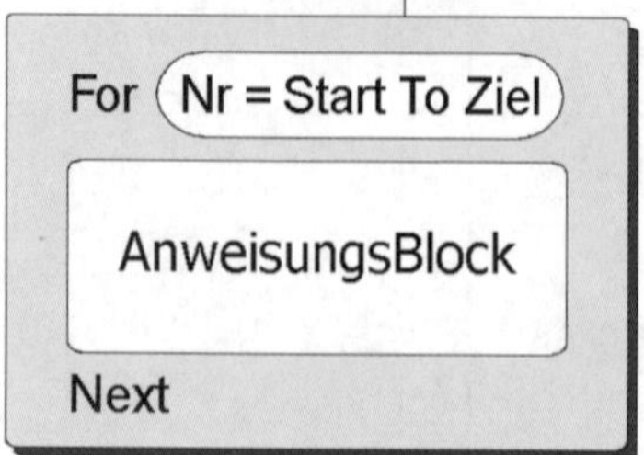

Wenn du dich an die `Do-Loop`-Familie aus dem letzten Kapitel erinnerst, dann weißt du ja noch, was eine Schleife ist. Mit der `For-Next`-Struktur, kurz auch `For`-Struktur, lernst du jetzt eine weitere Möglichkeit kennen, in Visual Basic etwas zu wiederholen:

> **Zu Deutsch heißt das:**
>
> FÜR eine bestimmte Anzahl, die von einem Startwert bis zu einem Zielwert zählt, soll der Computer einen Anweisungsblock WIEDERHOLEN.

Als **Startwert** steht hier eine 0. Dort fängt das Zählen an. Und der **Zielwert** ist hier 2. Dort hört das Zählen auf. Damit wird dieser **Anweisungsblock** dreimal ausgeführt:

```
If Wahl(Nr) Then Text = Text + Bereich(Nr)
```

Wenn ein oder mehrere Kontrollfelder angewählt wurden, dann wird der entsprechende Text (»für Seele für Geist für Körper«) zum neuen Titeltext (»Diagnose«) hinzugefügt.

> Die **Bedingung** `Wahl(Nr)` kann einfach so ohne Vergleichsoperator (wie z.B. »=«) stehen bleiben, denn auch eine Bedingung nimmt wie eine Variable vom Typ `Boolean` nur einen der beiden Werte `True` oder `False` an. Man kann also sagen: Bedingungen sind vom Typ `Boolean`.

Weil hier gezählt wird, spricht man auch von **Zählschleife**. Dabei gibt es in Visual Basic diese zwei Möglichkeiten:

- Ist der Startwert **größer** als der Zielwert, wird mit `To` heraufgezählt.
- Ist der Startwert **kleiner** als der Zielwert, wird heruntergezählt – wenn man zusätzlich `Step -1` angibt:

```
For Nr = 2 To 0 Step -1
   ' Hier geht es rückwärts
Next
```

Grundsätzlich gilt als Schrittweite beim Zählen 1. Die Anweisung

```
For Nr = 0 To 2
```

bedeutet also genau dasselbe wie

```
For Nr = 0 To 2 Step 1
```

Ebenso aber wären auch z.B. diese Formen möglich:

```
For Nr = 0 To 100 Step 2   'Ganze Zahlen
For Nr = 0 To 10 Step 0.1  'Zehntel
```

Wichtig ist, dass jede For-Schleife mit Next abgeschlossen wird!

Ist dir aufgefallen, wo ich die Vereinbarung von Nr untergebracht habe?

```
Dim Nr As Integer
```

Sie sitzt im Block von Button1_Click, direkt unter dem Methodennamen. Eigentlich gehört sie doch zu den anderen Vereinbarungen – oder?

Vereinbarungen von Variablen innerhalb einer Methode nennt man **lokal**. Das bedeutet, dass eine lokale Variable auch nur unmittelbar in dem Bereich gilt, wo sie vereinbart wurde. Nr ist also in den anderen Methoden unbekannt. Das macht aber auch nichts, denn dort werden sie ja nicht mehr benötigt.

Im Gegensatz dazu gelten Variablen und Konstanten, die weiter oben außerhalb jeder Methode vereinbart wurden, als **global**. Das heißt, globale Variablen sind überall im gesamten Programmblock gültig. Das gilt also hier für Diagnose, Titel, Bereich und Wahl.

Während globale Variablen mit Shared vereinbart werden (können), benutzt man bei lokalen Variablen das Wörtchen Dim.

Übrigens könnte man die For-Schleife auch schon in der Methode Form1_Load einsetzen, um dem gesamten Variablenfeld Wahl den Wert False zu verpassen:

```
Private Sub Form1_Load (ByVal sender As _
System.Object, ByVal e As System.EventArgs) _
Handles MyBase.Load
  Dim Nr As Integer
  Bereich(0) = " für Seele "
```

```
    Bereich(1) = " für Geist "
    Bereich(2) = " für Körper "
    For Nr = 0 To 2 : Wahl(Nr) = False : Next
End Sub
```

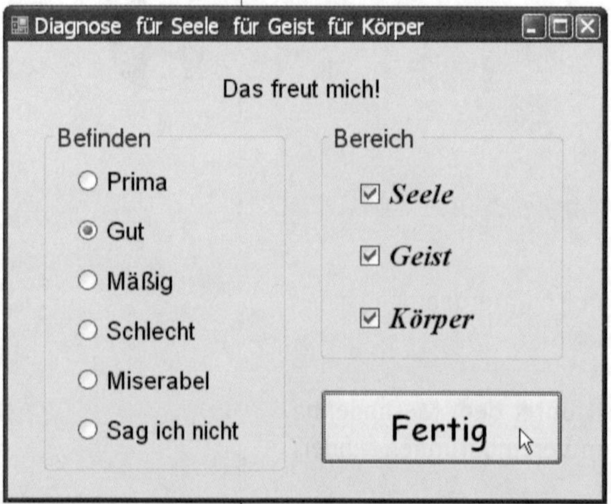

> Speichere dein Projekt noch einmal. Dann lass es endlich laufen.

Zusammenfassung

Damit beenden wir dieses Kapitel. War ja auch einige Mühe nötig, um vor allem das letzte Seelenklempner-Projekt fertig zu stellen. Dabei hast du eine Reihe neuer Komponenten, Eigenschaften und Methoden kennen gelernt:

`ComboBox`	Eine Kombination aus Eingabefeld und Listenfeld, in dem man etwas eingeben oder einen von mehreren Einträgen aktivieren kann
`CheckBox`	Ein Kontrollfeld, mit dem man Einstellungen anwählen kann (in einer Gruppe von Kontrollfeldern sind mehrere Aktivierungen möglich)
`RadioButton`	Ein Optionsfeld, mit dem man Optionen ein-/ausschalten kann (in einer Gruppe von Optionsfeldern ist nur eine Aktivierung möglich)
`GroupBox`	Ein Gruppenfeld, das Komponenten (wie z.B. Options- und Kontrollfelder) zusammenfasst

ComboBox_SelectedIndexChanged	Diese Methode wird aktiviert, wenn sich ein Eintrag im Eingabefeld eines Kombinationsfeldes ändert.
CheckBox_CheckedChanged	Diese Methode wird aktiviert, wenn sich der Status im Wahlfeld ändert.
RadioButton_CheckedChanged	Diese Methode wird aktiviert, wenn sich der Status im Optionsfeld ändert.
Items	Hier stehen die Einträge, die ein Listenfeld oder ein Kombinationsfeld anzeigen soll.
SelectedIndex	Hier steht die Nummer des Eintrages, der in einer Liste von ListBox oder ComboBox ausgewählt wurde.
GetSelected	Diese Methode ermittelt, ob ein bestimmter Eintrag in einer Liste von ListBox oder ComboBox ausgewählt wurde.
Checked	Eine Eigenschaft von CheckBox und RadioButton. Hat den Wert True, wenn ein Options- oder Kontrollfeld angewählt wurde (= Häkchen/Punkt), sonst den Wert False.

Und auch zum Wortschatz von Visual Basic ist wieder ein bisschen dazugekommen:

For	FÜR eine bestimmte Anzahl von Schritten WIEDERHOLE etwas (Anweisungsblock)
To	(von) Startwert BIS Zielwert
Step	Schrittweite für Auf-/Abwärtszählen
Next	Schleifen-Ende
Boolean	Ein Typ, der nur die Werte False (= falsch) oder True (= wahr) annehmen kann
Shared	Globale Variablenvereinbarung
Dim	Lokale Variablenvereinbarung
()	Runde Klammern für Variablenfelder (Anzahl und Index)

Nur eine Frage ...

1. Was ist der Unterschied zwischen einem Optionsfeld und einem Kontrollfeld?

... und nur eine Aufgabe

1. Ersetze im Horoskop-Programm aus dem dritten Kapitel (HOROSKOP) alle Schaltflächen (`Button`) durch Optionsfelder (`RadioButton`).

8

Aktion Seelenklempner

Eigentlich furchtbar, dieser ganze Stress in Schule und Beruf. Dann diese Hektik überall. Nur vor dem eigenen PC findet man mal ein paar Takte Ruhe – bis einen das Programmier- oder Spielfieber wieder gepackt hat.

Das schreit ja geradezu nach einer Therapie, die einen wieder ins Lot bringt. Doch weshalb einen Haufen Geld zum Psychiater tragen? Wozu lernst du eigentlich programmieren? Warum bastelst du dir nicht deinen eigenen Therapeuten?

In diesem Kapitel lernst du

- Rollbalken bzw. Bildlaufleisten kennen
- wozu eine `Collection` gut sein kann
- wie man vom Programm aus eine Textdatei öffnet und speichert

Zwei Buttons und ein paar Gruppenfelder

Hier geht es also weiter mit dem Seelenklempner. Allerdings nun in einer neuen, verbesserten Auflage, die diesen Namen noch mehr verdient. Die ersten Versionen (von KLEMP1 bis KLEMP3) haben ja nun wirklich nicht mehr als ein nettes Kurzgespräch geboten. Und das kriegt man ja auch kostenlos im Bäckerladen oder beim Friseur.

≫ Wenn du Visual Basic nicht neu gestartet hast, sorge mit Klick auf DATEI und auf NEUES PROJEKT dafür, dass du mit einem neuen Projekt anfangen kannst, dem du den Namen `Klemp4` gibst.

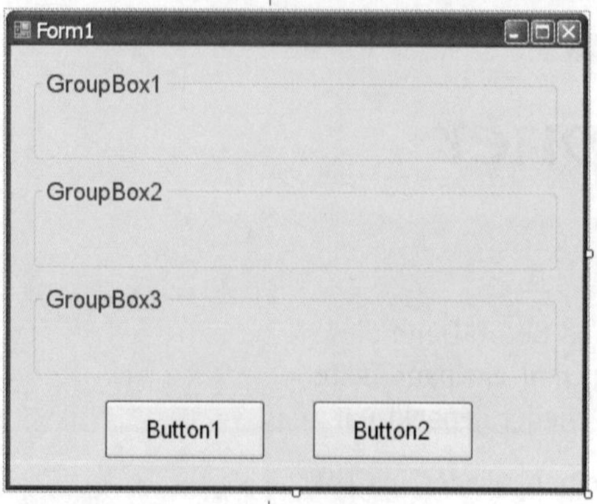

≫ Und nun versuche, das Formular so auszufüllen:

Erst mal brauchst du zwei Schaltflächen (`Buttons`). Außerdem wird hier gleich dreimal ein Gruppenfeld (`GroupBox`) benötigt.

Aus dem letzten Kapitel weißt du, dass ein **Gruppenfeld** einen Rahmen bietet, der einen Titel haben kann.

≫ Klicke im Toolboxmenü (unter CONTAINER) auf den passenden Eintrag.

≫ Sorge dafür, dass alle Gruppenfelder gleich groß sind und mittig im Formular liegen.

Nun sollen die Komponenten gleich passend beschriftet werden:

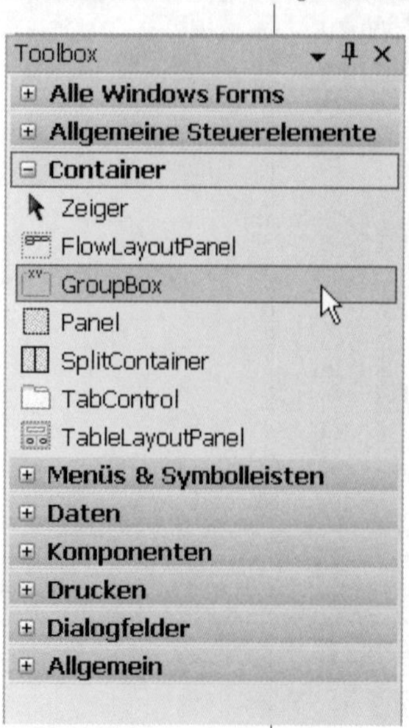

Komponente	Beschriftung (Text)
GroupBox1	Das sagst du mir
GroupBox2	Das sag ich dir
GroupBox3	Diagnose-Manipulator
Button1	Neu
Button2	Fertig
Form1	Seelenklempner II

> Trage die Texte aus der Tabelle jeweils im Eigenschaftenfenster hinter TEXT ein. (Wenn du willst, kannst du bei den Texten für die Gruppenfelder jeweils davor und dahinter ein Leerzeichen setzen.)

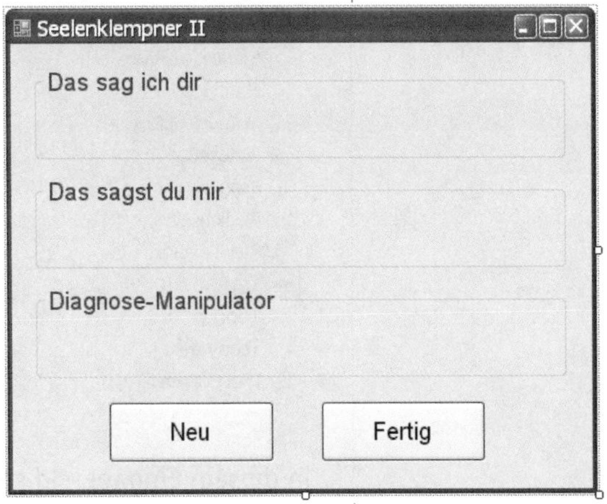

Ein Gruppenfeld bekommt erst einen tieferen Sinn, wenn auch etwas drinsteckt. Oft sind das mehrere Komponenten, für unser Projekt benötigen wir in jedem Gruppenfeld nur jeweils eine Komponente.

Eingabefeld, Anzeigetafel und Bildlaufleiste

Fangen wir ganz oben mit dem ersten Gruppenfeld an. Dort steht als Titel DAS SAGST DU MIR. Also benötigen wir jetzt eine Komponente für die Eingabe von Text.

> Suche in der Toolboxmenü das Symbol TEXTBOX und klicke darauf.

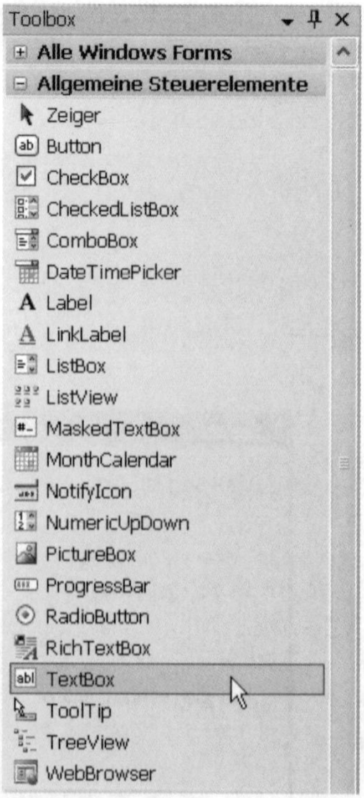

In diesem Eingabefeld sollst du später deinen Satz eintippen, den du dem »Seelenklempner« anvertrauen willst.

> Ziehe das Eingabefeld im ersten Gruppenfeld mit dem Titel DAS SAGST DU MIR auf.

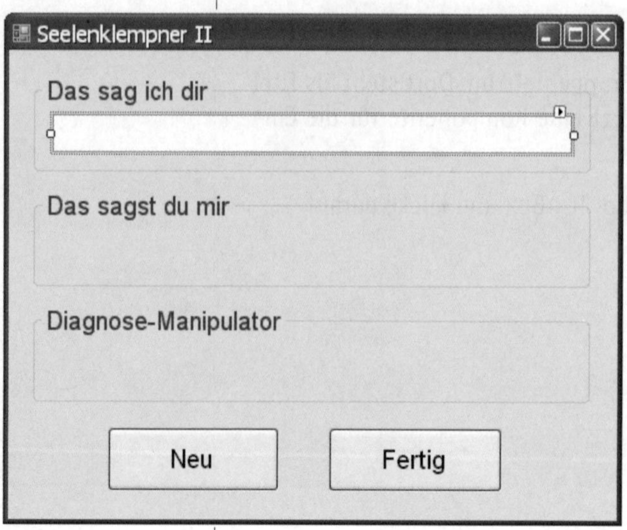

Ein Feld für die Eingabe

➢ Als Nächstes suche im Toolboxmenü das Symbol LABEL und klicke darauf.

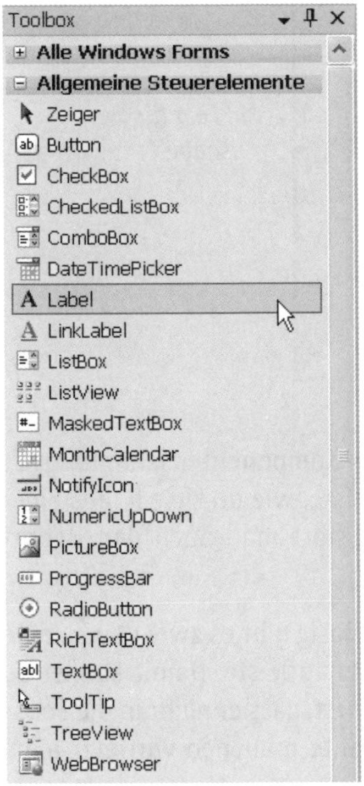

In diesem Anzeigefeld steht später der Satz, mit dem der Seelenklempner dir Trost spenden will.

➢ Ziehe im zweiten Gruppenfeld mit dem Titel DAS SAG ICH DIR die Anzeigetafel auf.

➢ Klicke im Eigenschaftenfenster hinter den Eintrag BORDERSTYLE und wähle im Menü die Einstellung FIXED3D (oder FIXEDSINGLE).

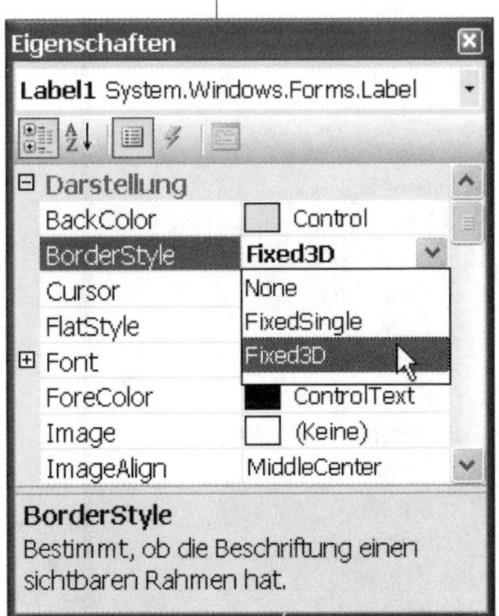

Damit tust du etwas für eine bessere Optik, denn die Konturen des Labels werden nun sichtbar.

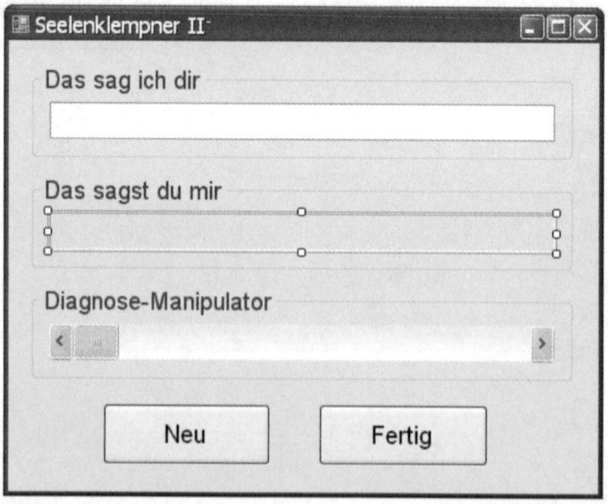

Ein Feld für die Ausgabe

Und nun zum nächsten Neuling in unserer Komponentensammlung. Es handelt sich um eine so genannte Bildlaufleiste, wie du sie z.B. aus einer Textverarbeitung kennst. Nicht selten aber hört man auch den Begriff Rollbalken.

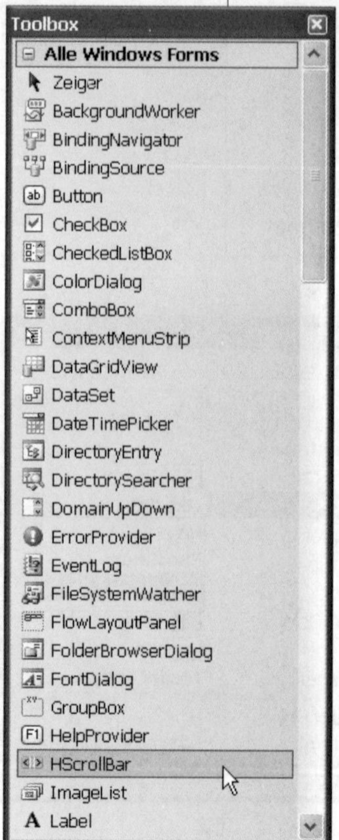

Auch im Editorfenster von Visual Basic gibt es zwei davon, eine horizontale und eine vertikale Bildlaufleiste. Damit kannst du in einem Text blättern, der so groß ist, dass er nicht in die Fensterfläche passt. So eine Komponente brauchen wir jetzt auch noch als Schieberegler.

- Eine Suche im Toolboxmenü an den bekannten Stellen bleibt zunächst erfolglos. Deshalb klappe das Menü mal für den Bereich ALLE WINDOWS FORMS auf.
- Ziemlich weit unten findest du den Eintrag HSCROLLBAR. Den brauchen wir. Klicke darauf.

Das »H« ist die Abkürzung für »Horizontal«. Mit einer solchen **ScrollBar** bzw. Bildlaufleiste können wir später noch ein bisschen nachhelfen, wenn uns die Diagnose nicht so recht passt.

Die horizontale Bildlaufleiste (Rollbalken) hat noch ein Geschwisterchen: VSCROLLBAR arbeitet in vertikaler Lage. Den zugehörigen Eintrag dafür findest du im Toolboxmenü ziemlich weit unten.

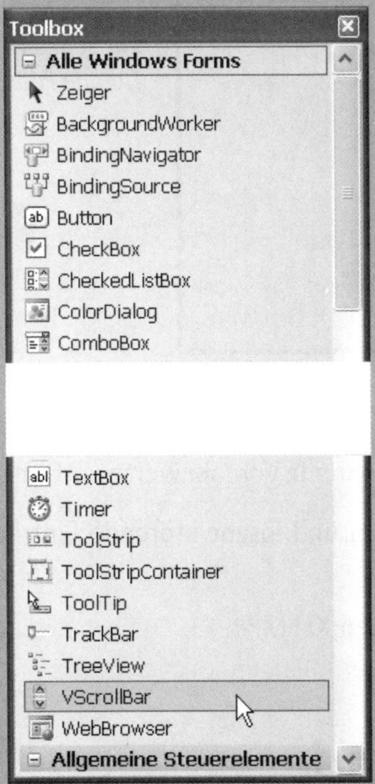

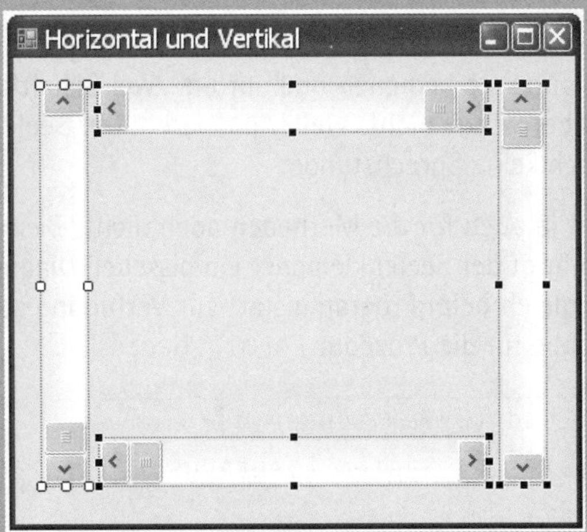

➢ Ziehe im dritten Gruppenfeld mit dem Titel DIAGNOSE-MANIPULATOR die Bildlaufleiste auf.

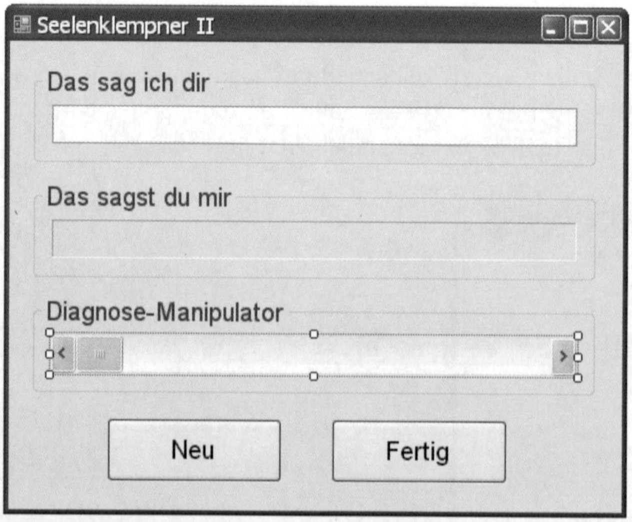

Ein Schieber für alle Fälle

Damit beim Programmstart die beiden Flächen unter DAS SAGST DU MIR und DAS SAG ICH DIR erst mal frei sind, müssen wir alle Vorgabewerte entfernen.

➢ Klicke auf die jeweiligen Komponenten und lösche störende Einträge im Eigenschaftenfenster hinter TEXT.

➢ Speichere das Projekt unter dem Namen KLEMP4.

Vor der Sprechstunde

Würde dein Programm jetzt gestartet, dann könntest du im Eingabefeld etwas eintippen, die Bildlaufleiste bedienen und auf die zwei Schaltflächen klicken. Ansonsten aber würde nichts weiter passieren: Der Seelenklempner hat offenbar noch keine Sprechstunde.

Kein Wunder, denn es gibt ja auch für die Methoden noch nichts Besonderes zu tun. Erst mal benötigt der Seelenklempner ein bisschen Diagnosematerial. Und weil das gleich beim Programmstart zur Verfügung stehen soll, ist das eine Aufgabe für die Prozedur `Form1_Load`:

```
Private Sub Form1_Load (ByVal sender As _
System.Object, ByVal e As System.EventArgs) _
Handles MyBase.Load
```

```
  Randomize()
  Diagnose(0) = "Hm..."
  Diagnose(1) = "Das ist ein Ding!"
  Diagnose(2) = "Sieh mal an!"
  Diagnose(3) = "Was soll ich sagen?"
  Diagnose(4) = "Tatsächlich?"
  Diagnose(5) = "So geht es dir also."
  Diagnose(6) = "Du hast Probleme."
  Diagnose(7) = "Das kann ich verstehen."
  Diagnose(8) = "Ich bin sprachlos."
  Diagnose(9) = "Na ja ..."
End Sub
```

Zuerst wird der Zufallsgenerator gestartet, dann wird ein Feld (Array) von Textvariablen mit mehr oder weniger sinnigen Antwortsätzen gefüllt.

➢ Doppelklicke auf das Formular und tippe dann die Zuweisungszeilen im Editorfenster ein (→ KLEMP4). Du kannst auch deine eigenen Diagnosesätze eingeben, wenn dir meine Vorschläge nicht gefallen.

Natürlich muss das Variablenfeld `Diagnose` vereinbart werden. Dazu kommt mit `Max` eine Konstante für den Maximalwert und mit `Nr` eine Variable als Zähler:

➢ Ergänze den Vereinbarungsteil im Editorfenster so:

```
Const Max = 10
Shared Diagnose(Max) As String
Shared Nr As Integer
```

Bereit zur Diagnose

Damit du bei Klick auf die Schaltfläche FERTIG etwas von den Diagnosesätzen sehen kannst, muss die zugehörige `Button_Click`-Methode entsprechend erweitert werden.

➢ Doppelklicke auf den rechten Button (FERTIG) und tippe dann die folgenden Anweisungen ein:

```
Private Sub Button2_Click (ByVal sender As _
System.Object, ByVal e As System.EventArgs) _
Handles Button2.Click
```

```
   Nr = Int (Max * Rnd())
   Label1.Text = Diagnose(Nr)
End Sub
```

Erst wird eine zufällige Zahl zwischen 1 und 10 (dem vereinbarten Maximum) erzeugt. Dann bekommt `Label1.Text` den entsprechenden Satz aus dem `Diagnose`-Feld zugewiesen.

➢ Starte das Programm.

Nun kannst du nach einem Programmstart etwas im Eingabefeld eintippen. Mit einem Klick auf die Schaltfläche FERTIG erhältst du einen zufälligen Satz aus dem Diagnosewortschatz deines Seelenklempners.

Willst du dieses Spiel mehrmals wiederholen, wird es etwas umständlich: Um einen neuen Satz eintippen zu können, müsstest du zuerst den alten komplett löschen. Diese Arbeit kann dir auch der Button NEU abnehmen (→ KLEMP4):

```
Private Sub Button1_Click (ByVal sender As _
System.Object, ByVal e As System.EventArgs) _
Handles Button1.Click
   Label1.Text = ""
   TextBox1.Text = ""
   TextBox1.Focus()
End Sub
```

Die ersten beiden Zuweisungen löschen die Anzeige und den Eingabetext. Und die Methode `Focus` sorgt dafür, dass das Eingabefeld wieder den Fokus erhält.

➢ Speichere das Projekt noch einmal. Dann starte das Programm. Probiere aus, was ein Klick auf die Schaltflächen NEU und FERTIG bewirkt.

Schiebereien

Jetzt möchtest du sicher wissen, was es mit der Bildlaufleiste auf sich hat. Was ist eigentlich ein »Diagnose-Manipulator«?

Je nach Stellung des kleinen Schiebers auf der Bildlaufleiste soll eine bestimmte Diagnose auf der Anzeigetafel erscheinen. Weil du damit die Diagnose durch Verschieben selbst in der Hand hast, kann man hier von

Manipulation sprechen. Und so wird eine Bildlaufleiste zum Diagnose-Manipulator.

Wie erwecken wir jetzt den Manipulator zum Leben? Indem wir der Methode eine passende Anweisung spendieren, die auf eine Verschiebung des Schiebers reagiert:

➢ Doppelklicke auf die Bildlaufleiste und ergänze dann die Methode `HScrollBar1_Scroll` so (→ KLEMP4):

```
Private Sub HScrollBar1_Scroll (ByVal sender As _
System.Object, ByVal e As System.Windows.Forms. _
ScrollEventArgs) Handles HScrollBar1.Scroll
  Label1.Text = Diagnose(HScrollBar1.Value)
End Sub
```

Hier heißt die betreffende Methode weder `Click` noch `Change`, sondern `ScrollBar_Scroll`.

Die Eigenschaft `ScrollBar.Value` speichert den aktuellen Positionswert des Schiebers auf der Bildlaufleiste. So lässt sich eine Nummer für den Diagnosetext ermitteln, der dann an das Anzeigefeld (Label) überwiesen wird.

Damit der Wert von `HScrollBar1.Value` auch im richtigen Bereich liegt, müssen noch die unterste und die oberste Grenze für den Schieber bestimmt werden:

```
HScrollBar1.LargeChange = 1
HScrollBar1.Minimum = 0
HScrollBar1.Maximum = Max - 1
```

So beginnt der Bereich für die Position des Schiebers bei 0 und endet eins unter dem Wert, den wir mit der Konstante `Max` festgelegt haben (hier 9). Dazu sind die Eigenschaften `Minimum` und `Maximum` da. Außerdem soll die Änderung in Einerschritten erfolgen. Das erfasst die Eigenschaft `LargeChange`.

➢ Füge die beiden Zuweisungen in die Methode `Form1_Load` ein (→ KLEMP4).

> Alle Einstellungen lassen sich auch im Eigenschaftenfenster vornehmen. Allerdings musst du dann das Maximum direkt als Zahl festlegen.

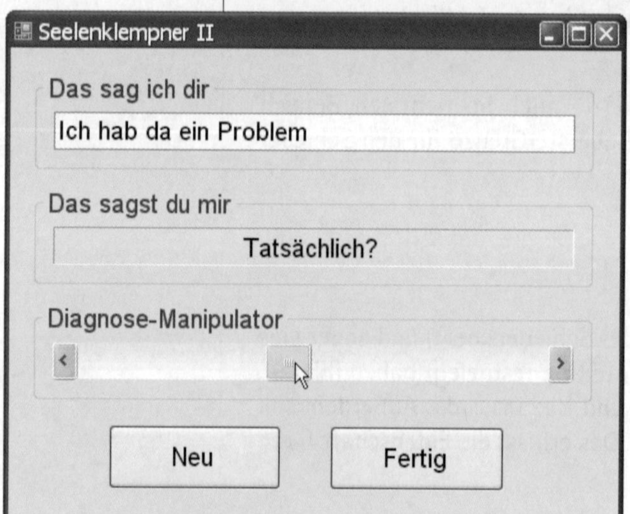

> Speichere dein Projekt und starte es dann.

Noch mehr Diagnosen?

Passen dir die Texte für die Diagnose nicht mehr, lassen sie sich jederzeit leicht ändern. Erhöhst du den Wert der Konstanten Max, dann kannst du deine Diagnosetexte auch selbst vermehren.

Mit der Zeit aber wirst du dir einen komfortableren Weg wünschen, um auch an größere Mengen von Text für den Seelenklempner zu gelangen.

Wie wäre es, wenn man seine Texte einfach mit einem Editor oder Textprogramm eingibt und als normale Textdatei speichert? Und der Seelenklempner sammelt alle Sätze aus dieser Datei und baut sie in seinen Diagnosekasten ein?

Dazu müssen wir allerdings einiges von der aktuellen Version über Bord werfen. Beginnen wir mit der Methode Form_Load, die jetzt so weit schrumpft (→ KLEMP5):

```
Private Sub Form1_Load (ByVal sender As _
System.Object, ByVal e As System.EventArgs) _
Handles MyBase.Load
  Randomize()
  LoadText (Pfad + "Diagnose.txt")
  HScrollBar1.LargeChange = 1
  HScrollBar1.Minimum = 1
  HScrollBar1.Maximum = Diagnose.Count
End Sub
```

Die Zuweisungen an das Diagnose-Feld sind verschwunden. Es gibt eine neue Anweisung LoadText, die dazu dient, die Textzeilen für die Diagnose aus einer Datei zu holen.

Ich habe den Namen dieser Textdatei schon festgelegt. Du kannst natürlich auch einen anderen Namen verwenden. Aber ich kann dir eine Datei mit diesem Namen anbieten, in der schon eine ganze Reihe von Diagnosesätzen steht. Du findest diese Datei bei den Downloaddateien.

> Wichtig ist, dass die Textdatei nicht im meist üblichen ANSI-Format, sondern als UTF-8-Datei gespeichert wird, damit auch die Umlaute und das ß richtig eingelesen werden!

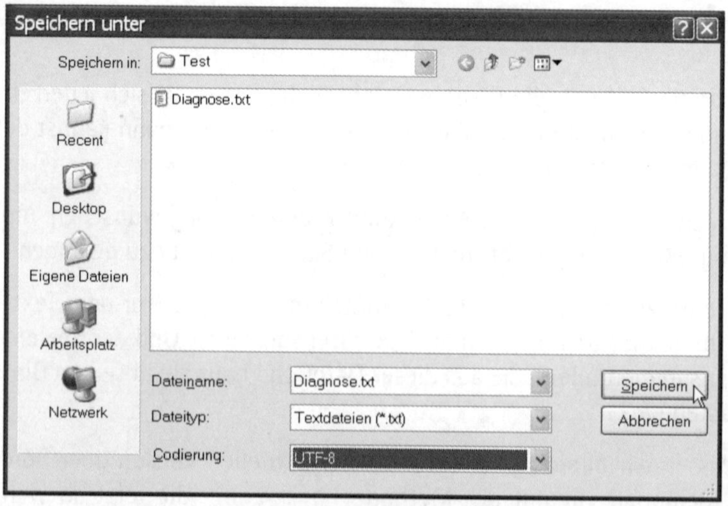

`Pfad` ist hier als Konstante vereinbart: Sie gibt an, wo die Diagnosedatei zu finden ist, z.B.:

```
Const Pfad = "c:\Basic\Test\"      'oder z.B.
Const Pfad = "c:\Eigene Dateien\ _
Visual Studio 2005 Express Edition\Projects\"
```

(Gegebenenfalls musst du diesen Pfadnamen anpassen, wenn du die Diagnosedatei woanders untergebracht hast.)

Anschließend wird der Bereich für den Rollbalken entsprechend angepasst. Neu ist, dass `Minimum` diesmal eine 1 und `Maximum` den Wert `Diagnose.Count` erhält.

Weil ich nicht von vornherein weiß, wie viele Zeichenketten für die Diagnose zur Verfügung stehen, habe ich hier auf das Stringfeld verzichtet und an seiner Stelle ein neues Objekt vereinbart. Und dem habe ich den (frei gewordenen) Namen `Diagnose` verpasst:

```
Shared Diagnose As New Collection()
```

Mit `Collection` bietet Visual Basic uns eine sehr bequeme Klasse an: Ein »Sammelbehälter« ist nämlich genau das, was wir hier gebrauchen können. Außer Strings könnten dort auch andere Objekte gesammelt werden. Damit ist eine solche Liste viel flexibler zu handhaben als ein Stringfeld.

Wie du siehst, ist es mit einer einfachen Vereinbarung jedoch nicht getan. Erst der Zusatz `New` haucht unserem `Diagnose`-Objekt Leben ein, damit wir kein (starres) Array, sondern eine (flexible) Sammlung bzw. Stringliste zur Verfügung haben. So ist gewährleistet, dass die Texte, die in diese Liste aufgenommen werden, auch problemlos im Arbeitsspeicher des Computers abgelegt werden können.

Damit wir wissen, aus wie vielen Elementen unsere Collection (Sammlung) besteht, gibt es die Eigenschaft Count.

Es gibt auch eine Version dieses Projekts, in der statt einer Collection ein ganz normales Array – mit Platz für 100 Sätze – verwendet wird. Du findest es unter den Downloaddateien unter dem Namen KLEMP5A.

Neue Sub – selbst gemacht

Der Aufruf der Methode LoadText hat einen kleinen Haken: Es gib diese Methode in Visual Basic gar nicht. Zum Laden unserer Daten müssen wir uns unsere eigene Methode selber stricken. Dabei stellt uns Visual Basic jedoch eine ganze Reihe von Hilfsmitteln zur Verfügung.

Schauen wir uns jetzt die neu gestaltete Methode LoadText im Ganzen an, ehe wir ins Detail gehen (→ KLEMP5):

```
Sub LoadText (ByVal Dateiname As String)
  Try
    Dim Text As String
    Using Datei As StreamReader = _
    New StreamReader(Dateiname)
      Do
        Text = Datei.ReadLine()
        Diagnose.Add (Text)
      Loop Until Text Is Nothing
      Datei.Close()
    End Using
  Catch
    MsgBox ("Datei nicht gefunden!")
    Close()
  End Try
End Sub
```

Mit Sub wird eine selbst vereinbarte Prozedur – wie man auch sagt – eingeleitet. Den Abschluss bildet dann ein End Sub.

Eigentlich nichts wirklich Neues, doch bisher war es stets Visual Basic, das uns automatisch mit Methoden (bzw. Prozeduren) versorgt hat. Aber offensichtlich hat es nichts dagegen, wenn wir selbst auch mal »Hand anlegen«.

Wir können hier auf das vorgeschaltete `Private` verzichten (auf eine Erläuterung hierzu musst du noch etwas warten). Und unsere Parameterliste besteht nur aus einem Wert:

```
Sub LoadText (ByVal Dateiname As String)
```

Statt mit `Shared` oder `Dim` wird die Vereinbarung hier mit `ByVal` eingeleitet (englisch für »By Value«, was hier so viel bedeutet, dass die Prozedur den Wert der betreffenden Variablen übernimmt).

Kommen wir zu den »Innereien«: Wie du siehst, haben wir hier wieder eine `Try-Catch`-Struktur eingesetzt. Das ist auch unbedingt nötig, denn es kann leicht mal passieren, dass eine gesuchte Datei nicht aufzufinden ist. Dann sorgt der `Catch`-Teil dafür, dass das Programm ordnungsgemäß beendet wird:

```
Catch
  MsgBox("Datei nicht gefunden!")
  Close()
End Try
```

Die Methode `MsgBox` öffnet ein kleines Meldefenster mit dem betreffenden Text. Das ist hier angebrachter als eine Zuweisung an die `Text`-Eigenschaft für das Formular oder ein Label. Sonst bekommst du nämlich nichts zu sehen. Denn nachdem der Misserfolg gemeldet wurde, wird das Programmfenster mit `Close` geschlossen. (Die Meldebox bleibt so lange bestehen, bis du sie zugeklickt hast.)

Datentransfer

Zuvor aber – in der »Versuchsabteilung« – erzeugen wir eine neue Datei. Weil wir nur eine zum Lesen brauchen (wir wollen den Inhalt dieser Datei ja nicht verändern), probieren wir es mit

```
Using Datei As StreamReader = _
New StreamReader(Dateiname)
```

> `StreamReader` gehört zur großen Familie der Dateiklassen. Wie du richtig vermutest, gibt es auch eine Klasse `StreamWriter`, um eine Datei zum Schreiben zu öffnen. Und über das Hilfesystem von Visual Basic wirst du einige weitere Möglichkeiten finden, eine Textdatei zu laden. Unsere Prozedur enthält nur eine Möglichkeit.

Ins Deutsche übersetzt heißt unsere Anweisungsfolge etwa so viel wie »Benutze einen Lesestrom und erzeuge dazu einen neuen Übertragungskanal«. `Datei` ist der Name des »Stroms«, `Dateiname` enthält den Namen der Textdatei samt Pfadangabe.

Um aus einer Datei etwas lesen oder dort etwas hineinschreiben zu können, ist ein Kanal für den Datenstrom nötig. Denn wie schon in anderen Programmiersprachen findet Datentransport auch unter Visual Basic über **Streams** (Deutsch: Ströme) statt.

Das ist sozusagen die Verbindung zwischen einer Datenquelle (z.B. Arbeitspeicher, Festplatte, Tastatur) und einem Datenziel oder -empfänger (z.B. Festplatte, Monitor, Drucker).

Dabei sind `Reader` für den Strom **in** den Arbeitsspeicher, `Writer` für den Strom **aus** dem Arbeitsspeicher zuständig.

Der eigentliche Ladevorgang findet in einer Schleife statt, für die wir zuvor eine (lokale) Hilfsvariable `Text` vereinbaren:

```
Dim Text As String
```

Innerhalb der `Do-Loop`-Schleife nimmt `Text` jede mit `ReadLine` eingelesene Zeile auf und wird dann der Diagnoseliste hinzugefügt:

```
Do
  Text = Datei.ReadLine()
  Diagnose.Add (Text)
Loop Until Text Is Nothing
```

Beendet ist die Schleife, wenn im Text »nichts mehr« steht (gleichbedeutend mit `Text = ""`).

`Nothing` ist der Standardwert einer Variablen: Also 0 für eine Zahl, eine Leerkette (`""`) für einen String oder `False` für eine `Boolean`-Variable.

Weil hier kein eindeutiger Vergleich mit dem Vergleichsoperator »=« möglich ist, wird das Wort `Is` verwendet, mit dem sich auch Objekte aller Art auf Gleichheit prüfen lassen. Das Gegenteil davon ist übrigens `IsNot`.

Nachdem alle Diagnosetexte eingesammelt sind, wird die Datei wieder geschlossen

```
Datei.Close()
```

Außerdem darf nicht vergessen werden, den Using-Block wieder abzuschließen:

```
End Using
```

Damit das Ganze auch funktionieren kann, muss die Bibliothek, in der sich die Stream-Objekte befinden, mit eingebunden (= importiert) werden. Das geschieht durch diese Anweisung:

```
Imports System.IO
```

IO ist die Abkürzung für »Input-Output«, zu Deutsch »Eingabe-Ausgabe«.

Wichtig ist, dass diese Anweisung ganz oben, noch vor Public Class Form1 steht!

Strings aus der Liste

Eine Konstante Max wird jetzt für die Stringliste nicht mehr benötigt. Weitere Änderungen betreffen auch die Methoden Button2_Click und HScrollBar1_Scroll (→ KLEMP5):

```
Private Sub Button2_Click (ByVal sender As _
System.Object, ByVal e As System.EventArgs) _
Handles Button2.Click
  Nr = Int (Diagnose.Count * Rnd()) + 1
  Label1.Text = Diagnose.Item(Nr)
End Sub

Private Sub HScrollBar1_Scroll (ByVal sender As _
System.Object, ByVal e As System.Windows.Forms. _
ScrollEventArgs) Handles HScrollBar1.Scroll
  Label1.Text = Diagnose.Item (HScrollBar1.Value)
End Sub
```

Dass der Zufallswert für Nr nun über Diagnose.Count statt über Max erzeugt werden muss, war klar. Denn Count hat ja die Konstante Max aus der letzten Version des Seelenklempners ersetzt.

Ein Zugriff auf die Stringliste `Diagnose` erfolgt über die aktuelle Nummer (`Nr`), womit wir uns das entsprechende Element, genannt `Item`, herausfischen. Mit

```
Diagnose.Item(Nr)
```

erhalten wir genau den String aus der Liste, der durch `Nr` als Index bezeichnet wird. Das Gleiche geschieht in der `ScrollBar_Scroll`-Methode. Hier wird der Index durch den Schieberwert bestimmt:

```
Diagnose.Item (HScrollBar1.Value)
```

- Passe den Quelltext aller Methoden außer `Button1_Click` an (→ KLEMP5).
- Spätestens jetzt solltest du dein neues Projekt speichern.
- Und nun starte das Programm und begib dich in die Obhut des Seelenklempners.

So richtig hast du noch nicht kapiert, wie der Seelenklempner jetzt funktionieren soll?

- Im **Eingabefeld** kannst du eintippen, was du willst. Dabei musst du kein Blatt vor den Mund nehmen, denn eine Zensur findet nicht statt.
- Anschließend klickst du auf FERTIG und erhältst in der Anzeigetafel unter DAS SAG ICH DIR einen Antwortsatz, der natürlich nicht unbedingt immer zu deinem eingegebenen Text passen muss.
- Mit einem Klick auf NEU wird dein alter Satz im Eingabefeld gelöscht, und du kannst etwas Neues eingeben. Das kann eine Bemerkung zur Diagnose sein oder irgendetwas anderes.
- Wenn dir die Antworten des Seelenklempners unpassend erscheinen, kannst du dir mit der **Bildlaufleiste** (`ScrollBar`) eine andere Antwort suchen.
- Geht dir der Seelenklempner total auf die Nerven, dann weißt du ja, wie man ein Programm beendet.

Keine Sprechstunde?

Zu verbessern gibt es sicher noch eine ganze Menge am Seelenklempner. Und wenn ein Problem dich sehr belastet, wäre ein menschlicher Therapeut vielleicht doch besser. Aber welcher Programmierer hat eigentlich noch Freunde?

Nun hast du eine ganze Menge Auswahl an Diagnosesätzen, die aus einer Textdatei geladen werden. Wenn du ein Textprogramm benutzt und dort die Datei DIAGNOSE.TXT öffnest, kannst du selbst beliebig viele Sätze ändern, löschen oder eigenen Text hinzufügen.

Der Vorteil dabei ist, dass wir dazu nur ein einfaches Textprogramm brauchen – wie z.B. den Editor von Windows (NOTEPAD.EXE). Wichtig ist, den Text anschließend als einfache Textdatei wieder zu speichern (Dateityp mit der Kennung TXT, aber im Format UTF-8!).

Möchtest du die Datei DIAGNOSE.TXT aber so lassen, wie sie ist, und lieber eine oder einige weitere Dateien dieser Art selbst erstellen? Nur zu! Speichern kannst du diese Textdatei ja in demselben Verzeichnis – nur unter einem anderen Namen.

Der Name deiner neuen Datei muss für einen Testlauf mit deinen eigenen Diagnosetexten allerdings in der Konstanten `Dateiname` stehen, z.B.:

```
Const DateiName = "MeinKram.txt"
```

Eine Sache könnten wir der aktuellen Version auf jeden Fall noch spendieren: Sollte eine Diagnosedatei nicht vorhanden sein, würde das Programm mit einer Fehlermeldung abgebrochen.

Besser wäre es, den `Catch`-Block ein bisschen zu erweitern:

```
Try
  ' Versuch, Daten zu laden
Catch
  Diagnose.Add ("Keine Sprechstunde")
End Try
```

Hier würde das Programm nicht beendet, sondern ein einziger Text in die Stringliste eingefügt, der »Keine Sprechstunde« heißt. Du könntest aber auch z.B. »Praxis geschlossen« oder etwas anderes dafür einsetzen.

Der Vorteil ist, dass das Programm trotzdem lauffähig bleibt. Wenn du willst, kannst du sogar mehr als einen Diagnosetext zuweisen, damit sozusagen eine Notsprechstunde stattfinden kann, z.B.:

```
Diagnose.Add ("Keine Sprechstunde")
Diagnose.Add ("Praxis geschlossen")
Diagnose.Add ("Hilf dir selbst!")
```

Die `Collection`-Eigenschaft `Count` wird automatisch entsprechend höher gesetzt.

≫ Erweitere in der Prozedur `LoadText` den `Catch`-Block. Dann müsste der Quelltext so aussehen (→ KLEMP6):

```
Sub LoadText (ByVal Dateiname As String)
  Try
    Dim Text As String
    Using Datei As StreamReader = _
    New StreamReader(Dateiname)
      Do
        Text = Datei.ReadLine()
        Diagnose.Add(Text)
      Loop Until Text Is Nothing
      Datei.Close()
    End Using
  Catch
    Diagnose.Add("Keine Sprechstunde")
    Diagnose.Add("Praxis geschlossen")
    Diagnose.Add("Hilf dir selbst!")
  End Try
End Sub
```

Therapieprotokoll

Damit du nun auch noch die Möglichkeit kennen lernst, wie man Strings aus einer Liste wieder in einer Datei speichert, erweitern wir unseren Seelenklempner noch ein bisschen. Dazu brauchen wir als Erstes noch eine weitere Stringliste (Collection):

```
Shared Psycho As New Collection()
```

Die Liste `Psycho` soll all das, was du dem Seelenklempner über das Eingabefeld mitteilst, sammeln und am Schluss der Therapiesitzung in der Datei PSYCHOX.TXT speichern. Für das »X« kannst du auch eine Zahl einsetzen, falls du mehrere dieser Dateien sammeln willst. (Weißt du einen besseren Namen? Dann nimm den!)

Damit deine Eingabetexte gesammelt werden, ist noch eine kleine Erweiterung der Methode `Button2_Click` nötig. Die Anweisung

```
Psycho.Add (TextBox1.Text)
```

sorgt dafür, dass bei Klick auf den FERTIG-Knopf jeder Eingabetext zur Stringliste hinzugefügt wird. (Auch wenn im Eingabefeld nichts steht – dann ist dieser String eben leer.)

➢ Ergänze den Vereinbarungsteil und die Methode `Button2_Click` entsprechend (→ KLEMP6).

Nun muss die Psycho-Sammlung noch auf deine Festplatte gebracht werden. Das geschieht am besten am Schluss, wenn du auf das X ganz oben rechts im Formular klickst, also das Formular schließt. Dafür muss eine neue Methode her. Wenn du darin noch eine eigene Anweisung verstaust, wird die auch ausgeführt, ehe sich das Programm verabschiedet.

➢ Klicke auf die Fläche des Formulars und schalte dann im Eigenschaftenfenster über den kleinen Button mit dem Blitzsymbol auf die Anzeige für Ereignisse um.

➢ Doppelklicke dort in das Feld hinter dem Ereignisnamen FORMCLOSED oder FORMCLOSING.

Sofort erscheint daneben der Name der zugehörigen Methode `Form1_Closed` (bzw. `Form1_Closing`). Zusätzlich steht dir die passende Schließmethode auch gleich im Editorfenster zur Verfügung.

```
Private Sub Form1_FormClosed(ByVal sender As System.Object,

    End Sub

End Class
```

Closed oder Closing? Hier eigentlich ganz egal – und Geschmackssache: Form_Closed wird aufgerufen, wenn das Formular bereits geschlossen ist, und Form_Closing wird aktiviert, bevor das Formular geschlossen wird. So die Hilfsinformation von Visual Basic.

Einen sichtbaren Unterschied gibt es offenbar nicht – bei mir war das Formular in beiden Fällen noch geöffnet.

➢ Ergänze im Editor die Methode um eine einzige Zeile (→ KLEMP6):

```
Private Sub Form1_FormClosed (ByVal sender As _
System.Object, ByVal e As System.Windows.Forms. _
FormClosedEventArgs) Handles MyBase.FormClosed
  SaveText (Pfad + "PsychoX.txt")
End Sub
```

Mit der Methode SaveText wird der Inhalt einer Stringliste in einer Datei auf der Festplatte untergebracht. Und so sieht unsere zweite selbst gemachte Prozedur aus (→ KLEMP6):

```
Sub SaveText (ByVal Dateiname As String)
  Try
    Dim x As Integer
    Using Datei As StreamWriter = _
    New StreamWriter(Dateiname)
      For x = 1 To Psycho.Count
        Datei.WriteLine (Psycho.Item(x))
      Next
      Datei.Close()
    End Using
  Catch
    MsgBox("Daten lassen sich nicht speichern!")
  End Try
End Sub
```

Auch hier sorgt der `Try-Catch`-Mechanismus dafür, dass es bei Problemen eine entsprechende Meldung gibt. Der Quelltext dazwischen ist nicht wirklich neu:

Verwendet (`Using`) wird hier der Typ `StreamWriter` mit der Methode `WriteLine`. Weil wir die Anzahl der Textzeilen kennen, benutzen wir eine Variable `x`, um beim Speichern mitzuzählen. Deshalb ist hier eine `For-Next`-Schleife praktisch.

➢ Speichere die neue Seelenklempner-Version und teste sie.

Zusammenfassung

Also jetzt ist erst mal wieder eine kräftigende Pause fällig! Man sieht ja vor lauter Komponenten den Quelltext nicht mehr:

`Form_Closed` `Form_Closing`	Diese Methode führt Aktionen aus, die noch direkt vor (oder nach) dem Schließen des Formulars erledigt werden müssen/sollen.
`HScrollBar` `VScrollBar`	Eine (horizontale oder vertikale) Bildlaufleiste, mit der man unter anderem Inhalte eines Fensters verschieben kann. Sie lässt sich aber auch zum Einstellen von Werten durch Verschieben benutzen.
`ScrollBar_Scroll`	Diese Methode wird durch Bewegen des Schiebers oder Klick auf die Pfeilflächen einer Bildlaufleiste aktiviert.
`Minimum` `Maximum`	Eigenschaft von `ScrollBar`: untere und obere Grenze für den Schieber der Bildlaufleiste
`LargeChange`	Eigenschaft von `ScrollBar`: Schrittweite für den Schieber der Bildlaufleiste
`Value`	Eigenschaft von `ScrollBar`: aktuelle Schieberposition der Bildlaufleiste
`MsgBox`	Methode zum Anzeigen einer (einfachen) Meldebox

Auch einige Klassen bzw. Objekte zum Sammeln von Daten und zum Speichern und Laden von Dateien hast du hier kennen gelernt:

`Collection`	Eine Sammlung bzw. Liste von Objekten (z.B. Zeichenketten)
`New`	Ein Objekt (z.B. `Collection`) erzeugen und entsprechend Speicherplatz reservieren/verwalten
`Count`	Eigenschaft von `Collection`. Enthält die Anzahl der Elemente.
`Item`	Eigenschaft von `Collection`. Enthält das Element String, das durch einen Indexwert bezeichnet ist.
`Add`	Methode von `Collection`, um der Sammlung/Liste ein neues Element hinzufügen
`Using` `End Using`	Anweisungsblock, um eine System-Ressource abzurufen und sie zu benutzen (z.B. zur Dateiverwaltung)
`StreamReader` `StreamWriter`	Datenstrom zum Lesen/Schreiben von Dateiinhalten (z.B. Texte)
`ReadLine` `WriteLine`	Methode eines `Stream`-Objekts: einzelne Textzeile aus Datei lesen bzw. in Datei schreiben
`Close`	Datei/Datenstrom/Kanal schließen

Und schließlich sind auch noch die paar Wörter hinzugekommen:

`Nothing`	Standardwert für Variablen (z.B. 0, "")
`ByVal`	Variablenvereinbarung: Wertübergabe bei Parametern
`Imports`	Anweisung zum Importieren einer Bibliothek mit neuem Wortschatz (Objekte/ Methoden)

Ein paar Fragen ...

1. Was ist der Unterschied zwischen den Komponenten von Typ `Label` und `TextBox`?
2. Was bedeutet es, wenn eine Komponente den Fokus besitzt?
3. Wie kann man Dateien vom Programm aus öffnen und speichern?

... und ein paar Aufgaben

1. Erstelle ein Programm, das einen Wert zwischen 0 und 100 anzeigt, der sich jeweils mit einer vertikalen und horizontalen Bildlaufleiste (Rollbalken) einstellen lässt.
2. Erweitere eine Version des »Seelenklempners II« so, dass sowohl deine Eingaben (`TextBox1.Text`) als auch die zufälligen Antworten dazu (`Label1.Text`) gemeinsam in einer Liste zusammengefasst und als Gesamtdatei gespeichert werden.

9 Menüs und Dialoge

Die Möglichkeit des Seelenklempners aus dem letzten Kapitel, Text zu laden und zu speichern, ist ja ganz nett. Aber man kann eben nur eine bestimmte Diagnose-Datei öffnen und seine Psycho-Ergüsse nur in einer ganz bestimmten Datei speichern. Mir genügt das nicht – ich will mehr!

Wenn du mit mir einer Meinung bist, lass uns den Seelenklempner jetzt so erweitern, dass du selbst bestimmst, welche Datei geöffnet bzw. unter welchem Namen deine Eingabetexte gespeichert werden sollen.

In diesem Kapitel lernst du

- wie man Menüs in ein Programm einbindet
- die Dialogfelder `OpenFileDialog` und `SaveFileDialog` kennen
- wie man beliebige Textdateien öffnet oder speichert
- die Komponente `PrintDocument` kennen
- wie man Texte ausdruckt

Ein Menü für den Klempner

Zuerst brauchen wir ein Menü, in dem wir auswählen können, ob wir etwas öffnen oder speichern wollen. Dazu verschieben wir alle Komponenten gemeinsam ein bisschen nach unten, damit oben mehr Platz für die Menüleiste ist.

Wenn du willst, kannst du ein neues Projekt beginnen und dort hinein die Daten von KLEMP6 (oder KLEMP6A) importieren:

- Dazu klickst du im PROJEKT-Menü auf VORHANDENES ELEMENT HINZUFÜGEN:

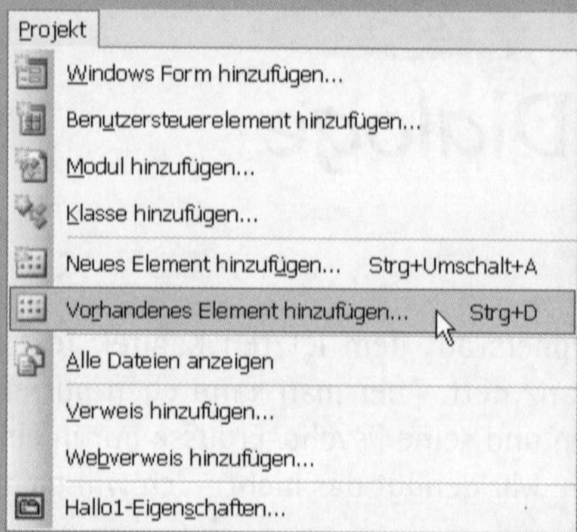

- Dann markierst du alle FORM1-Dateien und klickst auf HINZUFÜGEN.

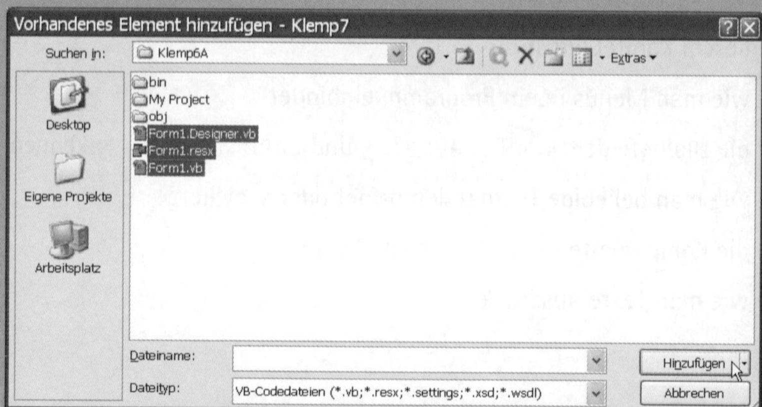

- Vergrößere – im neuen oder alten Projekt – nun das Formular ein wenig nach unten.
- Ziehe mit der Maus einen Rahmen um alle (!) Komponenten. Damit sind sie markiert. Nun klicke auf eine der Komponenten, halte die Maustaste gedrückt und ziehe alles etwa nach unten.
- Suche im Toolboxmenü unter MENÜS & SYMBOLLEISTEN den Eintrag MENUSTRIP und klicke darauf.

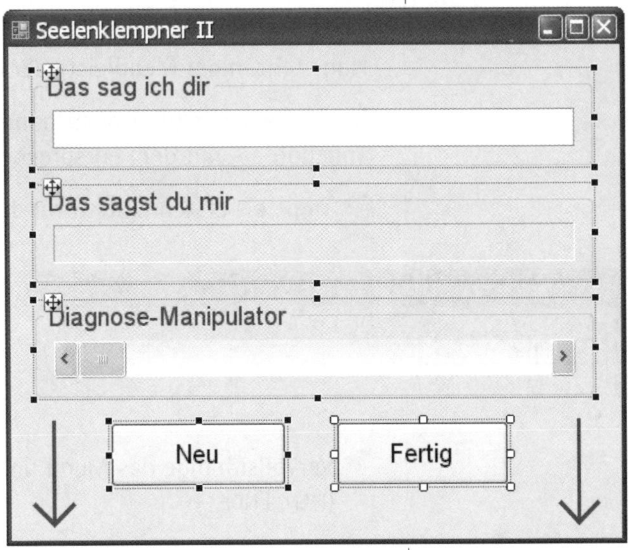

- Klicke auf die Fläche des Formulars. Dort erscheint ganz oben eine Leiste mit der Aufforderung »Hier eingeben«.

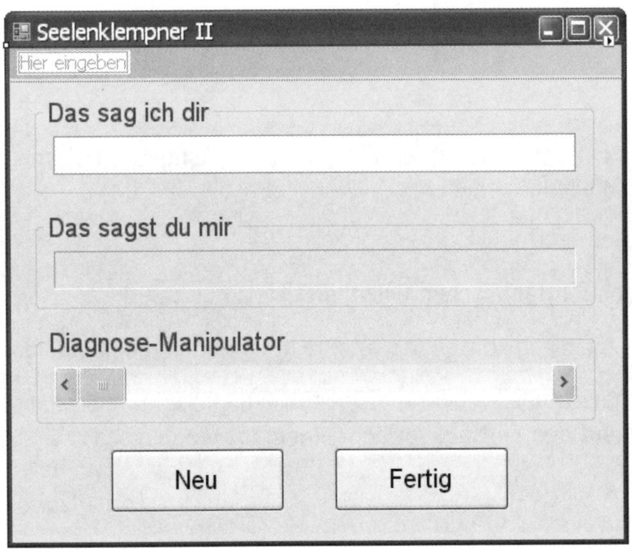

➢ Tippe dort ein: `Datei` und bestätige das, indem du auf die [Eingabe]-Taste drückst.

Nun steht in der Menüleiste der erste Eintrag DATEI.

Direkt darunter (und auch daneben) wird dir ein weiteres Eingabefeld angeboten – mit dem entsprechenden Hinweis.

➢ Tippe als ersten Eintrag für das DATEI-Menü ein: `Öffnen`.

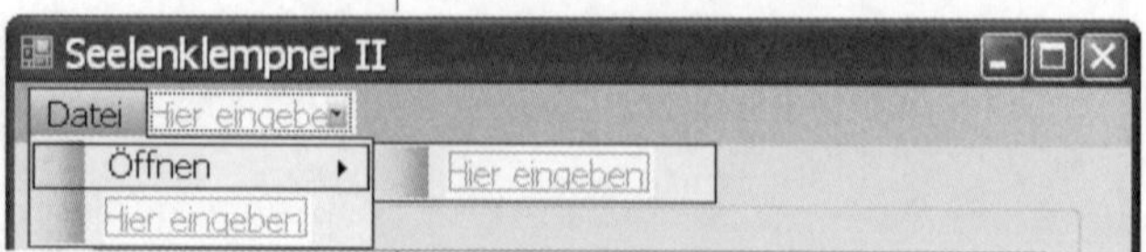

➢ Vervollständige das Menü um diese Einträge: ÖFFNEN, SPEICHERN, DRUCKEN, ENDE.

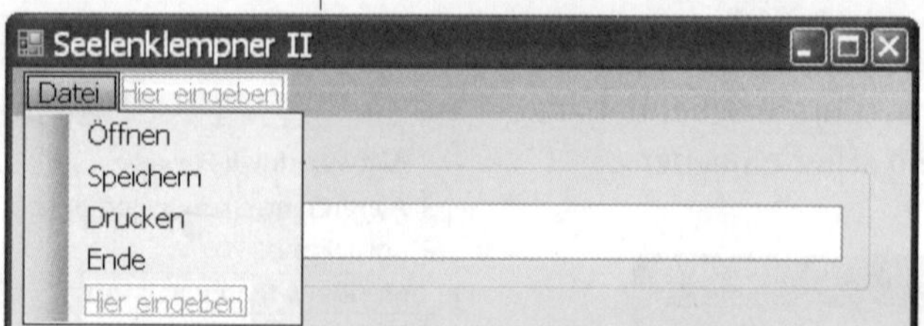

Du hast etwas Falsches oder einen Eintrag zu viel eingetippt? Dann lässt sich das so wieder beheben:

- Klicke auf den Eintrag.
- Wenn du den Eintrag löschen willst, drücke [Entf].
- Willst du den Eintrag korrigieren, ändere ihn direkt im Eingabefeld.

Und wenn du nachträglich etwas einfügen willst, klicke mit der rechten Maustaste auf den Eintrag, vor dem eingefügt werden soll.

– Fortsetzung

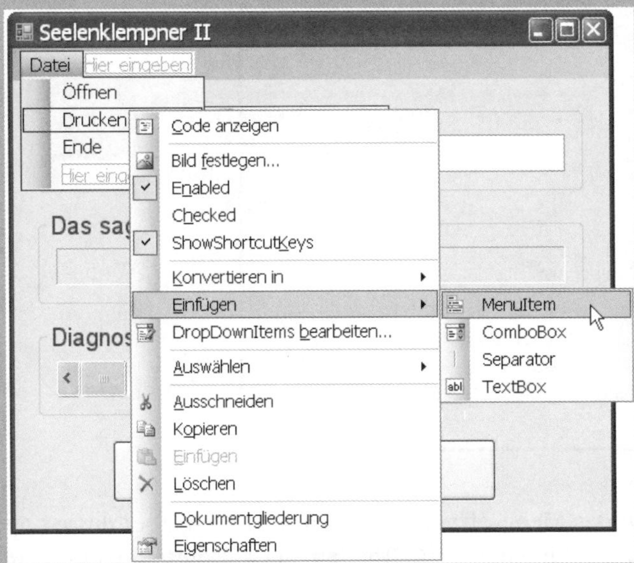

Im Menü klicke auf EINFÜGEN und dann auf MENUITEM.

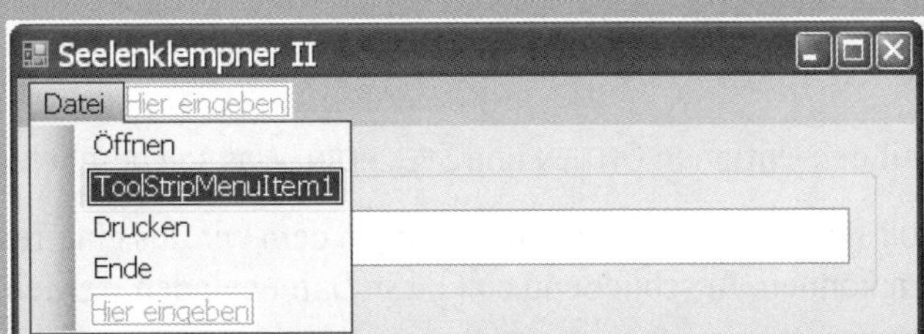

Nun ist Platz zum Eintippen eines neuen Eintrags.

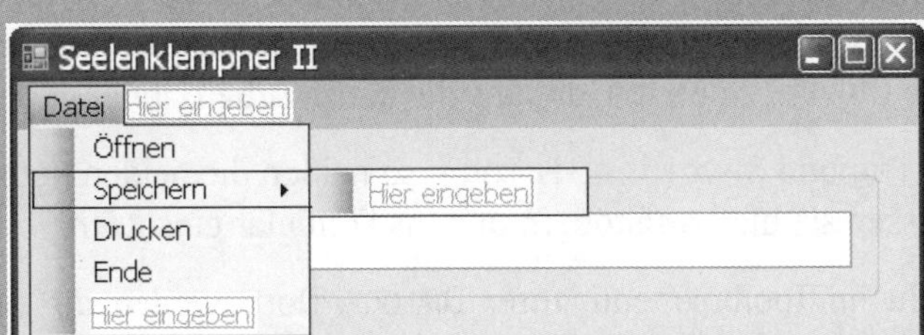

Bist du fertig mit deinem Menü? Nun siehst du auch im Formular ein bisschen mehr davon. Direkt unter der Titelleiste findest du den Eintrag DATEI – ganz einsam und allein.

> Speichere dein Projekt (→ KLEMP7). Dann lass das Ding mal laufen.

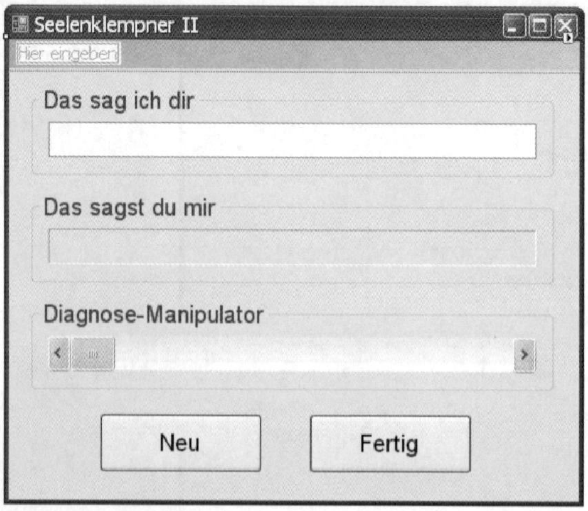

Nun kannst du das Menü öffnen, darin herumklicken, aber das ist auch schon alles. Was fehlt, sind die Methoden, die auf diese Ereignisse reagieren.

Zwei Dialogfelder

Beginnen wir mit den Optionen ÖFFNEN und SPEICHERN. Was soll geschehen?

Beim **Öffnen** soll sich erst ein Dialogfeld auftun, in dem wir uns eine Textdatei auswählen können. Anschließend soll diese Datei geladen werden.

Auch beim **Speichern** soll es die Möglichkeit geben, in einem Dialogfeld einen Namen einzugeben. Anschließend soll die Datei gesichert werden.

Das mit den Dialogfeldern klingt nach viel Aufwand. Ist es aber nicht, wenn wir uns von Visual Basic verwöhnen lassen. Visual Basic hat nämlich zwei komplette Objekte zu bieten, die uns die ganze Arbeit abnehmen:

`OpenFileDialog` und `SaveFileDialog` – so heißen die beiden netten Helfer. Wir müssen sie bloß aufstöbern und ins Formular einsetzen.

Fündig wirst du im Toolboxmenü unter DIALOGE. Dort werden dir eine ganze Reihe von Komponenten für Standarddialoge, z.B. für die Einstellungen von Schrift, das Drucken, aber auch für das Öffnen und Speichern von Dateien angeboten.

➢ Suche das Symbol für OPENFILEDIALOG und klicke darauf. Dann klicke ins Formular.

➢ Suche das Symbol für SAVEFILEDIALOG und klicke darauf. Dann klicke ins Formular.

Nun gibt es im Formular je eine Verbindung zu einem Objekt des Typs `OpenFileDialog` bzw. `SaveFileDialog`.

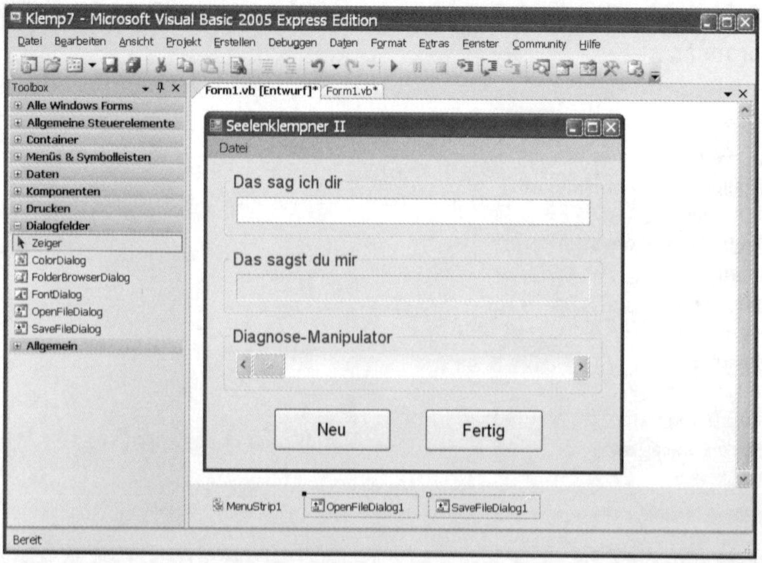

Von irgendeinem Dialog oder Dialogfeld ist im Formular weit und breit nichts zu sehen? Da sind beide aber trotzdem. Das siehst du ganz unten im Formularfenster. Dort stehen in einer Reihe drei Symbole sowie die Einträge MENUSTRIP1, OPENFILEDIALOG1 und SAVEFILEDIALOG1 einträchtig nebeneinander.

Man kann hier auch von (noch) unsichtbaren Komponenten sprechen.

Zur Kontaktaufnahme müssen wir darauf klicken – wie du gleich sehen wirst.

Wenn wir die Methoden für die Menüeinträge ÖFFNEN und SPEICHERN erstellen, können wir damit auch im Editorfenster auf die entsprechenden Dialogfelder zugreifen.

Zuerst jedoch sind ein paar Einschränkungen nötig, damit dort nur Textdateien angezeigt werden.

> Klicke auf den Eintrag OPENFILEDIALOG1 bzw. das Symbol davor.

> Klicke im Eigenschaftenfenster hinter den Eintrag FILTER und tippe dort ein: "`Textdateien (*.txt)|*.txt`". (Wenn du willst, kannst du

die Eingabe auch so erweitern: `"Textdateien (*.txt)|*.txt|Alle Dateien (*.*)|*.*"`

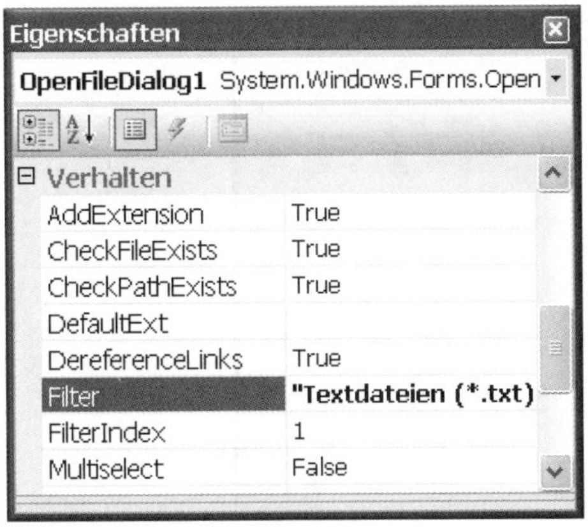

Damit werden im Dialogfeld ÖFFNEN nur Dateien mit der Kennung .TXT angezeigt. (Oder auch alle Dateien mit beliebiger Kennung – je nachdem, was du eingetippt hast.)

Die gesamten Filterangaben werden in Anführungsstriche gefasst. Zuerst kommt immer ein Informationstext, dann folgt der eigentliche Filter – jeweils getrennt durch einen senkrechten Strich (|).

Du kannst auch im Quelltext eine Zeile hinzufügen, in der du der Eigenschaft `Filter` direkt etwas zuweist, z.B.:

```
OpenFileDialog1.Filter = _
"Textdateien (*.txt)|*.txt|Alle Dateien (*.*)|*.*"
```

Und jetzt das Ganze noch mal für das Dialogfeld SPEICHERN:

- Klicke auf den Eintrag SAVEFILEDIALOG1 bzw. das Symbol davor.

- Dann klicke im Eigenschaftenfenster hinter den Eintrag FILTER. und trage dort ein: `"Textdateien (*.txt)|*.txt"`. (Oder füge im Quelltext eine entsprechende Zeile hinzu.)

Damit werden im Dialogfeld SPEICHERN UNTER nur Dateien mit der Kennung .TXT angezeigt.

Und nun müssen unsere beiden Dialog-Objekte noch in den passenden Menü-Methoden untergebracht werden.

> Klicke im Formular auf den Menüeintrag DATEI (ganz oben links). Dann doppelklicke auf ÖFFNEN.

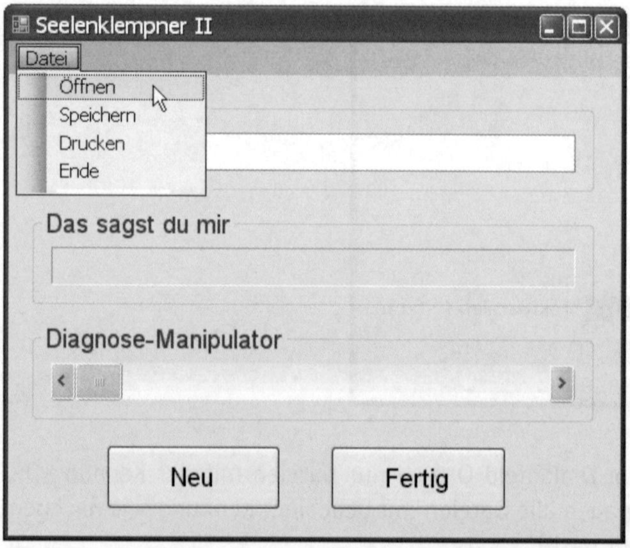

Und schon landest du im Editorfenster mitten in der richtigen Methode: `ÖffnenToolStripMenuItem_Click` ist ihr Name, wobei das `Click` beinahe untergeht angesichts des ewig langen »Vornamens«: Unter `MenuItem` versteht man nichts anderes als einen Menüeintrag. (Die genaue Übersetzung willst du gar nicht wissen – oder? Sie würde in etwa »Öffnenwerkzeugstreifenmenüeintrag« lauten.)

Öffnen und Speichern

Nun müssen wir nur noch ein bisschen Quelltext in die Methode mit dem zungenbrecherischen Namen bringen (→ KLEMP7):

```
Private Sub ÖffnenToolStripMenuItem_Click (ByVal _
sender As System.Object, ByVal e As System.EventArgs)
_
Handles ÖffnenToolStripMenuItem.Click
  OpenFileDialog1.ShowDialog()
  LoadText (OpenFileDialog1.FileName)
  HScrollBar1.Maximum = Diagnose.Count
End Sub
```

Zuerst wird das Dialogfeld zum Öffnen aktiviert:

```
OpenFileDialog1.ShowDialog()
```

Mit `ShowDialog` wird nicht nur eine Dialogbox angeboten, sondern auch der Dateiname aufgenommen, den du auswählst. Der ist dann in `OpenFileDialog1.FileName` gespeichert und kann als Parameter an die Methode `LoadText` übergeben werden:

```
LoadText (OpenFileDialog1.FileName)
```

Nachdem dann die Datei geladen wurde, kann der Wert von `HScrollBar1.Maximum` angepasst werden:

```
ScrollBar1.Maximum = Diagnose.Count
```

Die nächste Methode ist die zum Speichern unserer Eingabedaten.

≫ Klicke im Formular auf den Menüeintrag DATEI und doppelklicke dann auf SPEICHERN.

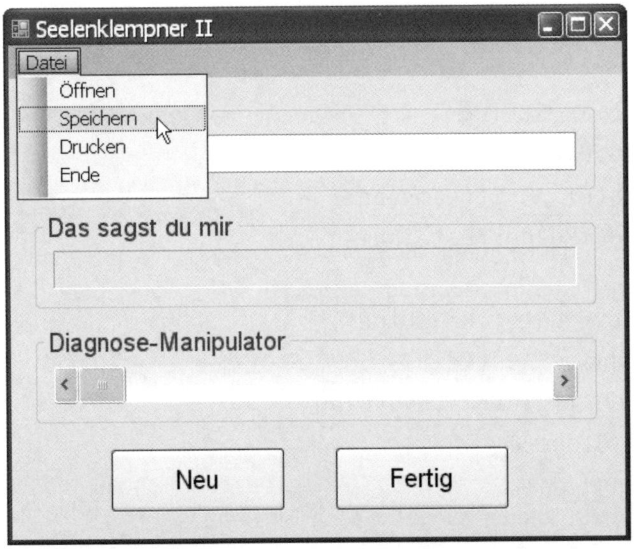

Auch diese Methode hat mit `SpeichernToolStripMenuItem_Click` einen langen Namen, der aber zum vorhergehenden passt. Auch ihr Inhalt ist dem der Methode für `OpenFileDialog1` nahe verwandt (→ KLEMP7):

```
Private Sub SpeichernToolStripMenuItem_Click (ByVal _
sender As System.Object, ByVal e As System.EventArgs) _
Handles SpeichernToolStripMenuItem.Click
  SaveFileDialog1.ShowDialog()
```

```
  SaveText (SaveFileDialog1.FileName)
End Sub
```

Zuerst wird das Dialogfeld zum Speichern aktiviert:

```
SaveFileDialog1.ShowDialog()
```

Dann wird der Inhalt der Stringliste unter dem gewünschten Dateinamen gespeichert:

```
SaveText (SaveFileDialog1.FileName)
```

Das wäre eigentlich schon alles – fast. Denn ein kleines Problem fällt mir doch noch ein: Was ist, wenn ich mehrmals hintereinander Daten aus einer oder verschiedenen Dateien lade? Die Stringliste `Diagnose` bläht sich immer mehr auf. Denn in der Prozedur `LoadText` sorgt keine Methode dafür, dass unsere Sammlung (Collection) vor dem Laden neuer Daten geleert wird. Das lässt sich aber leicht ändern, indem wir unsere Prozedur um diese eine Anweisung erweitern (→ KLEMP7):

```
Sub LoadText (ByVal Dateiname As String)
  Try
    Dim Text As String
    Diagnose.Clear()
    Using Datei As StreamReader = _
    New StreamReader(Dateiname)
      Do
        Text = Datei.ReadLine()
        Diagnose.Add(Text)
      Loop Until Text Is Nothing
      Datei.Close()
    End Using
  Catch
    Diagnose.Add("Keine Sprechstunde")
  End Try
End Sub
```

Mit der `Clear`-Methode machen wir alles wieder klar. Anschließend ist die Collection komplett leer – und kann frisch bestückt werden.

- Und nun kannst du das Ganze nochmals auf Festplatte sichern (→ KLEMP7).
- Und dann lass das Programm laufen.

Wenn du deine Eingaben gespeichert hast, kannst du sie auch als Diagnosetexte wieder öffnen. Dann bekommst du das als Antworten vorgesetzt, was du in der letzten Therapiesitzung von dir gegeben hast.

Diagnosen drucken

Wozu hat man eigentlich einen Drucker? Hast du keinen, dann kannst du diesen Abschnitt überspringen.

Ansonsten spricht nichts dagegen, dem Seelenklempner auch noch das Drucken beizubringen. Dann hast du deine Therapien sogar schwarz auf weiß. Auch hier bedienen wir uns beim Komponentenangebot von Visual Basic. Weil wir es möglichst einfach halten wollen, verzichten wir auf ein Dialogfeld zur Einstellung von Druckoptionen, obwohl Visual Basic mit PRINTDIALOG auch dazu etwas in seiner Toolbox hat. Vielmehr aber ist da ein anderer Eintrag, der für uns von Interesse sein könnte:

- Klicke im Toolboxmenü unter DRUCKEN auf den Eintrag PRINTDOCUMENT. Dann klicke ins Formular.
- Klicke im Formular auf den Menüeintrag DATEI und dann doppelklicke auf DRUCKEN.

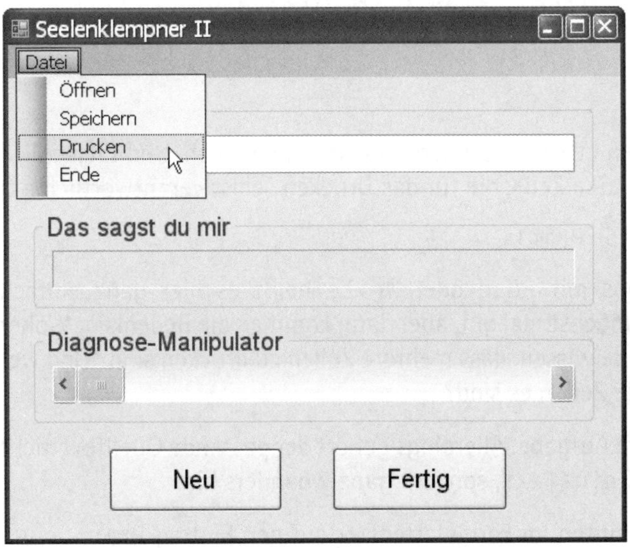

Was soll nun in der `Click`-Methode für das Drucken stehen? Eigentlich nur eine Anweisungszeile:

```
Private Sub DruckenToolStripMenuItem_Click (ByVal _
sender As System.Object, ByVal e As System.EventArgs) _
Handles DruckenToolStripMenuItem.Click
  PrintText (Pfad + "PsychoX.txt")
End Sub
```

Und jetzt müssen wir uns natürlich um die Prozedur `PrintText` kümmern, die gibt es nämlich noch nicht, sie muss ebenso wie schon `LoadText` und `SaveText` von uns erstellt werden (→ KLEMP8):

```
Sub PrintText (ByVal Dateiname As String)
  Try
    Using Datei As StreamReader = _
    New StreamReader(Dateiname)
      PrintDocument1.Print()
      Datei.Close()
    End Using
  Catch
    MsgBox("Daten lassen sich nicht drucken!")
  End Try
End Sub
```

Sieht den anderen beiden Prozeduren täuschend ähnlich. Und tatsächlich gibt es auch nur eine Zeile, die für das Drucken selbst verantwortlich ist:

```
PrintDocument1.Print()
```

Statt irgendetwas mit `Read` oder `Write` heißt es hier ganz einfach `Print`. Klingt zunächst mal gut, aber dann kommen die Bedenken: Woher soll diese Methode wissen, dass mehrere Zeilen zu drucken sind? Und wer sagt ihr, wie viele Zeilen es sind?

Tja, das ist unsere Aufgabe. Allerdings gehört der passende Quelltext nicht in die Prozedur `PrintText`, sondern ganz woanders hin.

- Doppelklicke unten im Formularfenster auf den Eintrag `PrintDocument1` bzw. das Symbol davor.

Und schon gibt es im Editor eine neue Methode mit dem Namen PrintDocument1_PrintPage. Diese Methode wird automatisch aktiviert, wenn wir PrintDocument1.Print() aufrufen. Und dort müssen die Anweisungen stehen, die dafür sorgen, dass unser Text auch wirklich komplett ausgedruckt wird (→ KLEMP8):

```
Private Sub PrintDocument1_PrintPage (ByVal sender _
As System.Object, ByVal e As System.Drawing.Printing. _
PrintPageEventArgs) Handles PrintDocument1.PrintPage
  Dim x As Integer
  Dim Schrift As Font = _
  New Font("Arial", 10, FontStyle.Regular)
  For x = 1 To Psycho.Count
    e.Graphics.DrawString (Psycho.Item(x), _
    Schrift, Brushes.Black, 50, 50 + 20 * x)
  Next
End Sub
```

Dass wir es auch hier wieder mit einer Zählschleife zu tun haben, war zu vermuten, denn das Ausdrucken ist im Prinzip vergleichbar mit dem Schreiben auf Festplatte (nur dass hier auf Papier geschrieben wird).

Zuvor aber wird die Schrift festgelegt:

```
Dim Schrift As Font = _
New Font("Arial", 10, FontStyle.Regular)
```

»Arial« ist die Schriftart, dann kommt die Schriftgröße, und FontStyle.Regular heißt »Normal« (gegenüber Fett oder Kursiv). In der folgenden Schleife lernen wir mit DrawString eine Methode der Klasse Graphics kennen, mit der wir schon im nächsten Kapitel mehr zu tun bekommen:

```
e.Graphics.DrawString (Psycho.Item(x), _
Schrift, Brushes.Black, 50, 50 + 20 * x)
```

Diese Methode sorgt dafür, dass unser Text auf das Druckpapier »gezeichnet« wird. Als ersten Parameter übernimmt sie die aktuelle Textzeile der Psycho-Datei, dann die Schrift, mit Brushes.Black ist die Druckfarbe (»Malfarbe«) Schwarz gemeint. Dann folgen die Koordinaten der Stelle, an der der Ausdruck der jeweiligen Textzeile beginnen soll. (Und damit dies nicht immer dieselbe Stelle ist, wurde der letzte Wert von x abhängig gemacht.)

Was soll das kleine e vor dem Graphics? Ganz einfach: Wenn du dir mal die Parametervereinbarung der Methode PrintDocument1_ PrintPage anschaust, findest du dort auch das kleine e als Variablennamen vereinbart als System.Drawing.Printing.PrintPage-EventArgs (wobei hier das Print gleich zweimal vorkommt).

Ein entsprechendes Objekt ist hier also bereits vorhanden und so können wir auch ohne weitere Vereinbarung auf seine Methode Draw-String zugreifen.

Ja, und damit hätten wir eigentlich alles zusammen für unsere Druck-Methode.

- Aktualisiere den Quelltext entsprechend und speichere dann alles noch einmal (→ KLEMP8).
- Dann lass das Programm laufen. Und öffne, speichere, lade und drucke.

Sicherheitsabfrage ...

Ein Eintrag unseres DATEI-Menüs ist noch unbesetzt: Der für das Programmende. Es sollte schon eine Möglichkeit geben, das Programm anders zu beenden als nur durch das Schließen des Formulars. Was den Profiprogrammierern recht ist, sollte auch uns billig sein.

Eigentlich wäre es mit einer einfachen Close-Anweisung getan:

```
Private Sub EndeToolStripMenuItem_Click (ByVal _
sender As System.Object, ByVal e As System.EventArgs)
_
Handles EndeToolStripMenuItem.Click
  Close()
End Sub
```

Aber ein bisschen mehr Komfort sollten wir uns doch noch leisten: Es wäre nett, wenn uns das Programm vor seinem Ableben noch einmal fragen würde, ob wir noch etwas zu speichern haben.

Zuerst brauchen wir eine Variable vom Typ Boolean:

```
Shared Sicher As Boolean
```

Beim Start bekommt Sicher den Wert False. Das bedeutet, dass die aktuellen Eingabedaten **noch nicht** gesichert wurden. Also kommt diese Anweisung in die Form_Load-Methode:

```
Sicher = False
```

Nach jedem Speichervorgang wird Sicher dann auf True gesetzt. Das geschieht im Try-Zweig der Prozedur SaveText. Und sollte das Speichern aus irgendeinem Grund nicht klappen, muss Sicher den Wert False haben. Das steht dann im Catch-Teil derselben Methode, die inzwischen diese Gestalt annimmt (→ KLEMP9):

```
Sub SaveText(ByVal Dateiname As String)
  Try
    Dim x As Integer
    Using Datei As StreamWriter = _
    New StreamWriter(Dateiname)
      For x = 1 To Psycho.Count
        Datei.WriteLine (Psycho.Item(x))
      Next
      Datei.Close()
    End Using
    Sicher = True
  Catch
    MsgBox ("Daten lassen sich nicht speichern!")
    Sicher = False
  End Try
End Sub
```

Außerdem wird Sicher jedes Mal auf False gesetzt, wenn mit Klick auf FERTIG eine neue Eingabe bestätigt wurde. In Button2_Click muss also auch noch eine solche Zuweisung stehen. Damit wächst auch diese Methode ein bisschen an (→ KLEMP9):

```
Private Sub Button2_Click (ByVal sender As _
System.Object, ByVal e As System.EventArgs) _
Handles Button2.Click
  Nr = Int(Diagnose.Count * Rnd()) + 1
  Label1.Text = Diagnose.Item(Nr)
  Psycho.Add(TextBox1.Text)
  Psycho.Add(Label1.Text)
  Sicher = False
End Sub
```

Nun wimmelt es nur so von Zuweisungen an die Variable Sicher. Einen Sinn hat der ganze Aufwand aber nur, wenn wir in die Click-Methode für den ENDE-Eintrag auch eine Möglichkeit zum Sichern einbauen (→ KLEMP9):

```
Private Sub EndeToolStripMenuItem_Click (ByVal _
sender As System.Object, ByVal e As System.EventArgs) _
Handles EndeToolStripMenuItem.Click
  Dim Knopf As Integer
  If Not Sicher Then
    Knopf = MessageBox.Show _
    ("Alle Eingaben (noch mal) speichern?", "", _
    MessageBoxButtons.YesNoCancel, _
    MessageBoxIcon.Question)
    If Knopf = Windows.Forms.DialogResult.Yes Then
      SaveFileDialog1.ShowDialog()
      SaveText(SaveFileDialog1.FileName)
    End If
    If Knopf <> Windows.Forms.DialogResult.Cancel _
    Then Close()
  End If
End Sub
```

Zuerst vereinbaren wir eine lokale Variable Knopf. Mit der Methode MsgBox können wir hier nichts anfangen. Deshalb benutzen wir die komfortable Klasse MessageBox, mit ihrer Methode Show, die gleich vier Parameter benötigt:

```
MessageBox.Show (Text, Titel, Buttons, Modus)
```

Der erste Parameter ist der Text, der als Meldung erscheint. In unserem Beispiel heißt der »Alle Eingaben (noch mal) speichern?«. Dann folgt der Titel, den das Fenster haben soll. Weil zwischen den Anführungsstrichen nichts steht, gibt es hier auch keinen Titel. Man nennt zwei Anführungsstriche (" ") ohne etwas dazwischen auch Leerkette.

Für die Schaltflächen in der Meldebox ist der nächste Parameter zuständig. Er besteht aus einer Zahl. Die kann auch als Summe zweier Zahlen gebildet werden. Dabei haben die Werte für die Buttons (MessageBoxButtons) diese Bedeutung:

Wert	Schaltflächen
OK	OK
OKCancel	OK und Abbrechen
YesNo	Ja, Nein
YesNoCancel	Ja, Nein, Abbrechen
RetryCancel	Wiederholen, Abbrechen
AbortRetryIgnore	Beenden, Wiederholen, Ignorieren

Hinzu kommen für den letzten Parameter einige Symbole (MessageBox-Icon):

Wert	Symbole
None	(kein)
Error, Hand, Stop	Warnkreuz
Question	Fragezeichen
Exclamation, Warning	Ausrufezeichen
Information, Asterisk	Infozeichen (i)

Mit der Zuweisung

```
Knopf = MessageBox.Show _
("Alle Eingaben (noch mal) speichern?", "", _
MessageBoxButtons.YesNoCancel, _
MessageBoxIcon.Question)
```

wird der Wert des angeklickten Knopfes an die Variable Knopf übergeben. Wir benutzen hier die Knöpfe JA, NEIN und ABBRECHEN. In Visual Basic gibt es dafür vordefinierte Konstanten mit den Namen Yes, No und Cancel. Und das soll passieren:

- bei JA soll gespeichert und anschließend das Programm beendet werden
- bei NEIN soll das Programm ohne Speichern beendet werden
- bei ABBRECHEN läuft das Programm (ohne Speichern) weiter

Die ganze Abfrage über MessageBox.Show erfolgt aber nur, wenn direkt zuvor nichts gespeichert wurde:

```
If Not Sicher
```

Eigentlich hast du so etwas erwartet wie:

```
If Sicher = False
```

Das habe ich hier auf `Not Sicher` verkürzt, weil `Sicher` vom Typ `Boolean` ist. Der Operator `Not` (englisch für »Nicht«) kehrt eine Bedingung oder den Wert einer `Boolean`-Variablen einfach in ihr Gegenteil um. Man spricht hier vom **Umkehroperator** oder `NICHT`-Operator.

Wenn du am Schluss gefragt wirst »Alle Eingaben (noch mal) speichern?« und auf JA klickst, bekommst du ein Dialogfeld, um dort den Namen auszuwählen oder einzugeben, unter dem deine Eingabedaten gespeichert werden sollen:

```
If Knopf = Windows.Forms.DialogResult.Yes Then
  SaveFileDialog1.ShowDialog()
  SaveText(SaveFileDialog1.FileName)
End If
```

Sollte deine Wahl **nicht** auf ABBRECHEN fallen, so wird das Programm dann beendet:

```
If Knopf <> Windows.Forms.DialogResult.Cancel _
Then Close()
```

Die letzte Anweisung gilt also nur für die Wahl zwischen JA und NEIN – bei Klick auf ABBRECHEN läuft das Programm einfach weiter.

> Warum dieser lange »Vorlauf« vor den Werten `OK` und `Cancel`? Weil beides »Eigenschaften von Eigenschaften« sind, hier heißt die ausführliche »Herkunft« eben `Windows.Forms.DialogResult`.

➢ Und nun klicke im Formular auf den Menüeintrag DATEI und doppelklicke dann auf ENDE.

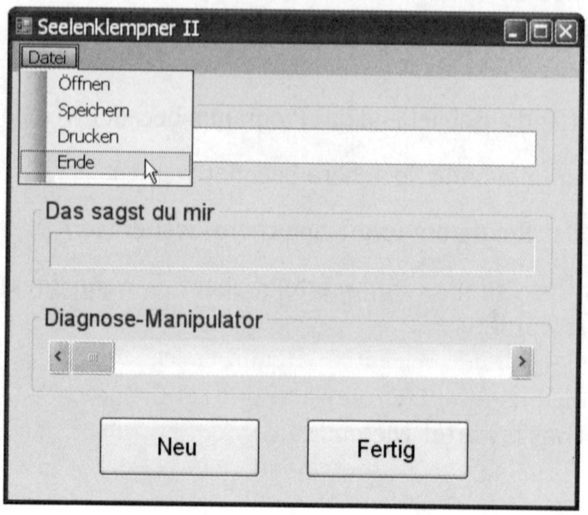

- Fülle die Methode EndeToolStripMenuItem_Click mit dem obigen Quelltext (→ KLEMP9).
- Dann spendiere den Methoden Form1_Load, Button2_Click und SaveText ihre Sicher-Zuweisungen.

... und Schluss

Nun sind wir ja fast fertig, aber eben nicht ganz: Denn wenn sich jemand entschließt, das Programm nicht über den Menüeintrag ENDE, sondern über das Schließsymbol (X) zu verlassen, dann war das Ganze leider umsonst. Wir brauchen also dasselbe noch mal für die FormClosed-Methode.

Nun könnten wir einfach alles mal eben markieren und rüberkopieren. Aber ein bisschen schlanker ist der Quelltext für FormClosed doch. Und außerdem wäre ein bloßes Verdoppeln unsinnig.

- Tippe für Form1_FormClosed diesen Quelltext ein (→ KLEMP9):

```
Private Sub Form1_FormClosed (ByVal sender As _
System.Object, ByVal e As System.Windows.Forms. _
FormClosedEventArgs) Handles MyBase.FormClosed
  Dim Knopf As Integer
  If Not Sicher Then
    Knopf = MessageBox.Show _
    ("Alle Eingaben (noch mal) speichern?", "", _
   MessageBoxButtons.YesNo, MessageBoxIcon.Question)
    If Knopf = Windows.Forms.DialogResult.Yes _
    Then SaveText(Pfad + "PsychoX.txt")
  End If
End Sub
```

Die Meldungsbox braucht hier einen Knopf weniger (ABBRECHEN ist überflüssig, weil anschließend das Programm auf jeden Fall beendet wird). Und gespeichert wird hier nur in der Standarddatei. Außerdem entfällt die Zeile mit dem Aufruf von Close, denn der erfolgt hier ja automatisch.

Nach der Erweiterung der Methode FormClosed gibt es jedoch ein kleines Problem: Wird der Menüeintrag ENDE gewählt und im Dialogfeld auf NEIN geklickt, fragt die FormClosed-Methode trotzdem nochmals nach – du bekommst also zwei Dialogfelder hintereinander zu sehen. Das lässt

sich ändern, indem du die `Click`-Methode für den ENDE-Eintrag so erweiterst:

```
If Knopf <> Windows.Forms.DialogResult.Cancel Then
  Sicher = True
  Close()
End If
```

➢ Ergänze die Methode `EndeToolStripMenuItem_Click` entsprechend.

➢ Bevor du das Seelenklempner-Projekt nun auf Herz und Nieren testest, speichere alles noch mal (→ KLEMP9). Nun kannst du experimentieren, so viel du willst. Und sicher wird dir dabei noch die ein oder andere Verbesserung einfallen.

Zusammenfassung

Eine ganze Menge an neuen Komponenten hatte dieses Kapitel zu bieten. Nicht, dass das Programm jetzt perfekt wäre. Aber zumindest für den Augenblick kannst du dich zurücklehnen und die Früchte deiner Arbeit genießen. Immerhin bist du nun schon ein richtiger Visual-Basic-Baumeister (mit bestandener Gesellenprüfung).

Auch in diesem Kapitel hat sich wieder einiges an Objekten, Methoden und Eigenschaften angesammelt:

`MenuStrip`	Eine Menüleiste als Bestandteil eines Menüsystems
`MenuItem` `ToolStripMenuItem`	Einzelner Menüeintrag in einem Menüsystem
`OpenFileDialog`	Ein Dialogfeld für das Öffnen einer Datei
`SaveFileDialog`	Ein Dialogfeld für das Speichern einer Datei
`ShowDialog`	Ein Dialogfeld für die Anzeige von Dateinamen öffnen
`FileName`	Eigenschaft von `OpenFileDialog` und `SaveFileDialog`: enthält den kompletten Pfadnamen einer Datei
`Filter`	Eigenschaft von `OpenFileDialog` und `SaveFileDialog`: enthält Filterangaben, welche Dateien angezeigt werden sollen.

`PrintDocument`	Eine (unsichtbare) Komponente für das Drucken einer Datei
`Print`	Methode von `PrintDocument`, die Kontakt zum Drucker herstellt und die Druckmethode `PrintPage` aktiviert
`PrintPage`	Diese Methode übergibt Text an den Drucker. (Die Anweisungen dazu müssen selbst erstellt werden.)
`Graphics`	Eine Klasse für die Darstellung von Grafik und Text (der »gemalt« wird)
`DrawString`	Methode von `Graphics` zur (grafischen) Anzeige von Text
`Font`	Klasse für Schriftart, Größe und Form
`MessageBox`	Klasse für eine Meldebox mit eigenem Titel, verschiedenen Schaltflächen und Symbolen
`Show`	Methode von `MessageBox` zum Anzeigen eines Dialogfeldes
`Collection`	Eine Sammlung bzw. Liste von Objekten (nur zur Erinnerung)
`Clear`	Methode von `Collection`, um deren Inhalt zu löschen

Und sogar ein weiterer Visual-Basic-Operator ist noch dazugekommen:

`Not`	Bedingung umkehren (NICHT: Bedingung wird zum Gegenteil)

Ein paar Fragen ...

1. Wie bindet man ein Menü ins Formular ein und wie erstellt man die Methoden für die Menüeinträge?
2. Welche »Zutaten« braucht man, um Text auszudrucken?

... aber keine Aufgabe

10

Grafik

Bisher hast du viel Text gesehen. Obwohl wir uns doch ständig in Windows, einer grafischen Oberfläche, aufhalten. Kann man denn in Visual Basic überhaupt zeichnen und malen? Und ob. Hier lernst du ein einfaches Objekt kennen, das für dich recht hübsche Grafiken auf das Formular zaubert. Dabei hängt es aber auch von dir ab, wie du die vorgestellten Methoden weiter verwendest.

In diesem Kapitel lernst du

- einige der grafischen Möglichkeiten von Visual Basic kennen
- mit Objekten vom Typ `Graphics` umzugehen
- wie man die Zeichen-, Mal- oder Schriftfarbe ändert
- wie man Text in der Formularfläche anzeigt

Von Punkten und Koordinaten

Wenn wir von Grafik sprechen wollen, müssen wir auch vom Koordinatenkreuz reden. Da denkst du gleich an deine Mathelehrer, wie sie sich da vorn an der Tafel abgemüht haben oder abmühen, dir etwas von x-Achse und y-Achse zu erzählen. Deshalb sollte ich lieber nicht voraussetzen, dass du weißt, wovon ich rede.

Alles, was du auf deinem Monitor zu sehen bekommst, besteht aus vielen kleinen Pünktchen, **Pixel** genannt. Die Anzahl dieser Bildpunkte nennt man **Auflösung**. Hier eine Tabelle mit heute üblichen Auflösungen:

Breite x Höhe	Anzahl der Farben
800 x 600	256 bis 16 Millionen
1024 x 768	256 bis 16 Millionen
1280 x 960	256 bis 16 Millionen
1280 x 1024	256 bis 16 Millionen
1600 x 1200	256 bis 16 Millionen

Damit man etwas von einer Grafik zu sehen bekommt, steckt in jedem Computer eine so genannte Grafikkarte. Dort befindet sich eine komplette Schaltung für Grafik mit bis zu mehreren Millionen Farben. Welche Auflösung du auf deinem Bildschirm zu sehen bekommst, hängt nicht nur von der Grafikkarte ab. Der Bildschirm muss natürlich auch groß genug sein, um eine hohe Auflösung darzustellen.

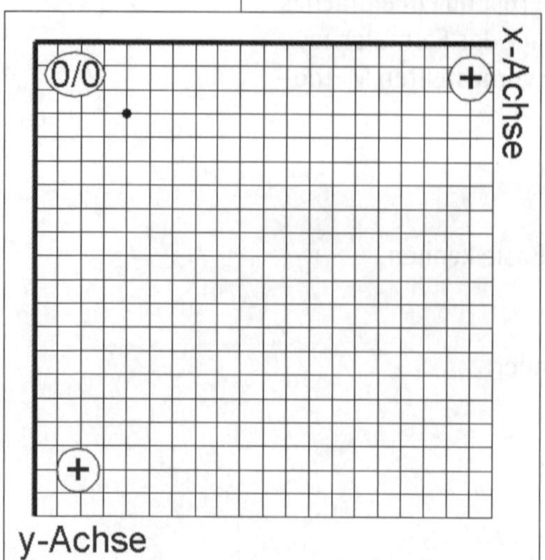

Wie ein unsichtbares Gitter ist die Anzeigefläche aufgeteilt. So weiß der Computer, wohin auf den Bildschirm er einen Punkt setzen soll, wenn er etwas darstellt. Jeder Punkt wird durch zwei Zahlen beschrieben. Die geben den Abstand von einem festen Ausgangspunkt an. Der liegt in Visual Basic (und auch für die meisten Grafikprogramme) in der linken oberen Ecke der Bildschirmfläche.

Dieser Punkt wird auch **Ursprung** genannt und hat die Koordinaten x = 0 und y = 0. Wenn man vom Ursprung aus auf dem Bildschirm nach rechts weiter zählt, bewegt man sich auf der **x-Achse**. Man könnte auch horizontale oder waagerechte Achse sagen. Aber weil die Mathematiker das

Ding x-Achse genannt haben, sind auch die Computerleute (= Informatiker) dabei geblieben.

Geht man vom Ursprung aus nach unten, so wandert man die **y-Achse** entlang. Auch die hätte man vertikale oder senkrechte Achse nennen können, aber – du sagst es: Den Mathematikern passte y-Achse eben besser.

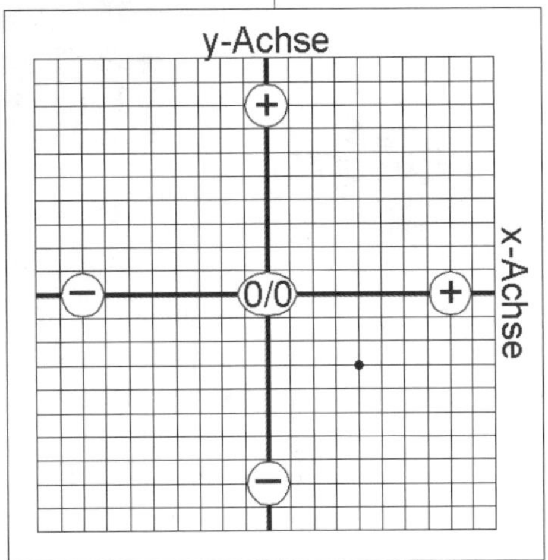

Auf einmal erinnerst du dich an den Matheunterricht. Da sah doch so ein Koordinatenkreuz mit x und y ganz anders aus? Da war doch der so genannte Ursprung genau in der Mitte, wo sich x-Achse und y-Achse gekreuzt haben (deshalb Koordinaten-Kreuz).

Tja, und hier haben es eben die Computerleute anders gemacht als die Mathematiker. Sie haben gesagt, wozu brauchen wir negative Zahlen? Und überhaupt kam es ihnen viel logischer vor, ein Bild dort anfangen zu lassen, wo wir auch mit dem Schreiben beginnen: links oben.

Wie beim Koordinatenkreuz aus dem Matheunterricht wird der x-Wert größer, wenn du nach rechts gehst. Im Gegensatz zum Matheunterricht wird der y-Wert aber nicht größer, wenn du nach oben, sondern nach unten gehst.

Übrig geblieben ist also vom Koordinatenkreuz eigentlich nur ein umgedrehtes »L« (manche sagen dazu auch Galgen).

Du hast Recht, wenn du meinst, es gäbe auch eine **z-Achse**. Die ist für die Tiefe zuständig. Wo gibt es denn bei der Bildschirmanzeige eine Tiefe? Das gerade ist das Problem mit der z-Achse: Alle Bilder sind zweidimensional, haben also nur Breite (x) und Höhe (y). Überall, wo wir uns aufhalten oder bewegen, gibt es aber noch eine dritte Dimension, die Tiefe (z).

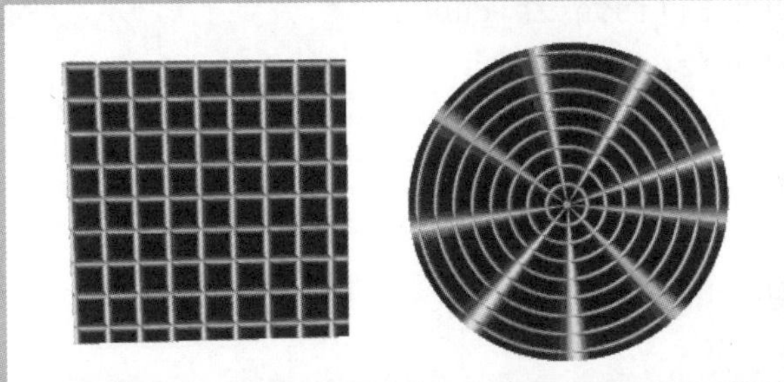

– Fortsetzung

Damit wir Bilder erhalten, die so aussehen, als wären sie dreidimensional, gibt es Programme, die ausrechnen, wie die dritte Dimension in einem Bild auszusehen hat. Und die neuesten 3D-Grafikkarten sorgen dafür, dass das möglichst gut und schnell auf den Bildschirm kommt. So sehen heute z.B. bei Autorennspielen die Straßen wirklich so aus, als gäbe es eine Tiefe, und bei jeder Lenkbewegung passt sich die Anzeige auf dem Bildschirm sofort an.

Das erste Bild

Jetzt bist du lange genug mit Theorie gequält worden, nun ist es wirklich Zeit für die Praxis! Also hier gleich das erste Grafikprogramm. Genauer gesagt nur die Methode `Button1_Click`, mit der du das Zeichnen der Grafik auf Knopfdruck auslösen kannst:

```
Private Sub Button1_Click(ByVal sender As _
System.Object, ByVal e As System.EventArgs) _
Handles Button1.Click
 ' Zeichenobjekt erzeugen
  Grafik = Me.CreateGraphics()
 ' Rechteck und Ellipse zeichnen
  Grafik.DrawRectangle _
  (Pens.Black, 10, 10, Width - 30, Height - 60)
  Grafik.DrawEllipse _
  (Pens.Black, 15, 15, Width - 40, Height - 70)
 ' Kreuz zeichnen
  Grafik.DrawLine _
```

```
  (Pens.Black, CInt(Width / 2) - 5, _
  10, CInt(Width / 2) - 5, Height - 50)
  Grafik.DrawLine _
  (Pens.Black, 10, CInt(Height / 2) - 20, _
  Width - 20, CInt(Height / 2) - 20)
End Sub
```

- Erstelle ein neues Projekt mit dem Formulartitel `Grafik 1` und setze mitten ins Formular eine Schaltfläche. Beschrifte sie mit `Mal mal!`.

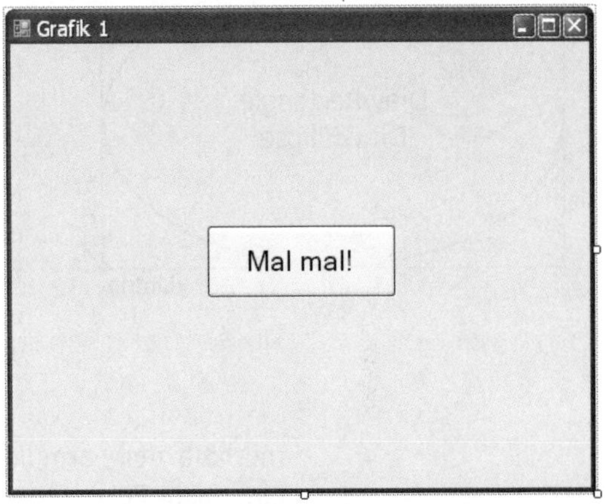

- Doppelklicke auf den Button und tippe für die `Button_Click`-Methode den obigen Quelltext ein (→ GRAFIK1).
- Ergänze den Quelltext um diese globale Variablenvereinbarung:

  ```
  Shared Grafik As Graphics
  ```

- Starte das Programm und klicke auf die Schaltfläche.

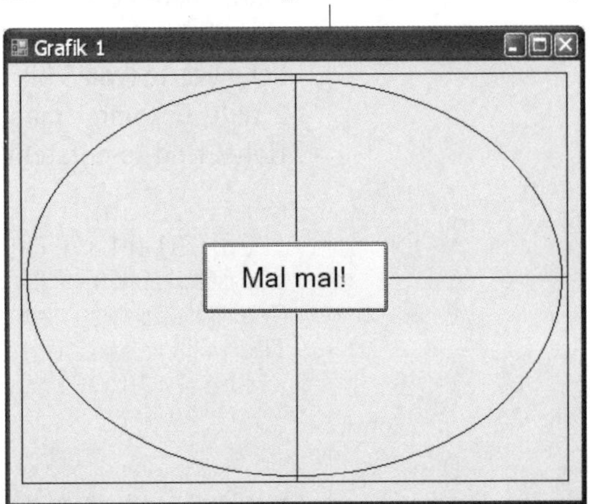

Und nun schauen wir uns genauer an, welche Gebilde das Programm zustande bringt. Da sind ein Rechteck, eine Ellipse und zwei Linien, die sich kreuzen. All das erledigt ein Objekt aus einer Klasse, die in Visual Basic `Graphics` genannt wird und mit einer ganzen Reihe Zeichen- und Malmethoden ausgestattet ist. Welche Aktionen wodurch ausgelöst werden, kannst du fast selbst erraten:

Mit der `DrawLine`-Methode lässt sich eine Linie zwischen zwei Punkten zeichnen:

```
DrawLine (Zeichenfarbe, xStart, yStart, xZiel, yZiel)
```

Mit dieser Methode lassen sich nahezu alle Arten von Grafiken zeichnen. Geht es um Rechtecke oder Ellipsen, dann hat man es mit zwei weiteren Methoden leichter:

```
DrawRectangle _
(Zeichenfarbe, xLinks, yOben, Breite, Höhe)
DrawEllipse _
```

```
(Zeichenfarbe, xLinks, yOben, Breite, Höhe)
```

Beide übernehmen als Parameter neben der Zeichenfarbe die linke obere Position sowie die Breite (`Width`) und Höhe (`Height`). Damit berechnen sie einen (unsichtbaren) rechteckigen Bereich, in den dann das Rechteck bzw. die Ellipse genau hineinpasst.

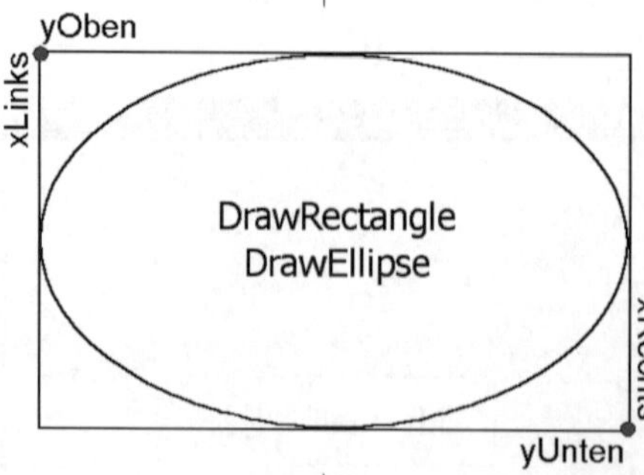

Nun möchtest du noch wissen, was es mit den Zeilen oberhalb der `Draw`-Anweisungen auf sich hat. Zuerst klappen wir sozusagen den Malkasten auf (und nehmen den Zeichenstift in die Hand):

```
Grafik = Me.CreateGraphics()
```

Mit `CreateGraphics` wird im aktuellen Formular eine Zeichenfläche mitsamt dem Stift erzeugt und zur Verfügung gestellt. Das Objekt `Grafik` ist damit bereit, grafische Aufgaben zu übernehmen. (Das vorgeschaltete `Me` verweist auf das Formular als »Erzeuger«.)

Innerhalb der Formularfläche beginnt ebenso wie beim Bildschirm die linke obere Ecke mit x = 0 und y = 0. Weil wir einen Rand lassen wollen und die Titelzeile mitgerechnet werden muss, brauchen wir einige zusätzliche Werte (von 5 bis 50). Und wenn man die beiden Formularmaße durch 2 teilt, bekommt man mit der Hälfte genau die Mitte dieser Breite bzw. Höhe. Und so entsteht dann ein Kreuz:

```
Grafik.DrawLine _
(Pens.Black, CInt(Width / 2) - 5, 10, _
CInt(Width / 2) - 5, Height - 50)
Grafik.DrawLine _
(Pens.Black, 10, CInt(Height / 2) - 20, _
Width - 20, CInt(Height / 2) - 20)
```

Jetzt wird's bunt

Lass uns ein bisschen mit den Methoden von `Graphics` experimentieren, die du bis jetzt kennst. Dazu brauchen wir allerdings etwas mehr Farbe und nehmen auch den Zufall zur Hilfe. Für das neue Projekt eignet sich das alte, wir müssen bloß die `Button_Click`-Methode ändern.

➢ Doppelklicke auf den Button MAL MAL! und gib diesen Quelltext neu ein bzw. passe den alten entsprechend an (→ GRAFIK2):

```
Private Sub Button1_Click (ByVal sender As _
System.Object, ByVal e As System.EventArgs) _
Handles Button1.Click
  Grafik = Me.CreateGraphics()
  Dim i As Integer, Stift As Pen
  For i = 0 To 88
    Stift = Farbe(Int(FMax * Rnd()))
    Grafik.DrawLine _
    (Stift, 0, i * 4, Width, Height - i * 4)
    Grafik.DrawLine _
    (Stift, i * 6, 0, Width - i * 6, Height)
  Next
End Sub
```

Die `For`-Schleife verheißt eine ganze Menge Durchläufe und damit entsprechend viele Linien. Ich denke, dass du aus den Parametern für die Methode `DrawLine` selber schlau wirst, sobald du nachher die Grafik gesehen hast.

> Bei Zählschleifen benutzt man häufig nur einen kurzen Namen für die Zählvariablen. Am beliebtesten sind einzelne Buchstaben. Der Buchstabe »i« steht als Abkürzung für den Begriff **Index**. Gemeint ist damit eine Messzahl z.B. für eine Nummerierung. Man könnte aber auch zum Beispiel wieder mal den Namen `Nr` oder einen anderen Buchstaben als »i« für die `For`-Schleife verwenden.

Hier schauen wir uns mal die erste Anweisung in der Schleife näher an:

```
Stift = Farbe(Int(FMax * Rnd()))
```

Der Zeichenstift von `Graphics` ist vom Typ `Pen` und wird so vereinbart:

```
Dim Stift As Pen
```

Mit `Rnd` wird irgendein Zufallswert bis zu einem Maximum erzeugt, `Int` macht alles zu einer ganzen Zahl. Und die bestimmt dann die Farbe.

Aber das ist nicht ganz einfach. Denn unter Windows sind über 16 Millionen Farben möglich, die Visual Basic natürlich unterstützt. Deshalb nehmen wir uns die wichtigsten heraus, für die Visual Basic eine Konstante definiert hat, und packen alle in ein Feld:

```
Const FMax = 9
Shared Farbe() As Pen = New Pen() {Pens.Black, _
Pens.Gray, Pens.White, Pens.Cyan, Pens.Magenta, _
Pens.Yellow, Pens.Red, Pens.Green, Pens.Blue}
```

Vereinbart wird das Variablenfeld (Array) `Farbe` erst einmal, ohne die Anzahl der Elemente anzugeben – deshalb die leeren (runden) Klammern. Mit dem anschließenden `New` wird dann Platz für mehrere Elemente geschaffen. Deren Anzahl richtet sich nach dem, was in **geschweiften** (!) Klammern steht – hier sind es 9 Elemente. Man nennt das auch: die **Initialisierung** eines Feldes bzw. ihrer Elemente.

Die hier neue Art von Klammern erhältst du mit Hilfe der [AltGr]-Taste: Sie stehen bei [7] und [0].

Weil es 9 Farbnamen sind, wird außerdem eine Ganzzahlkonstante auf diesen Wert festgelegt. Das Feld `Farbe` ist auch vom Typ `Pen` (wobei Visual Basic für die Konstanten die Mehrzahl `Pens` verwendet).

Damit sucht sich der Computer für das Zeichnen der Linien jedes Mal aufs Neue eine dieser Farben aus:

Konstante	Farbe	Konstante	Farbe	Konstante	Farbe
Black	Schwarz	Cyan	Türkis	Red	Rot
Gray	Grau	Magenta	Purpur	Green	Grün
White	Weiß	Yellow	Gelb	Blue	Blau

- Gib die Vereinbarungen im Editorfenster ein, direkt unter der Vereinbarung `Shared Grafik As Graphics`.
- Speichere alles noch einmal.
- Und nun steht einem Programmlauf nichts mehr im Wege. Klicke dabei ruhig ein paar Mal mehr auf MAL MAL! – dann hast du sogar eine kleine Animation. (Du kannst auch einige Werte oder Formeln ändern und zuschauen, was mit den Linien passiert.)

Am Monitor sieht's besser aus.

Eckig und rund

Auch für das nächste Programm kannst du direkt das vorhergehende weiterverwenden. Geändert werden muss nur die `Button_Click`-Methode.

≫ Gib folgenden Quelltext neu ein bzw. ändere den alten um (→ GRAFIK3):

```
Private Sub Button1_Click (ByVal sender As _
System.Object, ByVal e As System.EventArgs) _
Handles Button1.Click
  Grafik = Me.CreateGraphics()
  Dim i As Integer, Stift As Pen
  For i = 0 To 55
    Stift = Farbe(Int(FMax * Rnd()))
    Grafik.DrawRectangle (Stift, i * 4, _
    i * 3, Width - i * 8 - 8, Height - i * 6 - 36)
  Next
End Sub
```

Hier verschachteln sich die Rechtecke, weil bei jedem Durchlauf der `For`-Schleife die Ecken und Maße entsprechend geändert werden.

≫ Um zu verstehen, wie das vor sich geht, probier einfach mal aus, was geschieht, wenn du einige Werte änderst.

Und damit du gar nicht erst zum Ausruhen kommst, gleich die nächste Version. Wieder betrifft es nur die Methode für den Knopfdruck.

≫ Tippe diesen Quelltext neu ein oder passe den vorigen entsprechend an (→ GRAFIK4):

```
Private Sub Button1_Click (ByVal sender As _
System.Object, ByVal e As System.EventArgs) _
Handles Button1.Click
  Grafik = Me.CreateGraphics()
  Dim i As Integer, Stift As Pen
  For i = 0 To 55
    Stift = Farbe(Int(FMax * Rnd()))
    Grafik.DrawEllipse (Stift, i * 4, _
    i * 3, Width - i * 8 - 8, Height - i * 6 - 36)
  Next
End Sub
```

Und wieder steuert die Zählvariable `i` nacheinander einen Wert zwischen 0 und 55 an. Dabei wird die jeweilige Ellipse immer kleiner.

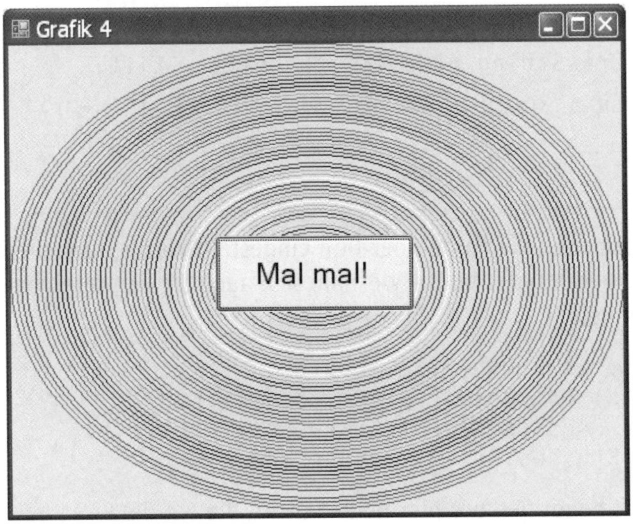

≫ Probieren ist auch hier angesagt: Ändere einfach ein paar Werte. Versuch auch mal zu erreichen, dass die Ellipsen die ganze Anzeigefläche im Formular füllen.

Mit Text geht's auch

Ein Objekt vom Typ `Graphics` kann nicht nur zeichnen. Du kannst ihm auch deine Strings übergeben und es bitten, sie anzuzeigen. (Möglicherweise fällt dir jetzt die Rolle von `Graphics` beim Drucken ein?)

Bisher haben wir unseren Text ja immerzu an irgendwelche Komponenten geschickt, damit diese die Anzeige übernehmen. Und das Formular bekam nur ein bisschen Futter für seine Titelleiste. Dass es mit `Graphics` möglich ist, Text irgendwo auf die Fläche des Formulars zu setzen, zeigt unsere nächste Version des Grafikprogramms (→ GRAFIK5):

```
Private Sub Button1_Click (ByVal sender As _
System.Object, ByVal e As System.EventArgs) _
Handles Button1.Click
  Grafik = Me.CreateGraphics()
  Dim i As Integer, Stift As Brush, Schrift As Font
  For i = 1 To 55
    Schrift = New Font _
   ("Arial", Int(30 * Rnd() + 1), FontStyle.Regular)
```

```
      Stift = Farbe(Int(FMax * Rnd()))
      Grafik.DrawString ("Hallo", Schrift, Stift, _
      Int(Width * Rnd() + 1), Int(Height * Rnd() + 1))
    Next
  End Sub
```

Während beim Zeichnen die Farbe über Pen eingestellt wurde, brauchen wir hier ein Objekt vom Typ Brush – weshalb sich auch die Feldvereinbarung so ändern muss:

```
Shared Farbe() As Brush = New Brush() _
{Brushes.Black, Brushes.Gray, Brushes.White, _
Brushes.Cyan, Brushes.Magenta, Brushes.Yellow, _
Brushes.Red, Brushes.Green, Brushes.Blue}
```

Außer einem Stift benötigen wir hier noch Schrift, die wir als Font vereinbaren und einstellen, und zwar Art, Typ und Größe. Der letzte Wert soll sich von Mal zu Mal zufällig ändern:

```
Schrift = New Font _
("Arial", Int(30 * Rnd() + 1), FontStyle.Regular)
```

Mit der Methode DrawString wird dann eine Zeichenkette (String) ausgegeben. Die Position der Anzeige wird durch die letzten beiden Parameter bestimmt (was wir hier auch wieder per Zufall bestimmen lassen):

```
DrawString (Text, Schrift, Stift, x, y);
```

> Lösche den alten Quelltext in der Button_Click-Methode und gib die neuen Anweisungen ein. Wenn du willst, kannst du für den Button den Eintrag hinter TEXT in Schreib mal ändern. Dann starte das Programm.

Wenn du ein bisschen in den Programmbeispielen aus den letzten Kapiteln herumkramst, dann findest du sicher einige, in denen sich der eine oder andere Eintrag für TEXT auch in einer DrawString-Anweisung unterbringen lässt.

Farbtupfer

Mit `Graphics` kann man natürlich nicht nur farbig zeichnen, sondern Objekte auch bunt ausmalen. Auch hier ist es in erster Linie die `Button_Click`-Methode, in der die Hauptsache abläuft.

Die Schaltfläche soll dem bunten Schauspiel möglichst wenig im Weg sein, deshalb machen wir sie hier etwas schlanker und verlegen sie nach ganz unten an den Rand des Formulars. Auch eine andere Beschriftung könnte dem Button nicht schaden.

Wir bevorzugen hier eine dunkle Farbgebung für die Fläche des Formulars als Hintergrundhimmel, damit die Sterne richtig funkeln können.

> Dazu tippst du im Eigenschaftenfenster hinter BACKCOLOR `Black` ein (oder du klickst auf das kleine Dreieck und triffst im Menü deine eigene Wahl).

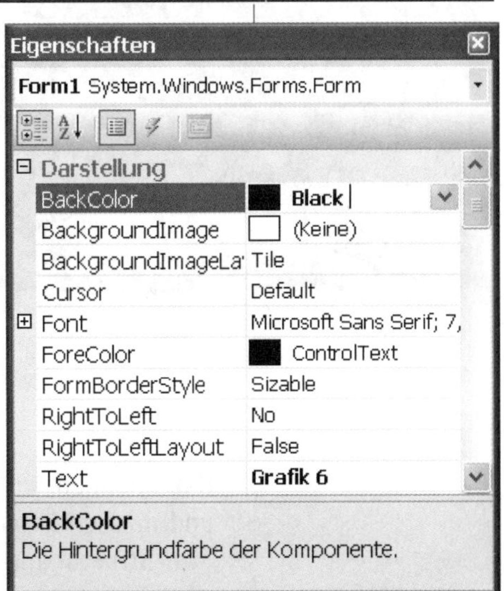

Nun zur Methode `Button1_Click`. Die `For`-Schleife bleibt uns weiterhin erhalten. In ihr werden 500 Mal drei neue Zufallswerte für `x`, `y` und `Dicke` erzeugt, die dann Position und Durchmesser der Kreise bestimmen, die gezeichnet werden (→ GRAFIK6):

```
Private Sub Button1_Click(ByVal sender As _
System.Object, ByVal e As System.EventArgs) _
Handles Button1.Click
  Grafik = Me.CreateGraphics()
  Dim i, x, y, Dicke As Integer, Stift As Brush
  For i = 1 To 500
    x = Int(Width * Rnd())
```

```
    y = Int(Height * Rnd())
    Dicke = Int(20 * Rnd())
    Stift = Farbe(Int(FMax * Rnd()))
    Grafik.FillEllipse (Stift, x, y, Dicke, Dicke)
  Next
End Sub
```

Neu ist hier die Grafikanweisung FillEllipse. Im Gegensatz zu DrawEllipse, die sozusagen »hohle« Ellipsen zeichnet, werden hier Ellipsen bzw. Kreise ausgemalt. (Für Rechtecke gibt es die Methode FillRectangle.)

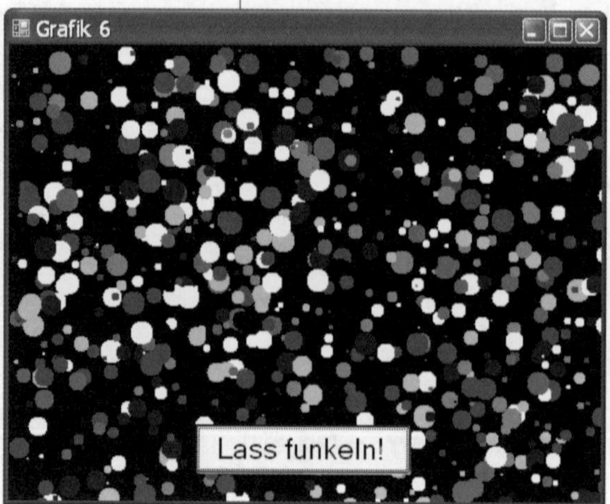

Dazu wird die Zufallsfarbe hier nicht vom Zeichenstift (Pen) übernommen, sondern von Brush. Das ist der Malpinsel von Graphics.

- Passe die Schaltfläche im Formular sowie den Quelltext für die Methode Button1_Click entsprechend an.
- Dann speichere dein Projekt und starte das Programm (mehrere Male).

Und nun lass uns mal auf den Punkt kommen. Besser gesagt, viele, viele Punkte. Das Formular soll zu einem kleinen Sternenhimmel werden, an dem Tausende von winzigen Pünktchen flimmern. Wie aber können wir die Pixel eines Bildes auch einzeln zum Leuchten bringen?

Dazu können wir die letzte Version des Grafik-Programms übernehmen und müssen (wieder mal) nur die Button_Click-Methode ändern. Die For-Struktur muss nun deutlich mehr Runden laufen. Hier bestimmen zwei Zufallswerte für x und y, wo der Punkt liegt, der eine neue Farbe erhalten soll. Dicke ist nicht mehr nötig, denn die Kreise (Punkte) sollen ja alle gleich »dünn« sein (→ GRAFIK7):

```
Private Sub Button1_Click(ByVal sender As _
System.Object, ByVal e As System.EventArgs) _
Handles Button1.Click
  Grafik = Me.CreateGraphics()
  Dim i, x, y As Integer, Stift As Brush
```

```
    For i = 1 To 5000
      x = Int(Width * Rnd())
      y = Int(Height * Rnd())
      Stift = Farbe(Int(FMax * Rnd()))
      Grafik.FillEllipse (Stift, x, y, 2, 2)
    Next
  End Sub
```

> Ändere nochmals den Quelltext für die Methode `Button1_Click`. Dann speichere und starte und lass es funkeln.

Zusammenfassung

Ganz schön bunt ging es hier zu. Aber das war nur die einfachere grafische Seite von Visual Basic. Dabei sind schon einige weitere Klassen und eine Menge an neuen Methoden aufgetaucht:

`Graphics`	Klasse mit Werkzeugen für das Erstellen von Grafiken
`CreateGraphics`	Objekt vom Typ `Graphics` erzeugen/initialisieren
`DrawLine`	Methode, um Linien zwischen zwei Punkten zu zeichnen
`DrawRectangle`	Methode, um Rechtecke (Quadrate) zu zeichnen
`DrawEllipse`	Methode, um Ellipsen (Kreise) zu zeichnen
`DrawString`	Methode, um Texte (Strings) anzuzeigen
`FillRectangle`	Methode, um Rechtecke (Quadrate) farbig auszufüllen
`FillEllipse`	Methode, um Ellipsen (Kreise) farbig auszufüllen
`Pen`	Klasse für »Zeichenstifte« (unter anderem Zeichenfarbe)
`Brush`	Klasse für »Malpinsel« (unter anderem Malfarbe, Schriftfarbe)
`Font`	Klasse für Schriften

Zusätzlich hatten wir es mit eine paar Eigenschaften bzw. Eigenheiten von Objekten (Komponenten) zu tun:

`Height`	Höhe einer Komponente
`Width`	Breite einer Komponente
`Me`	Verknüpfung bzw. Verweis auf das Objekt (die Komponente), das die aktuelle Basis bzw. »Unterlage« ist
`New`	Anweisung, um ein neues Objekt (Instanz einer Klasse) zu erzeugen

Ein paar Fragen ...

1. Wo liegt der Ursprung des Koordinatensystems auf dem Bildschirm?
2. Die Methoden `DrawLine`, `DrawRectangle` und `DrawEllipse` verwenden jeweils fünf Parameter. Was sind die Unterschiede?

... und ein paar Aufgaben

1. Ersetze im Projekt GRAFIK6 die bunten Kreise durch bunte Quadrate.
2. Wie wäre es mal mit einem kleinen Haus?

11

Eine eigene Klasse

Nun hast du es in den ersten zehn Kapiteln mit Visual Basic doch recht weit gebracht. Dabei tauchte immer mal wieder ein Wort auf: Objekt. Irgendwie ist offenbar vieles, was da herumschwirrt, ein Objekt.

Einige Objekte strotzen nur so von Eigenschaften, wie man im Eigenschaftenfenster sehen kann. Und sie haben auch einiges an Methoden zu bieten. Da wächst der Ansporn, mal selber so etwas herzustellen. Du willst also deine eigenen Objekte haben? Na gut, basteln wir uns so ein Ding zusammen.

In diesem Kapitel lernst du

- was eine Klasse ist und wie man sie vereinbart
- die Zugriffsmodi `Private` und `Public` kennen
- was ein Konstruktor ist
- den Unterschied zwischen Funktionen und Prozeduren kennen

Erst mal ein Kreis

Na ja, wenn man sich das Angebot von Visual Basic so anschaut, dann muss man sich schon fragen: Was soll man da noch selber machen – außer die Komponenten ins Formular zu setzen und ein paar Zeilen Quelltext zu schreiben?

Wir können ja mal klein anfangen, damit wir die Denkweise verstehen, die hinter dem Programmieren von Objekten, der so genannten **objektorientierten Programmierung** steckt. Dazu nehmen wir uns ein einfaches grafisches Gebilde, den Kreis. Der soll im Formular auf Knopfdruck erscheinen, sich bewegen und wieder verschwinden.

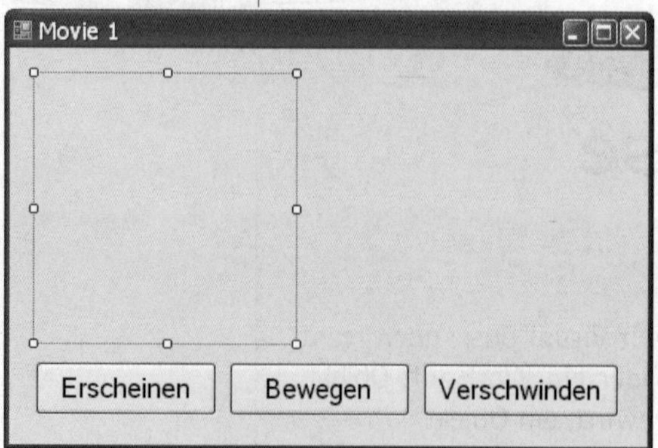

Zuerst brauchen wir dazu ein Fenster mit drei Schaltflächen, die unten am Bildrand liegen sollten. Hinzu kommt außerdem ein Label als »Bildträger«:

Und los geht's mit der `Form_Load`-Methode, wo wir das Grafik-Objekt erzeugen und die Position und die Maße des Kreises festlegen (→ MOVIE1):

```
Private Sub Form1_Load (ByVal sender As _
System.Object, ByVal e As System.EventArgs) _
Handles MyBase.Load
  Grafik = Label1.CreateGraphics()
  x = 10 : y = 10 : Dicke = 180
End Sub
```

Auffällig ist zweierlei: In den vergangenen Grafik-Projekten wurde das Grafikobjekt innerhalb der Methode `Button_Click` erzeugt, hier geschieht dies bereits, bevor das Formular auf der Bildfläche erscheint. Außerdem gehört `Grafik` diesmal nicht zum Formular selbst, sondern ist das Mal- und Zeichenwerkzeug der Anzeigefläche `Label1`. Alle grafischen Anweisungen spielen sich demnach innerhalb der Labelfläche ab.

Die Variablen `x` und `y` bezeichnen die linke obere Ecke des Quadrats, in das der Kreis (= eine Ellipse mit gleicher Breite und Höhe) hineinpassen

soll. Und mit `Dicke` ist der Durchmesser des Kreises gemeint. Zusätzlich zum Grafikobjekt müssen alle drei global vereinbart werden:

```
Shared Grafik As Graphics
Shared x, y, Dicke As Integer
```

> Wie du siehst, habe ich hier gleich drei (kurze) Anweisungen in **einer** Zeile untergebracht. Damit Visual Basic das akzeptiert und keinen Ärger macht, müssen alle drei jeweils durch eine Doppelpunkt (:) voneinander getrennt werden. (Damit ist der Doppelpunkt sozusagen das Gegenstück zum Unterstrich.)

Kommen wir zu den drei Schaltflächen, die das Erscheinen, Bewegen und Verschwinden des Kreises auslösen sollen. Beginnen wir mit der Methode `Button1_Click`, die für das Erscheinen des Kreises zuständig ist (→ MOVIE1):

```
Private Sub Button1_Click (ByVal sender As _
System.Object, ByVal e As System.EventArgs) _
Handles Button1.Click
  Grafik.FillEllipse (Brushes.Red, x, y, Dicke, Dicke)
  Grafik.DrawEllipse (Pens.Black, x, y, Dicke, Dicke)
End Sub
```

Hier geschieht etwas, das du bereits aus dem letzten Kapitel kennst: Ein farbig gefüllter Kreis und eine schwarze Umrandung werden links ins Fenster gezeichnet.

≫ Tippe den Quelltext für die Methoden `Form1_Load` und `Button1_Click` sowie die globalen Vereinbarungen schon mal ein und lass das Programm zur Probe laufen.

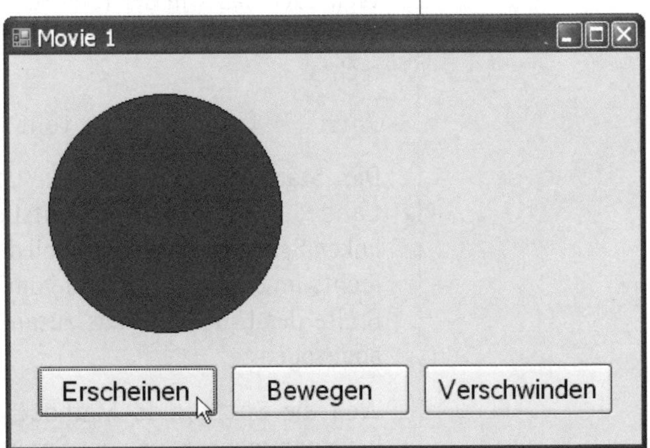

Und es bewegt sich doch

Dieser Kreis soll sich nun mit Klick auf den gleichnamigen Button (von links) nach rechts bewegen. Die nächste Methode bekommt also noch etwas mehr zu tun (→ MOVIE1):

```
Private Sub Button2_Click (ByVal sender As _
System.Object, ByVal e As System.EventArgs) _
Handles Button2.Click
  Dim i As Integer
  For i = Label1.Location.X To _
  Width - Label1.Width - 20
    Label1.SetBounds _
    (i, y + 10, Dicke + 20, Dicke + 20)
    Thread.Sleep (10)
  Next
End Sub
```

Damit sich etwas bewegen kann, muss der Kreis horizontal verschoben werden. Wir müssen also nur dafür sorgen, dass sich das Label verschiebt, was sich mit dieser Methode erledigen lässt:

```
Label1.SetBounds (i, y + 10, Dicke + 20, Dicke + 20)
```

`SetBounds` setzt die Position (`X/Y`) und die Maße (`Width/Height`) der Anzeigefläche neu. Da ich das Label ein bisschen größer als den Kreis gemacht habe, gilt bei mir als Breite und Höhe `Dicke+20`.

Weil auch das `i` in der `For`-Schleife seinen Wert jedes Mal um 1 erhöht, verschiebt sich der Bildausschnitt jeweils um ein einzelnes Pixel nach rechts:

```
For i = Label1.Location.X To Width - Label1.Width - 20
```

Die Startposition ist dabei `Location.X`. Die Zielposition `Width-Label1.Width-20` ist so entstanden: Weil das Ganze (bei mir) auf der linken Seite bei `20` beginnt, soll der Kreis samt Label seine Bewegung auch rechts im gleichen Abstand vom Rand wieder beenden. Dazu kommt die Breite des Labels. All das zusammen wird dann von der Formularbreite abgezogen.

Weil die `SetBounds`-Methode sehr schnell arbeitet, kann man beim Bewegen mehr von einem Sprung reden. Es sieht fast so aus, als würde der Kreis links verschwinden und rechts wieder auftauchen – je nach Geschwindigkeit des Computers, auf dem dieses Programm läuft.

Deshalb bauen wir eine zusätzliche Bremse ein, die die einzelnen Bewegungsschritte verzögert. Dazu leihen wir uns die Methode `Sleep` von einer anderen Klasse aus. `Thread` heißt zu Deutsch so viel wie »Faden« (gesprochen etwa Sred). Gemeint ist damit eine Struktur, die es Visual Basic ermöglicht, mehrere Aktionen in einem Programm gleichzeitig ablaufen zu lassen.

Dazu ist (ganz oben über der Zeile mit `Public Class Form1`) diese `Imports`-Anweisungnötig:

```
Imports System.Threading
```

Die Wertangabe hinter `Sleep` sind die Millisekunden, die das Ganze warten soll, ehe der nächste Schleifendurchlauf erfolgt:

```
Thread.Sleep (10)
```

Nun bleibt noch die dritte Schaltfläche. Da machen wir es uns jetzt einfach, indem wir die ganze Zeichnung von der Fensterfläche löschen. Das erledigt die `Refresh`-Methode (→ MOVIE1):

```
Private Sub Button3_Click (ByVal sender As _
System.Object, ByVal e As System.EventArgs) _
Handles Button3.Click
  Refresh()
End Sub
```

- Ergänze den gesamten Quelltext für die drei Methoden der Buttons ERSCHEINEN, BEWEGEN und VERSCHWINDEN.
- Dann speichere das Programm, lass einen Kreis erscheinen, laufen und verschwinden.
- Experimentiere ruhig mal mit verschiedenen Werten als Parameter für `Sleep`. (Bei 0 ist auch die Bremswirkung null, bei zu großen Werten aber kann die Bewegung schier endlos werden!)

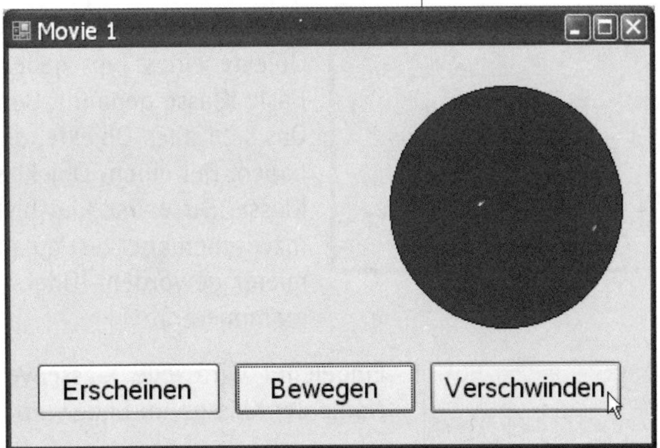

11 Eine neue Klasse

Was haben wir jetzt? Einen Kreis, der im Formular erscheinen, sich darin bewegen und auch wieder verschwinden kann. Na und? Was ist Besonderes daran? Nichts. Aber trotzdem gibt es schon etwas zu bemerken:

Die Eigenschaften x, y und Dicke nämlich gehören ebenso wie die Verfahren zum Erscheinen, Bewegen und Verschwinden zusammen. Sie alle könnten die Eigenschaften und die Methoden eines Kreises bilden – wenn der ein Objekt wäre.

Was hindert uns daran, ein solches Objekt zu erschaffen? Aber wie soll das Ding aussehen? Versuchen wir's mal mit diesem Gerüst:

Alles, was ein Kreis braucht?

```
Public Class Kreis
  Private Grafik As Graphics, Rahmen As Control
  Private x, y, Dicke As Integer
  Public Sub New _
  (ByVal cc As Control, ByVal xx As Integer, _
   ByVal yy As Integer, ByVal dd As Integer)
  Public Sub Erscheinen()
  Public Sub Bewegen()
  Public Sub Verschwinden()
End Class
```

Damit wird alles zu einer **Klasse** Kreis. In einem sehr frühen Kapitel habe ich schon mal darüber geschrieben, was eine Klasse ist. Schon zu lange her? Na, dann noch mal:

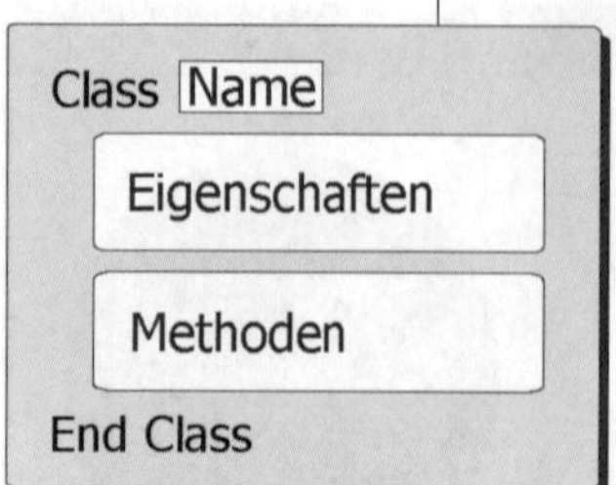

Wie im richtigen Leben auch kann es in Visual Basic mehrere Objekte eines Typs geben. Ein solcher **Objekttyp** wird in Visual Basic **Klasse** genannt. Denke nur mal an die vielen Schaltflächen: Das sind alles Objekte, die wir von der Klasse Button abgeleitet haben. Bei einem Objekt spricht man auch von der **Instanz** einer Klasse. Du warst und bist eine Instanz der Klasse Mensch, klar. Inzwischen aber bist du auch zu einer Instanz der Klasse Programmierer geworden. (Oder anders gesagt: ein Objekt vom Typ Programmierer.)

Eingeleitet wird jede Klassenvereinbarung mit Class. Dann folgt der Name der Klasse. Am Ende wird alles mit End Sub abgeschlossen.

Die Zeilen dazwischen umfassen dann die Namen sämtlicher **Eigenschaften** und **Methoden,** über die die Klasse verfügen soll. Das sind bei unserer Klasse `Kreis` diese Elemente:

Name	Bedeutung
`x`	Eigenschaft: x-Wert links (entspricht LOCATION.X im Eigenschaftenfenster)
`y`	Eigenschaft: y-Wert links (entspricht LOCATION.Y im Eigenschaftenfenster)
`Dicke`	Eigenschaft: Durchmesser (= Breite und Höhe) (entspricht WIDTH und HEIGHT im Eigenschaftenfenster)
`Erscheinen`	Methode: Kreis wird gezeichnet.
`Bewegen`	Methode: Kreis wird über Formularfläche bewegt.
`Verschwinden`	Methode: Kreis wird unsichtbar.
`New`	Methode: Kreis wird initialisiert (Konstruktor).

Das `Public` begleitet uns ja schon von Anfang an, weil es von Visual Basic automatisch vor jede `Sub`-Vereinbarung gesetzt wird, die wir durch Mausklick auf eine Komponente erzeugt haben. Weil wir in eigenen Klassenvereinbarungen aber nun auch mit diesem Wörtchen hantieren, und dazu noch mit `Private` ein weiteres »Fremdwort« benutzen, ist es an der Zeit, mal zu erklären, was diese beiden eigentlich bedeuten:

Mit `Public` vereinbart, stehen Klassen, Eigenschaften und Methoden jedem anderen Objekt zur Verfügung. Man sagt: Der Zugriffsmodus ist öffentlich.

Ganz anders sieht es bei Methoden und Eigenschaften aus, die unter `Private` vereinbart sind: Auf ein privates Element können nur Methoden der Klasse zugreifen, in der es vereinbart ist. Man sagt: Der Zugriffsmodus ist privat.

Das bedeutet für `Kreis`, dass andere Objekte wie ein Formular oder eine Schaltfläche in diesem Formular z.B. nichts mit `x` oder `y` oder `Grafik` anfangen können. Wozu auch? Es genügt doch, wenn ein Objekt vom Typ `Kreis` diese Elemente selbst bearbeitet.

Damit unser Projekt überhaupt funktionieren kann, muss das Formular natürlich auf einige Methoden von `Kreis` zugreifen können. Und ausschließlich die werden dann auch als öffentlich (= `Public`) vereinbart.

Eigenschaften, Methoden und ein Konstruktor

Die Bedeutung von drei Eigenschaften dürfte eigentlich klar sein. Damit wird der Kreis eindeutig beschrieben – wenn `x`, `y` und `Dicke` entsprechende Werte haben.

Hinzu kommen zwei Objekte, die wir hier als Hilfsmittel benötigen:

```
Private Grafik As Graphics, Rahmen As Control
```

`Grafik` ist der Werkzeugkasten, mit dessen Hilfe wir den Kreis zeichnen bzw. malen. Und der `Rahmen` ist ein Element vom Typ `Control`, kann also z.B. eine Komponente wie ein Label sein.

Nun müssen die Methoden `Erscheinen`, `Bewegen` und `Verschwinden` noch genauer definiert werden. Dazu komme ich aber erst später.

Erst mal schauen wir, was es mit der ersten Methode auf sich hat, die den Namen `New` trägt. Das ist die Methode, die die Eigenschaftswerte initialisiert. Der Kreis ist erst mal nichts, denn die Werte für `x`, `y` und `Dicke` sind bestenfalls Nullen.

Ein komisches Ding, so ein Kreis, der bei `x=0` und `y=0` anfängt und einen Durchmesser von 0 hat! Selbst mit einem Mikroskop ist der nicht zu erkennen. Die Methode `New` sorgt dafür, dass aus dem Kreis ein Kreis wird. Außerdem muss er noch gezeichnet werden und braucht eine Unterlage (mit der er verschoben werden kann).

Daher hier auch die Parameter:

```
ByVal cc As Control, ByVal xx As Integer, _
ByVal yy As Integer, ByVal dd As Integer
```

Du kannst dir wohl denken, dass die Eigenschaften `Rahmen`, `x`, `y` und `Dicke` die Werte dieser Parameter erhalten müssen. Das ist Aufgabe der Methode `New`, die auch **Konstruktor** genannt wird. So ganz neu ist uns der Name dieser Methode nicht, und so wird es dich auch nicht wundern, dass sie ein bisschen mehr »auf der Pfanne« hat als nur das, was wir »innen drin« vereinbart haben:

Der Konstruktor hat allgemein die Aufgabe, einem Objekt bei seiner Entstehung zu helfen. Dabei tut er also auch einiges, was nicht zwischen `Sub` und `End Sub` steht. Er sorgt dafür, dass das ganze Objekt z.B. vom Typ `Kreis` genügend Speicherplatz bekommt und nachher auch funktionstüchtig ist.

Und so sieht diese Methode komplett aus (→ MOVIE2):

```
Public Sub New (ByVal cc As Control, ByVal xx As _
Integer, ByVal yy As Integer, ByVal dd As Integer)
  Rahmen = cc : x = xx : y = yy : Dicke = dd
  Grafik = Rahmen.CreateGraphics()
End Sub
```

Nachdem mit `Rahmen` eine Komponente übernommen wurde, kann hier auch gleich das Grafikobjekt erzeugt werden.

Vereinbaren und initialisieren

So wie oben angegeben, funktioniert unsere Klasse natürlich noch nicht. Es handelt sich erst mal um ein Gerüst, das wir jetzt zu einem kompletten Bauwerk machen werden. (Den Anteil des Konstruktors `New` haben wir ja schon.)

Wo in den Quelltext soll die Klassenvereinbarung von `Kreis` eigentlich hin? Nahe liegend wäre es doch, sie irgendwo oberhalb der Vereinbarung von `Class Form1` zu setzen. Da spielt Visual Basic aber nicht mit: Die Nummer eins bleibt `Form1`, unsere neue Klasse muss sich **hinten** im Quelltext anstellen:

```
Public Class Form1
  ' hier stehen alle Klassenvereinbarungen von Form1
End Class

Public Class Kreis
  ' hier stehen alle Klassenvereinbarungen von Kreis
End Class
```

Nun sind die drei Variablen `x`, `y` und `Dicke` zu Eigenschaften der neuen Klassenvereinbarung geworden. Was fehlt, ist die Vereinbarung eines Objekts vom Typ `Kreis`. Die setzen wir direkt unter die Vereinbarung von `Form1`:

```
Public Class Form1
Shared Kreis1 As Kreis
```

Mit `Kreis1` haben wir also eine Instanz von `Kreis`. Das heißt, nicht ganz: Eine Instanz ist nämlich erst funktionstüchtig, wenn der Konstruktor für die richtige Initialisierung gesorgt hat (→ MOVIE2):

```
Private Sub Form1_Load (ByVal sender As _
System.Object, ByVal e As System.EventArgs) _
Handles MyBase.Load
  Kreis1 = New Kreis (Label1, 10, 10, 180)
End Sub
```

Damit wird dem Objekt der angemessene Platz im Arbeitsspeicher deines PC eingeräumt. Darüber hinaus übernimmt der Konstruktor `New` außer dem Label drei Werte, um sie den Eigenschaften `x`, `y` und `Dicke` zuzuweisen.

> Wie du siehst, lässt sich der Konstruktor offenbar nicht einfach so aufrufen, wie du es sonst von Methoden kennst, sondern muss dem Objekt zugewiesen werden.

Die Anweisung zur Erzeugung des Objekts `Kreis` ersetzt in der `Form_Load`-Methode nun diese Zeilen:

```
Grafik = Label1.CreateGraphics()
x = 10 : y = 10 : Dicke = 180
```

Erscheinen, Bewegen und Verschwinden

Die anderen Methodendefinitionen kommen gleich hinter dem Konstruktor. Und hier sind sie am Stück (→ MOVIE2):

```
Public Sub Erscheinen()
  Grafik.FillEllipse(Brushes.Red, x, y, Dicke, Dicke)
  Grafik.DrawEllipse(Pens.Black, x, y, Dicke, Dicke)
End Sub

Public Sub Bewegen()
  Dim i As Integer
  For i = Rahmen.Location.X To _
  Form1.Width - Rahmen.Width - 20
    Rahmen.SetBounds(i, y + 10, Dicke + 20, Dicke + 20)
      Thread.Sleep(10)
  Next
End Sub
```

```
Public Sub Verschwinden()
  Form1.Refresh()
End Sub
```

Irgendwo haben wir das doch schon mal gesehen! Ja, das sind tatsächlich die Anweisungsblöcke aus den drei `Button_Click`-Methoden des ersten Movie-Projekts.

> Wenn du es dir einfach machen und nicht unbedingt ein neues Projekt anfangen willst, kannst du jeden Block markieren, ausschneiden und in die entsprechenden Methoden von `Kreis` einfügen. Ansonsten kannst du sie auch neu eintippen.

Aber so ganz genau das Gleiche ist das wohl doch nicht! Beim näheren Hinsehen kannst du an zwei Stellen ein vorangestelltes `Form1` entdecken, und zwar bei `Form1.Width` und `Form1.Refresh`.

Das hat folgenden Grund: Solange diese Eigenschaften oder Methoden direkt von `Form1` benutzt wurden, wusste Visual Basic, dass es sich um eigene Methoden handelte. So gehört z.B. `Refresh` zur Klassenvereinbarung von `Form`.

Benutzen wir diese Methoden oder Eigenschaften aber nun in unserer neu vereinbarten Klasse `Kreis`, so steht Visual Basic vor einem Rätsel. Weil diese Wörter offensichtlich nicht zur Klasse `Kreis` gehören, muss Visual Basic mit der Fehlermeldung passen, dass `Width` und `Refresh` nicht deklariert (vereinbart) sind.

Und auch wenn Visual Basic nun nach diesen Methoden und Eigenschaften bei anderen Klassen suchen würde, wäre das nicht ergiebig: Denn es könnte mehrere oder sogar unzählige Klassen mit diesen Eigenheiten geben. (Denk nur mal an `Text`: Welches Objekt hat diese Eigenschaft eigentlich nicht – außer z.B. `Kreis`?)

Um das gleiche Problem mit der Komponente `Label1` zu vermeiden – denn die brauchen wir auch unbedingt innerhalb der Kreisdefinition –, wurde beim Konstruktor `New` als erster Parameter ein Typ `Control` definiert, der unter anderem ein Label aufnehmen kann. Auch die Übernahme von `Form1` wäre möglich, aber dann wäre `Label1` in den Kreis-Methoden unbekannt. So ganz ohne `Form1`-Zusätze kommen wir also nicht aus.

Nun sind die `Button_Click`-Methoden völlig verwaist. Damit ist das Programm ziemlich witzlos geworden. Denn neue Klasse hin, frisches Objekt her – bei einem Mausklick auf eine der drei Schaltflächen passiert rein gar nichts. Also muss unser Objekt auch aktiviert werden, indem wir die entsprechenden Methoden aufrufen (→ MOVIE2):

```
Private Sub Button1_Click (ByVal sender As _
System.Object, ByVal e As System.EventArgs) _
Handles Button1.Click
  Kreis1.Erscheinen()
End Sub

Private Sub Button2_Click (ByVal sender As _
System.Object, ByVal e As System.EventArgs) _
Handles Button2.Click
  Kreis1.Bewegen()
End Sub

Private Sub Button3_Click (ByVal sender As _
System.Object, ByVal e As System.EventArgs) _
Handles Button3.Click
  Kreis1.Verschwinden()
End Sub
```

Wenn du es beim Eintippen gemütlich angehen lässt, taucht Unterstützung auf. Visual Basic hat unsere neue Klasse bereits angenommen. Wie schon bei den vorhandenen Objekten werden dir auch hier in einer kleinen Liste die Eigenschaften und Methoden von `Kreis` angeboten. (Dass dabei offenbar auch ein paar weitere dir unbekannte Methoden sind, solltest du jetzt nicht weiter beachten. Darauf komme ich im nächsten Kapitel zurück.)

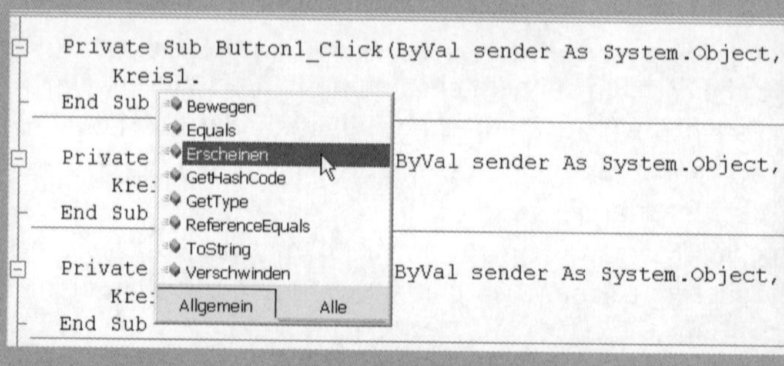

Mit Klick auf den Namen einer Methode und Druck auf die [Eingabe]-Taste landet der Name im Quelltext.

➢ Ergänze die drei `Button_Click`-Methoden um die drei `Kreis`-Anweisungen.

Den Punkt (.) hast du schon oft gesehen und kennst ihn daher auch: Das ist der **Zugriffsoperator**. Er stellt eine Verbindung zwischen einer Klasse bzw. einem Objekt und einer Eigenschaft oder Methode her. Auch bei unserem selbst vereinbarten Objekt verwenden wir diesen verbindenden Operator. Damit sagen wir unserem Objekt `Kreis1`, welche Methode es aktivieren soll.

➢ Probiere das Programm mehrmals aus. Ändere auch mal die Parameter beim Aufruf des `Kreis`-Konstruktors in der `Form_Load`-Methode.

Funktion oder Prozedur

Nun komme ich zu einer Sache, die ich vielleicht hätte schon früher mal klären sollen. Wir haben bis jetzt sehr häufig nur von Methoden gesprochen. Dabei gibt es wichtige Unterschiede: Methode ist nicht gleich Methode. Ein Beispiel ist der Konstruktor. Das ist aber nicht alles. Denn es gibt außerdem auch »normale« Prozeduren und Funktionen.

Diese könnten sogar frei in einem Quelltext herumschwirren, ohne an ein Objekt gebunden zu sein. Das weißt du, denn du hast ja selbst ein paar davon in früheren Projekten vereinbart.

Du hast auch schon mit einem Pärchen Bekanntschaft gemacht, das sich um Zufälligkeiten kümmert:

```
Randomize()        ' Prozedur
Zufall = Rnd()     ' Funktion
```

Während die **Prozedur** `Randomize` einfach nur etwas tut und sich dann zur Ruhe setzen darf, muss die **Funktion** `Rnd` nach getaner Arbeit einen Wert zurückgeben (z.B. an eine Variable mit dem Namen `Zufall`).

Um dir das mit den Prozeduren und Funktionen klar zu machen, habe ich die Mühe nicht gescheut, zur Vereinbarung von `Kreis` noch zwei Methoden hinzuzufügen, die den Flächeninhalt und Umfang des Kreises berechnen.

➢ Tippe den folgenden Quelltext innerhalb der Zeilen `Public Class Kreis` und `End Class` ein (→ MOVIE2A):

```
Public Function Flaeche() As Single
  Return Math.PI * (Dicke / 2) * (Dicke / 2)
End Function

Public Function Umfang() As Single
  Return Math.PI * Dicke
End Function
```

Mit Math.PI bietet Visual Basic eine Konstante an, die den Wert der gleichnamigen Zahl π zurückgibt. (Sie stammt aus der Klasse Math, die über weitere zahlreiche mathematische Konstanten und Methoden verfügt.)

Solltest du die Formeln für Flächeninhalt und Umfang eines Kreises nicht (mehr) kennen, macht das nichts. Glaub mir einfach. Es kommt hier nicht mal darauf an, ob sie stimmen. Wichtiger ist die Rückgabe der Formel mit Return. Damit ist am Schluss der Methode ein Wert vorhanden. So wird die Methode zur Funktion. Bei einer Prozedur dagegen gibt es diese Schlussanweisung nicht, es wird also nichts zurückgegeben.

> Eine Return-Anweisung innerhalb des Funktionsblocks ist unbedingt nötig, da die Funktion sonst einen undefinierten (sinnlosen) Wert zurückgibt!

Diese beiden Methoden übernehmen als Mitglied von Kreis keine Parameter, weil sie freien Zugriff auf die benötigte Eigenschaft Dicke haben. Würde man diese Funktionen **außerhalb** der Klasse Kreis definieren, dann müssten sie so aussehen und würden damit auch einen Parameter benötigen:

```
Public Function Flaeche (ByVal Dicke As Integer) _
As Single
  Return Math.PI * (Dicke / 2) * (Dicke / 2)
End Function

Public Function Umfang (ByVal Dicke As Integer) _
As Single
  Return Math.PI * Dicke
End Function
```

> Damit du die Funktionen auch testen kannst, solltest du die `Erscheinen`-Methode so ändern (→ MOVIE2A):

```
Public Sub Erscheinen()
  Grafik.FillEllipse(Brushes.Red, x, y, Dicke, Dicke)
  Grafik.DrawEllipse(Pens.Black, x, y, Dicke, Dicke)
  Dim Schrift As Font = _
  New Font("Arial", 12, FontStyle.Regular)
  Grafik.DrawString (CStr(Flaeche()), _
  Schrift, Brushes.Black, x + 50, y + 70)
  Grafik.DrawString (CStr(Umfang()), _
  Schrift, Brushes.Black, x + 50, y + 100)
End Sub
```

Zusammenfassung

Das war's für dieses Kapitel. Du hast deine erste eigene Klasse vereinbart und ein eigenes Objekt geschaffen. Wie Gott solltest du dich allerdings nicht fühlen (denn die Entstehung von Objekten der Klasse Mensch ist doch um einiges aufwändiger).

Schauen wir mal, was du Neues von Visual Basic weißt:

`Class`	Damit wird eine Klassenvereinbarung eingeleitet.
`End Class`	Damit wird eine Klassenvereinbarung abgeschlossen.
`Private`	Zugriffsmodus unter anderem für Variablen und Methoden: Damit gelten sie nur eingeschränkt in einem bestimmten Bereich (»Privatsphäre«).
`Public`	Zugriffsmodus unter anderem für Variablen und Methoden: Damit gelten sie überall in einem Programm (»Öffentlichkeit«).
`. (Punkt)`	Namen von Klassen/Objekten und von Eigenschaften/Methoden (Zugriffsoperator)
`Imports`	Anweisung zum Importieren von Bibliotheken (nur zur Erinnerung)
`Return`	Anweisung für den Rückgabewert einer Funktion (`Function`)

`Control`	Basisklasse für Steuerelemente (wie es z.B. Komponenten sind)
`Refresh`	Methode (unter anderem) von `Form`, um die aktuelle Anzeige im Formular aufzufrischen (und altes zu löschen)
`Location`	Aktuelle Position (links/oben) einer Komponente
`SetBounds`	Position und Maße einer Komponente neu setzen
`Math`	Klasse für »Mathematisches«
`Pi`	Eigenschaft der `Math`-Klasse: Kreiszahl
`Thread`	Klasse für »Mehrfachprozesse«
`Sleep`	Methode von `Thread`: Eine Pause machen (in Millisekunden).

Und hier noch mal im Überblick, was es nun an verschiedenen Methoden-Typen gibt:

Funktion	Vereinbarung mit `Function`, gibt immer einen Wert zurück, wird zugewiesen
Prozedur	Vereinbarung mit `Sub`, gibt keinen Wert zurück, wird aufgerufen
Konstruktor	Vereinbarung mit `Sub New`, initialisiert ein Objekt, wird zugewiesen

Nur eine Frage ...

1. Was ist der Unterschied zwischen einer Klassenvereinbarung und einer Objektvereinbarung?

... und eine Aufgabe

1. Mache aus der Klasse `Kreis` eine Klasse `Quadrat` und lasse ein farbiges Objekt über den Bildschirm wandern.

12

Kapselung und Vererbung

Was ist eigentlich das Wesentliche eines Objekts? Du benutzt es, und dabei muss es dich nicht interessieren, dass Daten und Code unter einem Dach vereint sind.

Bei den **Daten** handelt es sich z.B. um Werte, die die Eigenschaften eines Objekts ausmachen. Das können Zahlen, Zeichenketten, Bilder oder auch Dateien sein, die ein Objekt benutzt.

Und unter dem etwas unanständig klingenden Wort **Code** versteht man alles, was an Vereinbarungen und Anweisungen in einem Quelltext steht. Deshalb kann man statt von Quelltext auch von Quellcode reden.

In diesem Kapitel lernst du

- was OOP ist
- was Kapselung bedeutet
- wie man eine andere Klasse beerbt
- wie man eigene Klassen in einer neuen Datei unterbringt

Alles unter einem Hut

Möglichst einfach ausgedrückt kann man sagen, dass alles, was zusammengehört, sozusagen in eine Schachtel eingepackt wird. Das nennt man **Kapselung** (englisch encapsulation, gesprochen enkepsjuleyschn). Und was dabei herauskommt, ist eine **Klasse**.

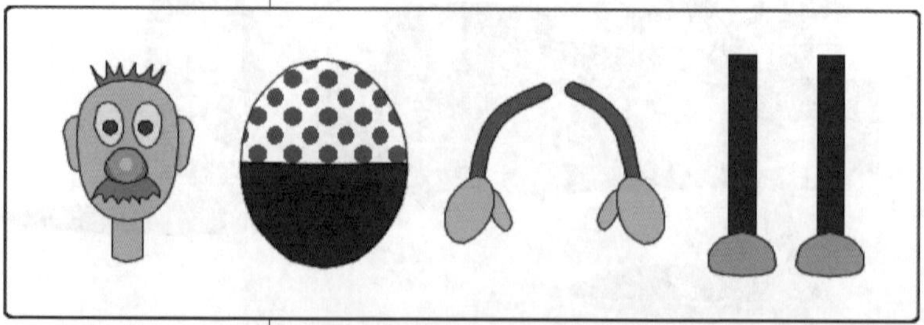

Kapselung

Und daraus lassen sich dann beliebig viele Objekte erstellen. Jedes Objekt hat seine eigenen Daten. Und um diese zu bearbeiten, benutzt das Objekt die Methoden, die es bei der Erstellung von seiner Klasse erhalten hat. Dabei ist jedes Objekt unabhängig von den anderen.

Die Instanz einer Klasse besitzt alle Eigenschaften der Klasse und kann über ihre Methoden frei verfügen. Mit welchen Daten diese Eigenschaften gefüllt und wann und wie die Methoden benutzt werden, entscheidet das Objekt.

Wichtig ist bei Klasse und Objekt die folgende Unterscheidung. Bei einer Klasse werden alle ihre Methoden so definiert:

```
Sub|Function MethodenName (ByVal Parameter As Typ)
```

Wurde ein Objekt als Instanz dieser Klasse vereinbart, kann man eine Methode nur so benutzen:

```
ObjektName.MethodenName (Parameter)
```

Voraussetzung ist diese Vereinbarung:

```
Dim Objekt As Klasse
```

Und ganz wichtig ist die Initialisierung:

```
Objekt = New Klasse (Parameter)
```

Wobei sich dies auch in einer Zeile erledigen lässt:

```
Dim Objekt As Klasse = New Klasse (Parameter)
```

Nun lässt sich das Objekt nach Belieben einsetzen.

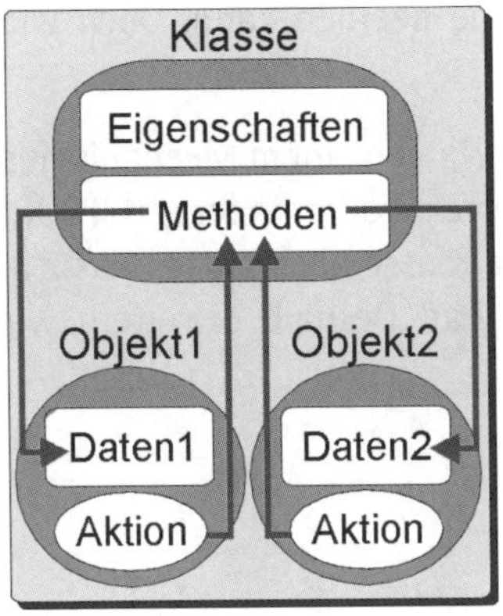

Mit Objekten arbeitest du jetzt schon seit dem ersten Kapitel. Grundlage war immer das Formular, ein Objekt vom Typ `Form`. Darauf haben sich dann jede Menge Schaltflächen als Instanzen der Klasse `Button` und viele, viele weitere Komponenten getummelt.

Das Schöne daran: Man klickt auf ein Symbol, setzt das Objekt ins Formular und landet mit Doppelklick in einer Methode, die sich z.B. auf Knopfdruck aktivieren lässt.

Bei unserem Objekt `Kreis1` aus dem letzten Kapitel hatten wir diesen Komfort nicht. Da war von Anfang bis Ende Handarbeit im Editorfenster angesagt. Aber immerhin: Unser eigenes Geschöpf konnte sich sehen lassen, über das Formular huschen und wieder verschwinden. (Allerdings hat es sich dabei vor allem bei Methoden von `Graphics` bedient.)

Wie du im letzten Kapitel also gesehen hast, kannst du dir eine Klasse selbst erstellen. Im Prinzip könntest du das sogar unabhängig von Visual Basic tun. Du musst dazu nur die Spielregeln von Visual Basic beachten. Bei sehr komplexen Objekten kann es aber eine Menge Arbeit und Probleme bedeuten, alles selbst zu programmieren.

Sieht man sich ein bisschen unter den Objekten um, die Visual Basic zu bieten hat, dann fragt man sich, ob man da nicht wenigstens mal was ausleihen kann. Warum nicht? Immerhin haben wir doch die ganze Zeit mit solchen »Leihgaben« gearbeitet. Bloß müsste man wissen, wie man die Klassen von Visual Basic anzapft.

Es gibt was zu erben

Irgendwie scheinen einige oder sogar alle Komponenten miteinander verwandt zu sein. Offenbar gibt es in Visual Basic einen Mechanismus, mit dem eine neue Klasse eine schon vorhandene beerben kann. Doch wie geht das?

Es kann uns einiges an Arbeit ersparen, wenn wir von einem Mechanismus Gebrauch machen, den die objektorientierte Programmierung (OOP) anbietet. Schön könnte es sein, wenn unsere Klasse alles hätte, was z.B. die vorhandene Visual-Basic-Klasse `Label` hat. Deshalb erweitern wir eine Klassenvereinbarung so (zweizeilig):

```
Public Class MeinLabel
  Inherits Label
  ' Vereinbarungen
End Class
```

Oder auch so (mit trennendem Doppelpunkt):

```
Public Class MeinLabel  : Inherits Label
  ' Vereinbarungen
End Class
```

Es wäre also auch möglich, z.B. von unserem `Kreis` eine neue Klasse `Kugel` abzuleiten (→ MOVIE2C):

```
Public Class Kugel  : Inherits Kreis
  ' Vereinbarungen
End Class
```

Damit haben wir neben der Kapselung eine weitere wichtige Eigenschaft der objektorientierten Programmierung (OOP). Durch **Vererbung** (englisch inheritance, gesprochen inheritens) ist es möglich, neue Klassen zu erstellen und dabei bereits vorhandene zu nutzen, indem man deren Eigenschaften und Methoden übernimmt.

Vererbung

Man kann hier also von einem verwandtschaftlichen Verhältnis sprechen: Die neue Klasse ist das Kind, die von einer Mutter (oder einem Vater) gute wie schlechte Eigenschaften und Gewohnheiten erbt. (So ähnlich wie du von deinen Eltern einiges oder eine ganze Menge abbekommen hast.)

Alles, was nun in der neuen Vereinbarung zwischen `Class` und `End Class` steckt, sind nur Eigenheiten der neuen Klasse. Die alte hat damit nichts zu tun.

Noch mal: Was ist **OOP**?

Das ist die Abkürzung für »**o**bjekt**o**rientierte **P**rogrammierung« (bzw. englisch »**O**bject **O**riented **P**rogramming«).

Objekte haben **Eigenschaften** und **Methoden**, um mit diesen Eigenschaften umzugehen. Statt Eigenschaften könnte man auch Daten sagen. Dann dienen die Methoden dazu, die Daten zu bearbeiten.

Um alle Merkmale von gleichartigen Objekten zusammenzufassen, gibt es **Klassen**. In denen ist alles zusammengepackt, was ein Objekt ausmachen kann. Das nennt man **Kapselung**.

Damit man nicht immerzu Klassen neu erfinden muss, kann man bereits vorhandene benutzen: Man baut deren Eigenschaften und Methoden einfach in eine neue Klasse ein. Das nennt man **Vererbung**.

Dann erweitert man die neue Klasse um beliebige Eigenschaften und Methoden. Das alles lässt sich natürlich wiederum an neue Klassen vererben und so fort. Dadurch entsteht eine (große) Familie an Klassen und Objekten. Man spricht von **Klassenhierarchie**.

Ein neues Baby?

Mit der Erbschaft wirst du leider noch etwas warten müssen – denn wir bleiben erst noch einmal bei der »normalen« Klassenvereinbarung.

Das Kreisprojekt aus dem letzten Kapitel hatte einige entscheidende Nachteile. So verwendet `Kreis` viele Methoden anderer Objekte (wie z.B. des Formulars, eines Labels oder dessen Zeichenfläche `Graphics`). Eine Instanz dieser Klasse ist also überhaupt nicht eigenständig genug, wie es ein Objekt eigentlich sein sollte.

Lass uns also jetzt einmal ein Objekt erschaffen, das weitgehend unabhängig von anderen Objekten in Visual Basic arbeitet. Hier ist das vorläufige Vereinbarungsgerüst einer solchen Klasse:

```
Public Class Zins
  Private Kapital, Prozent, Zinsen As Single
End Class
```

Wie du am Namen von `Zins` siehst, soll es hier um (die einfache) Zinsrechnung gehen. Ein Objekt dieses Typs soll die Werte für Kapital, Zinssatz und Zinsen übernehmen und daraus einen anderen Wert berechnen können. Zunächst gibt es nur die drei Eigenschaften `Kapital`, `Prozent` und `Zinsen`. Was noch fehlt, sind die Methoden für die Zinsrechnung.

Ein Objekt dieses Typs würde mit seinen Zinsformeln wohl unabhängig genug funktionieren. Aber es gibt für Visual Basic einen guten Grund, unsere neue Klasse trotzdem **automatisch** von einer anderen Klasse abzuleiten:

Gemeint ist die Klasse `Object`, die sozusagen die Urmutter aller Klassen in Visual Basic ist. In ihr sind die Grundlagen vereinbart, die alle anderen Klassen bis hin zu `Form` oder `Button` auch bieten. Das betrifft unter anderem Prozesse für die Erzeugung und die Verwaltung eines Objekts durch Visual Basic.

Vielleicht kannst du dich erinnern, dass Visual Basic dir beim gemütlichen Eintippen eines Objektnamens mit einem kleinen Menü zur Seite steht, das alle verfügbaren Eigenschaften und Methoden auflistet. Wenn du neugierig genug bist und dir diese Liste mal genauer anschaust, wirst du feststellen, dass dort einige Methoden aufgeführt sind, die wir niemals selbst für `Zins` (oder im letzten Kapitel für `Kreis`) vereinbart hätten.

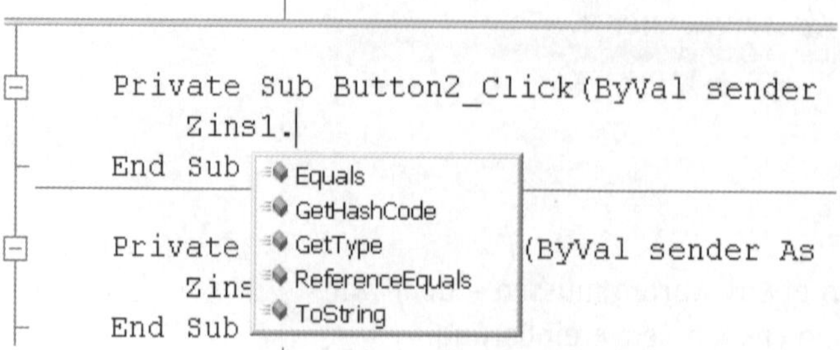

Nun zu den Methoden von `Zins`: Wir brauchen drei `Set`-Methoden, die jeweils einen String übernehmen, z.B. von einer `TextBox`-Komponenten. Den wandeln sie dann in eine Dezimalzahl um und weisen diese der jeweiligen Eigenschaft `Kapital`, `Prozent` oder `Zinsen` zu. Dazu kommen drei `Get`-Methoden, die aus zwei Eigenschaften den Wert der dritten berechnen – nach den üblichen Formeln der Zinsrechnung.

Bevor wir uns der Definition dieser Methoden widmen, kümmern wir uns zuerst um das passende Formular:

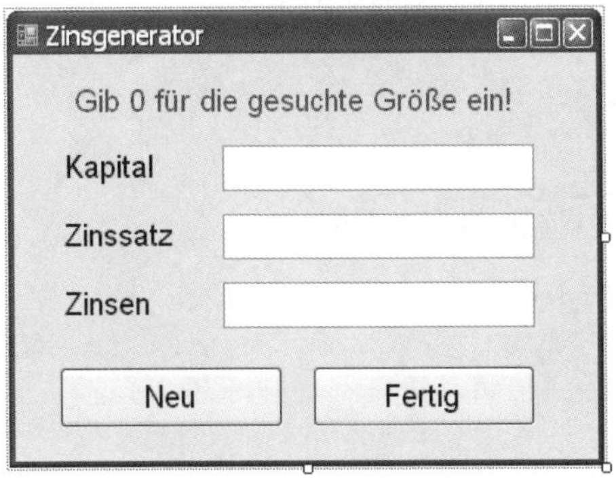

➢ Erzeuge über DATEI und NEUES PROJEKT ein neues Projekt (und nenne es z.B. `Mathe4`).

Füge in das Formular eine Anzeigefläche, je drei Anzeigetafeln und Eingabefelder und zusätzlich zwei Schaltflächen ein. Orientiere dich an der Abbildung und der Tabelle, wie das Ganze aussehen soll.

	Text	Font/Größe
Label1	Kapital:	12
Label2	Zinssatz:	12
Label3	Zinsen:	12
Label4	Gib 0 für die gesuchte Größe ein!	12
TextBox1	(leer)	12
TextBox2	(leer)	12
TextBox3	(leer)	12
Button1	Neu	12
Button2	Fertig	12

Ein Hand voll Set und Get

Damit ein Objekt wie `Zins1` auch etwas von den Methoden der Klasse `Zins` hat, folgen jetzt die Definitionen. Wo sollen die noch mal hin? Allesamt **unter** den Vereinbarungsteil der `Form1`-Klasse.

```
Public Class Form1
    Shared Zins1 As Zins

     ' hier stehen die Vereinbarungen von Form1

End Class


Public Class Zins
    Private Kapital, Prozent, Zinsen As Single

    ' hier stehen die Vereinbarungen von Zins

End Class
```

➢ Wechsle zum Editorfenster und tippe dann diesen (langen) Quelltext ein (→ MATHE4):

```
Public Class Zins
  Private Kapital, Prozent, Zinsen As Single

  Public Sub New()
  End Sub

  Public Sub SetKapital (ByVal Txt As String)
    Kapital = CSng(Txt)
  End Sub

  Public Sub SetProzent (ByVal Txt As String)
    Prozent = CSng(Txt)
  End Sub

  Public Sub SetZinsen (ByVal Txt As String)
    Zinsen = CSng(Txt)
  End Sub

  Public Function GetKapital() As String
    Kapital = Zinsen * 100 / Prozent
    Return CStr(Kapital)
  End Function
```

```
  Public Function GetProzent() As String
    Prozent = Zinsen * 100 / Kapital
    Return CStr(Prozent)
  End Function

  Public Function GetZinsen() As String
    Zinsen = Kapital * Prozent / 100
    Return CStr(Zinsen)
  End Function

End Class
```

Nun gibt es einiges zu erklären. Beginnen wir mit dem Konstruktor:

```
Public Sub New()
End Sub
```

Wie du siehst, steht zwischen Sub und End Sub keine einzige Anweisung. Das macht aber nichts, denn wie wir wissen, erledigt ein Konstruktor einige wichtige Aufgaben, die wir ihm nicht extra per Anweisung auftragen müssen. (Solltest du später mal deine Klasse erweitern, kannst du dort natürlich wenn nötig noch eine oder mehrere Anweisungszeilen unterbringen.)

Weiter geht es mit den Set-Methoden. Diese Prozeduren übernehmen alle einen String als Parameter und sorgen nur über CSng dafür, dass der in eine Dezimalzahl umgewandelt und an Kapital, Prozent bzw. Zinsen weitergereicht wird:

```
Kapital = CSng(Txt)
Prozent = CSng(Txt)
Zinsen  = CSng(Txt)
```

Wenn du dich an ein bisschen Zinsrechnen aus der Schule erinnerst, dann verstehst du auch die drei Get-Methoden. Zuerst wird jeweils mit Hilfe der anderen beiden Größen der Wert von Kapital, Prozent bzw. Zinsen berechnet:

```
Kapital = Zinsen * 100 / Prozent
Prozent = Zinsen * 100 / Kapital
Zinsen  = Kapital * Prozent / 100
```

Anschließend sorgt die Anweisung Return dafür, dass die Funktionen einen sinnvollen Rückgabewert erhalten:

```
Return CStr(Kapital)
Return CStr(Prozent)
Return CStr(Zinsen)
```

Der »Typumwandler« CStr sorgt jeweils dafür, dass auch der passende String herauskommt. Der lässt sich dann z.B. in einer Anzeigefläche oder einem Eingabefeld weiterverwenden.

Ein Zinsobjekt mit lauter Nullen

Bevor unser Zins-Objekt in Aktion treten kann, muss es zuerst einmal vereinbart und initialisiert werden. Die Vereinbarung setzen wir direkt dem Form-Objekt unter die Nase:

```
Shared Zins1 As Zins
Shared Modus As Integer
```

Dazugeschmuggelt habe ich noch eine weitere Variable, die wir später benötigen.

Das Erzeugen des Objekts geschieht dann (wieder) in der Form_Load-Methode (→ MATHE4):

```
Private Sub Form1_Load (ByVal sender As _
System.Object, ByVal e As System.EventArgs) _
Handles MyBase.Load
  Zins1 = New Zins()
  SetZero()
End Sub
```

SetZero ist eine Methode, die eine ganze Menge Startwerte setzen soll. Visual Basic kennt sie natürlich noch nicht. Aber gleich werden wir die Klasse Form1 um diese Methode erweitern.

➢ Tippe also diesen Quelltext ein (→ MATHE4):

```
Private Sub SetZero()
  Zins1.SetKapital("0")
  Zins1.SetProzent("0")
  Zins1.SetZinsen("0")
  TextBox1.Text = "0"
  TextBox2.Text = "0"
  TextBox3.Text = "0"
  Modus = 0
End Sub
```

Eigentlich nichts Außergewöhnliches: Die Werte von Kapital, Prozent und Zinsen werden auf null gesetzt. Passend dazu zeigen auch die drei Eingabefelder eine Null. Und die Variable Modus, die wir oben schon vereinbart haben, wird ebenfalls »genullt«.

Kapital, Prozent und Zinsen

Wozu aber sitzen die ganzen Nullen in einer Extra-Methode, wo sie doch eigentlich nach Form_Load gehören? Ganz einfach: Gleich in der ersten Button_Click-Methode kommt die ganze Zuweisungspalette noch mal vor:

```
Private Sub Button1_Click (ByVal sender As _
System.Object, ByVal e As System.EventArgs) _
Handles Button1.Click
  SetZero()
  Label4.Text = _
  "Setze nur die gesuchte Größe auf null!"
End Sub
```

Der Anweisungsblock in Button1_Click gerät jetzt angenehm kurz – dank der SetZero-Vereinbarung.

Die Methode für die FERTIG-Schaltfläche dagegen muss nun den Löwenanteil übernehmen:

```
Private Sub Button2_Click (ByVal sender As _
System.Object, ByVal e As System.EventArgs) _
Handles Button2.Click
  Label4.Text = "Das ist das Ergebnis:"
  Zins1.SetKapital(TextBox1.Text)
  If TextBox1.Text = "0" Then Modus += 1
  Zins1.SetProzent(TextBox2.Text)
  If TextBox2.Text = "0" Then Modus += 10
  Zins1.SetZinsen(TextBox3.Text)
  If TextBox3.Text = "0" Then Modus += 100
  Select Case Modus
    Case 1 : TextBox1.Text = Zins1.GetKapital()
    Case 10 : TextBox2.Text = Zins1.GetProzent()
```

```
    Case 100 : TextBox3.Text = Zins1.GetZinsen()
    Case Else
      Label4.Text = "Keine oder zu viele Nullen!"
  End Select
  Modus = 0
End Sub
```

Hier siehst du nun endlich, welche Rolle die Variable Modus spielt:

```
If TextBox1.Text = "0" Then Modus += 1
If TextBox2.Text = "0" Then Modus += 10
If TextBox3.Text = "0" Then Modus += 100
```

Je nach Fall wird aus der Null eine Eins, eine Zehn oder eine 100. Und nur diese drei Werte sind auch bei der folgenden Case-Abfrage gültig.

> Hier habe ich mich der Möglichkeit bedient, die Visual Basic für »Faule« bietet: Statt z.B.
>
> Modus = Modus + 100 kann man also auch schreiben Modus += 100.
>
> Und du vermutest richtig, dass dies auch beispielsweise für Modus -= 100 anstelle von Modus = Modus - 100 funktioniert. (Probier selbst aus, was bei »*« und »/« passiert!)

Je nachdem, wo die Null stand, werden Kapital, Zinssatz oder Zinsen berechnet und dann sofort an das entsprechende Eingabefeld weitergeleitet:

```
TextBox1.Text = Zins1.GetKapital()  ' Modus =   1
TextBox2.Text = Zins1.GetProzent()  ' Modus =  10
TextBox3.Text = Zins1.GetZinsen()   ' Modus = 100
```

Sollte aber irgendwo eine zweite (oder dritte) Null auftauchen, erhält Modus einen »falschen« Wert und das Objekt Zins bleibt untätig. Denn dann ist nicht eindeutig, was berechnet werden soll.

Deshalb gibt es bei dieser Case-Struktur noch einen Else-Zweig :

```
Case Else
  Label4.Text = "Keine oder zu viele Nullen!"
```

Der entspricht dem Else-Zweig bei der If-Struktur: Wenn alle anderen Case-Möglichkeiten nicht in Frage kommen, wird der Anweisungsblock ausgeführt, der im Else-Zweig steht.

Am Schluss wird `Modus` wieder auf null gesetzt. (Das sieht zwar im ersten Moment wie »doppelt gemoppelt« aus, ist aber nötig, falls der Button NEU vor einer Neueingabe **nicht** angeklickt wird!)

- Ergänze beide `Button_Click`-Methoden um den obigen Quelltext.
- Speichere alles noch mal (→ MATHE4). Und dann kannst du dein Programm laufen lassen.

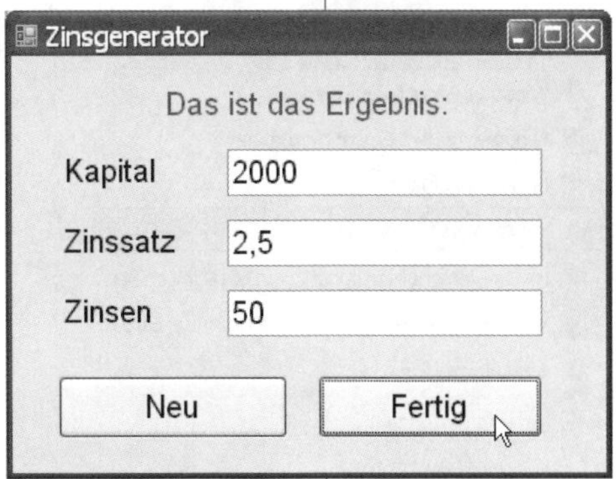

Dabei gilt diese Regel:

Willst du eine bestimmte Größe berechnen lassen, dann gib für die anderen beiden einen Wert ein und für die gesuchte Größe eine Null. (Achtung: Bei der Eingabe Komma statt Punkt!)

Beispiel: Nach Eingabe von 2000 (Euro) für KAPITAL und 2,5 für den ZINSSATZ erhältst du nach einem Klick auf FERTIG 50 Euro Zinsen. (Vorausgesetzt, bei ZINSEN stand vorher eine Null!) Bei mehreren Nullen wird nichts berechnet, bei Klick auf NEU wird alles auf den Startwert Null gesetzt.

Eine Datei für neue Klassen

Beim Erstellen eigener Klassen kann schon einiges zusammenkommen. Und so manche Sammlung eignet sich nicht nur für ein bestimmtes, sondern eine ganze Reihe von (künftigen) Projekten. Deshalb wäre es unpraktisch, jedem Projekt den Quelltext mit der kompletten Definition aller Klassen aufzubürden, die man benötigt.

Zumal wir ja z.B. an der `Imports`-Anweisung sehen, dass auch Visual Basic seinen Wortschatz in Bibliotheken unterteilt hat und nur immer das im Quelltext steht, was vom Programmierer unmittelbar erstellt wurde. Alles andere lässt sich also auch irgendwo außerhalb unterbringen.

Am Beispiel unserer `Zins`-Klasse wollen wir ausprobieren, ob wir auch diese Definition in eine andere Datei auslagern können, damit unser Hauptprogramm immer schön schlank bleiben kann.

> Klicke auf PROJEKT und KLASSE HINZUFÜGEN.

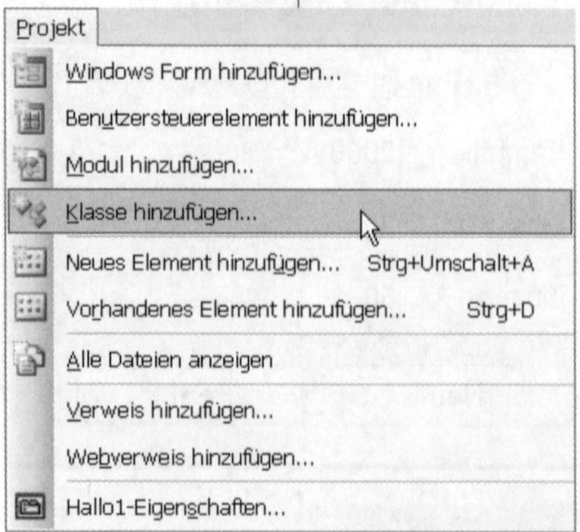

> Suche im Dialogfeld für NEUES ELEMENT HINZUFÜGEN das Symbol für KLASSE und bestätige mit Klick auf HINZUFÜGEN.

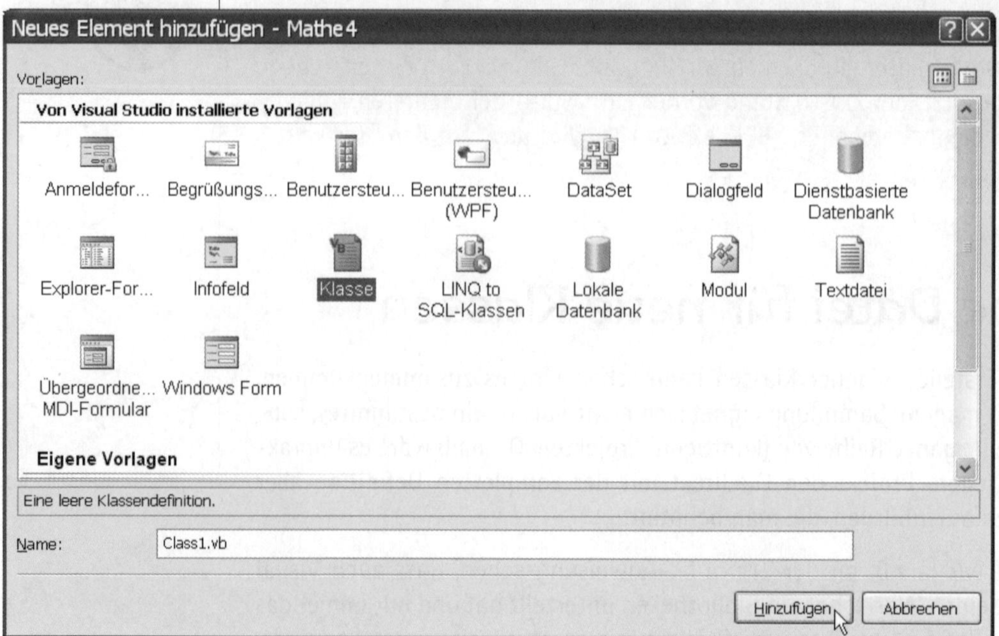

Kurz darauf hast du einen neuen Quelltext, genauer gesagt: das Skelett einer Klassenvereinbarung mit dem Namen `Class1`.

```
Class1.vb | Form1.vb [Entwurf] | Form1.vb
(Allgemein)
Public Class Class1

End Class
```

- Den kannst du gleich komplett löschen, weil wir gleich dorthin unsere Zins-Klasse transportieren. (Wir hätten natürlich auch schon früher ein solches Fenster aufmachen und gleich alle Zins-Vereinbarungen dort eintippen können.)
- Wechsle nun in das Editorfenster mit dem Quelltext deines aktuellen Projekts (FORM1.VB). Markiere dort die gesamte Vereinbarung von Zins und schneide sie aus (über [Strg] [X] oder BEARBEITEN und AUSSCHNEIDEN).
- Und nun geht es zurück ins Fenster von CLASS1.VB. Dort fügst du den ausgeschnittenen Text wieder ein (über [Strg] [V] oder BEARBEITEN und EINFÜGEN).

```
Class1.vb | Form1.vb* | Form1.vb [Entwurf]*
(Allgemein)
Public Class Zins
    Private Kapital, Prozent, Zinsen As Single

    Public Sub New()
    End Sub

    Public Sub SetKapital(ByVal Txt As String)
        Kapital = CSng(Txt)
    End Sub

    Public Sub SetProzent(ByVal Txt As String)
        Prozent = CSng(Txt)
    End Sub

    Public Sub SetZinsen(ByVal Txt As String)
        Zinsen = CSng(Txt)
    End Sub

    Function GetKapital() As String
        Kapital = Zinsen * 100 / Prozent
        Return CStr(Kapital)
    End Function

    Function GetProzent() As String
        Prozent = Zinsen * 100 / Kapital
        Return CStr(Prozent)
    End Function

    Function GetZinsen() As String
        Zinsen = Kapital * Prozent / 100
        Return CStr(Zinsen)
    End Function

End Class
```

```
Class1.vb | Form1.vb* | Form1.vb [Entwurf]*
Zins
Public Class Zins
    Private Kapital, Prozent, Zinsen As Single

    Public Sub New()
    End Sub

    Public Sub SetKapital(ByVal Txt As String)
        Kapital = CSng(Txt)
    End Sub

    Public Sub SetProzent(ByVal Txt As String)
        Prozent = CSng(Txt)
    End Sub

    Public Sub SetZinsen(ByVal Txt As String)
        Zinsen = CSng(Txt)
    End Sub

    Function GetKapital() As String
        Kapital = Zinsen * 100 / Prozent
        Return CStr(Kapital)
    End Function

    Function GetProzent() As String
        Prozent = Zinsen * 100 / Kapital
        Return CStr(Prozent)
    End Function

    Function GetZinsen() As String
        Zinsen = Kapital * Prozent / 100
        Return CStr(Zinsen)
    End Function

End Class
```

Sobald du dein Projekt das nächste Mal speicherst, wird die Datei CLASS1.VB mit in den betreffenden Projektordner übernommen. Und wenn du das Programm laufen lässt, wirst du feststellen, dass es funktioniert, obwohl die Klasse `Zins` nun nicht mehr im Hauptprogramm vereinbart ist. Visual Basic ist schlau genug und findet unsere neue Klasse auch in einer anderen Datei – wenn sie Bestandteil des Projektes ist (→ MATHE5).

Zusammenfassung

Nun haben wir eine weitere neue Klasse erschaffen. Wahrscheinlich hast du Lust auf mehr bekommen. Deshalb leiten wir als Nächstes eine Klasse von einer anderen ab und geben ihr noch ein paar Zutaten in die Wiege.

In diesem Kapitel hast du nur ein bisschen zum Thema Klassen kennen gelernt:

`Object`	Die Basisklasse (fast) aller Objekte in Visual Basic
`Inherits`	Verbindung mit einer »Mutterklasse«, um diese zu beerben

Außerdem sind noch ein paar Kleinigkeiten in Sachen Kontrollstrukturen und Operatoren angefallen:

`+=` ; `-=`	Kurzform von Addition/Subtraktion und anschließender Zuweisung
`Case`	FALLS eine Variable einen entsprechenden Wert hat (zur Wiederholung)
`Case Else`	FALLS eine Variable keinen entsprechenden `Case`-Wert hat

Ein paar Fragen ...

1. Was bedeutet Kapselung?
2. Erkläre den Begriff Vererbung.

... und ein paar Aufgaben

1. Ändere die Klasse im MATHE4-Projekt so um, dass nur Zahlwerte übergeben (`Get`) und übernommen (`Set`) werden.
2. Erweitere das MATHE4-Projekt so, dass in den `Set`-Methoden von `Zins` die Übergaben von Strings abgefangen werden, die sich nicht in eine Zahl umwandeln lassen.

13
Jetzt wird geOOPt

Um noch tiefer in die Denkweise einzudringen, die hinter der so genannten **objektorientierten Programmierung (OOP)** steckt, werden wir hier eine kleine Klassenfamilie gründen, die auch mit beweglichen Bildern umgehen kann.

In diesem Kapitel lernst du

- die Komponente `PictureBox` kennen
- wie man Strings zerlegen kann
- den Zugriffsmodus `Protected` kennen
- etwas über `MyBase` und `Shadows`
- wie man eine Figur auftauchen und sich bewegen lässt

Mehr als ein Kreis

Zuerst möchte ich das Kreis-Projekt aus dem vorletzten Kapitel wieder aufgreifen und es etwas universeller machen, denn es muss ja nicht unbedingt ein Kreis (oder ein Rechteck) sein, was da auftaucht und sich bewegt. Wie wäre es mal mit einem Bild?

Dazu sind natürlich ein paar Änderungen nötig. Während dem Formular die meisten seiner Komponenten ebenso wie die `Button_Click`-Methoden erhalten bleiben, wird die Klasse `Kreis` zur Baustelle.

Nach einer Umbenennung zu `Bild` benötigen wir jetzt kein Label mehr als »Bilderrahmen«, sondern wir bedienen uns der komfortableren `PictureBox`.

> Erzeuge über DATEI und NEUES PROJEKT ein neues Projekt mit dem Namen `Movie3`.

> Falls du kein neues Projekt anfangen willst oder die Dateien aus MOVIE2 übernehmen willst, musst du dort das Label vom Formular entfernen und durch eine Komponente vom Typ PICTUREBOX ersetzen. (Ansonsten muss alles neu erstellt und um ein solches Element ergänzt werden.)

Rein äußerlich ist eine solche Bildfläche oder Bildbox kaum von einer Anzeigefläche zu unterscheiden. Aber jetzt kommen wir zu den inneren Werten: `PictureBox` besitzt eine Eigenschaft mit Namen `Image`, und die lässt sich über eine sehr nützliche Methode mit einem »fremden« Bild bestücken, z.B. einem selbst erstellten Kunstwerk – oder auch nur dem Abbild eines einfachen Kreises. (Nebenbei gesagt, kann man sie aber auch ganz normal zum Zeichnen und Malen benutzen, weil auch eine `PictureBox` eine `Graphics`-Eigenschaft hat.)

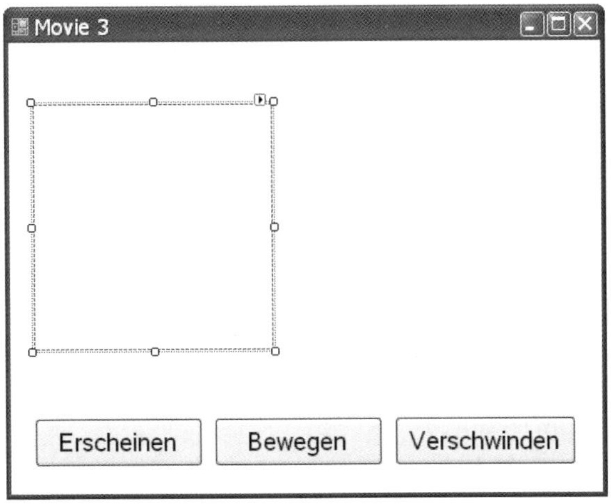

Was benötigen wir nun noch für unsere neue Klasse? Am besten, ich serviere dir mal den kompletten Quelltext und anschließend schauen wir uns diesen näher an (→ MOVIE3, CLASS1.VB):

```
Public Class Bild
  Private Rahmen As PictureBox, Name As String
  Private x, y, Breite, Hoehe As Integer

  Public Sub New (ByVal pp As PictureBox, ByVal nn As
_
  String, ByVal xx As Integer, ByVal yy As Integer, _
  ByVal bb As Integer, ByVal hh As Integer)
    Rahmen = pp : Name = nn
    x = xx : y = yy : Breite = bb : Hoehe = hh
    Rahmen.SetBounds (x, y, Breite, Hoehe)
  End Sub

  Public Sub Erscheinen()
    Try
      Rahmen.Image = Image.FromFile (Name)
    Catch
      Form1.Text = "Kein Bild gefunden!"
    End Try
  End Sub
```

```
    Public Sub Bewegen()
      Dim i As Integer
      For i = Rahmen.Location.X To _
      Form1.Width - Rahmen.Width - 30
        Rahmen.SetBounds (i, y, Breite, Hoehe)
        Thread.Sleep(10)
      Next
    End Sub

    Public Sub Verschwinden()
      Rahmen.Image = Nothing
    End Sub

  End Class
```

Wir sollten die gesamte Klassenvereinbarung gleich in einer neuen Quelltextdatei unterbringen:

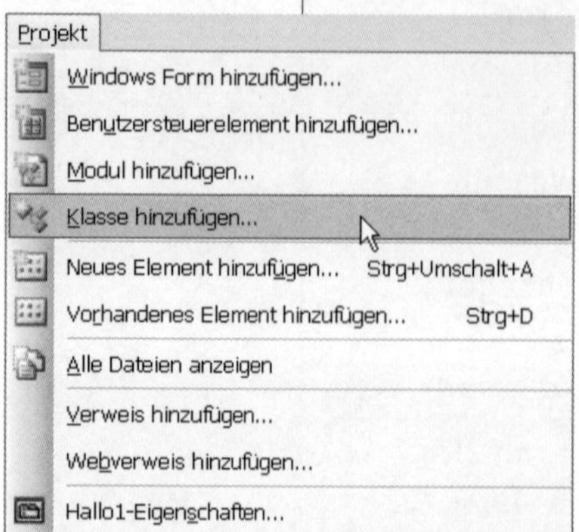

> Dazu klickst du auf PROJEKT und KLASSE HINZUFÜGEN und bestätigst im Dialogfeld deine Wahl mit Mausklick auf HINZUFÜGEN.

> Im neuen Editorfenster änderst du den Namen `Class1` in `Bild` um.

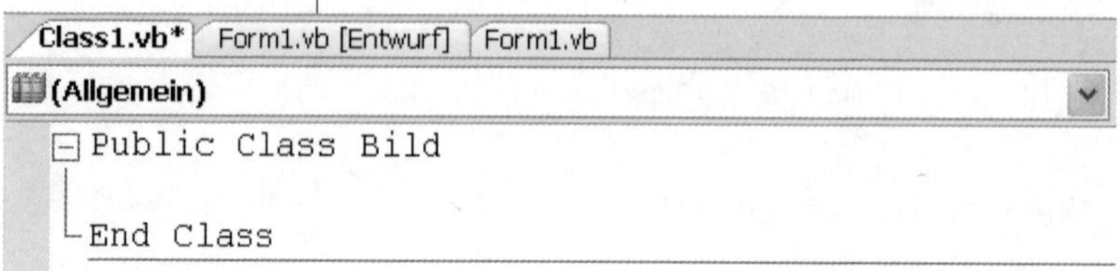

➢ Dann kannst du dort die Vereinbarung der `Bild`-Klasse eingeben.

> Weil nun eine Methode `Sleep` der Klasse `Thread` von FORM1.VB in die Datei CLASS1.VB wandert, muss dort auch ganz zu Anfang die Zeile `Imports System.Threading` hin!

Bild ruft Datei

Und nun werfen wir einen Blick auf unseren neuen Quelltext: Da sind eine ganze Menge Eigenschaften, die wir unserer neuen Klasse `Bild` mitgeben wollen. Die Variable `Name` übernimmt den kompletten Pfad und Namen der Bilddatei, deren Inhalt unsere Bildbox zieren soll.

> Es muss natürlich sichergestellt sein, dass in dem bezeichneten Ordner auch ein Bild mit dem entsprechenden Namen zu finden ist, gegebenenfalls musst du den Pfad (in FORM1.VB) anpassen, z.B.

```
Const Pfad = "c:\Basic\Test\Bilder\"      'oder
Const Pfad = "c:\Basic\Buch\Bilder\"      'oder
Const Pfad = "c:\Eigene Dateien\ _
Visual Studio 2005 Express Edition\Projects\"
```

Zusätzlich haben wir Eigenschaften, die du schon vom Kreis her kennst. Statt einem Wert für den Durchmesser (`Dicke`) brauchen wir hier je einen für die Breite und die Höhe:

```
Private Rahmen As PictureBox, Name As String
Private x, y, Breite, Hoehe As Integer
```

Damit nimmt die Parameterliste für den Konstruktor an Umfang weiter zu (und daher sind leider die Namen auch nicht geistreicher geworden und Doppelbuchstaben geblieben):

```
Public Sub New (ByVal pp As PictureBox, ByVal nn As _
String, ByVal xx As Integer, ByVal yy As Integer, _
ByVal bb As Integer, ByVal hh As Integer)
  Rahmen = pp : Name = nn
```

```
    x = xx : y = yy : Breite = bb : Hoehe = hh
    Rahmen.SetBounds (x, y, Breite, Hoehe)
  End Sub
```

Außer den Zuweisungen für die Eigenschaften werden dann über SetBounds auch gleich Position und Maße der Bildbox neu gesetzt (und damit der gewünschten Bildgröße angepasst).

Damit wir auch etwas von dem Bild zu sehen bekommen, muss dieses geladen werden:

```
Try
  Rahmen.Image = Image.FromFile (Name)
Catch
  Form1.Text = "Kein Bild gefunden!"
End Try
```

Der Zugriff auf die Methode FromFile zum Laden der Bilddatei erfolgt über die Image-Eigenschaft des Formulars. (Und sollte die Bilddatei nicht gefunden oder geöffnet werden können, greift der Try-Catch-Mechanismus.)

Weil die Methode Bewegen sich gegenüber der in der Klasse Kreis nicht ändert, gehe ich jetzt auch nicht nochmals darauf ein. Für das Verschwinden dagegen hilft uns ein Refresh nicht weiter. Da müssen wir das Bild selbst entfernen:

```
Public Sub Verschwinden()
  Rahmen.Image = Nothing
End Sub
```

Das Bild bekommt einfach ein »Nichts« zugewiesen, und damit ist auch nichts mehr davon zu sehen.

Was uns jetzt noch fehlt, ist die Vereinbarung der neuen Klasse mit

```
Shared Bild1 As Bild
```

und der Aufruf des Konstruktors in der Form_Load-Methode (→ MOVIE3, FORM1.VB):

```
Private Sub Form1_Load (ByVal sender As _
System.Object, ByVal e As System.EventArgs) _
Handles MyBase.Load
  Bild1 = New Bild (PictureBox1, _
  Pfad + "Kreis1.jpg", 20, 50, 200, 200)
```

```
  BackColor = Color.White
End Sub
```

Außerdem setzen wir die Formularfarbe (`BackColor`) auf Weiß, damit sie zum Bildhintergrund passt.

> Wie du siehst, gibt es außer `Pens` (Zeichen- oder Stiftfarbe) und `Brushes` (Mal- oder Pinselfarbe) auch noch eine Farbklasse namens `Color` (Farbeimer?). Wann du welche Farbsammlung einsetzen musst, erfährst du notfalls über die Hilfe von Visual Basic.

≫ Gib den gesamten Quelltext ein, speichere alles und lass das Programm dann laufen.

Das Ergebnis scheint zunächst zu enttäuschen, vergleicht man es mit dem aus Kapitel 11: Zu sehen ist auch nur ein Kreis, der sich über die Formularfläche schiebt. Aber nun hast du die freie Bildwahl. So kannst du statt der KREIS1.JPG auch mal die ebenfalls zum Download bereit liegende Datei KUGEL1.JPG laden – oder eine Bilddatei deiner Wahl.

> Beachte aber die (wahrscheinlich anderen) Bildmaße und passe die Werte in `Form1_Load` entsprechend an!
>
> Du kannst aber auch im Eigenschaftenfenster für PICTUREBOX die Eigenschaft SIZEMODE auf STRETCHIMAGE setzen. Dann wird die Bildgröße automatisch an die Größe des aktuellen Bildes angepasst. Dabei kann es natürlich auch zu Verzerrungen kommen, vor allem wenn ein Bild besonders breit oder hoch ist. Probier einfach verschiedene Bilder aus! (Aber so passen auch ursprünglich größere Bilder noch ins Formular.)

Figur statt nur Bild

Gönnen wir uns keine Ruhe und erweitern wir das Projekt um eine neue Klasse, die zuerst noch ganz harmlos aussieht (→ MOVIE4, CLASS1.VB):

```
Public Class Figur : Inherits Bild
  Public Sub New (ByVal pp As PictureBox, ByVal nn As _
  String, ByVal xx As Integer, ByVal yy As Integer, _
```

```
    ByVal bb As Integer, ByVal hh As Integer)
      MyBase.New (pp, nn, xx, yy, bb, hh)
    End Sub
End Class
```

Eigentlich ist da doch nichts, was diese Klasse zu bieten hat. Denn das, was sie »kann«, hat sie alles über `Inherits` von `Bild` übernommen. Auch der neue Konstruktor ruft nur die geerbte Methode auf:

```
MyBase.New (pp, nn, xx, yy, bb, hh)
```

Wobei `MyBase` die aktuelle Klasse mit ihrem Vorfahren (bzw. ihrer Mutter) verknüpft.

Wenigstens ausprobieren sollten wir das Ganze einmal. Und damit wir auch etwas anderes zu sehen bekommen, laden wir diesmal eine andere Bilddatei. Dazu muss zuerst neu vereinbart werden:

```
Shared Figur1 As Figur
```

Und in `Form1_Load` erzeugen wir dann eine Instanz unserer neuen Klasse, das Objekt `Figur1` (→ MOVIE4, FORM1.VB):

```
Private Sub Form1_Load (ByVal sender As _
System.Object, ByVal e As System.EventArgs) _
Handles MyBase.Load
  Figur1 = New Figur (PictureBox1, _
  Pfad + "Figur01.jpg", 20, 20, 180, 270)
  BackColor = Color.White
End Sub
```

> Pass den Quelltext entsprechend an und lass das Programm dann laufen.

Na ja, eine Figur haben wir. Wenn du hintereinander auf ERSCHEINEN, BEWEGEN und VERSCHWINDEN klickst, tut dir die Figur den Gefallen. Aber es wirkt irgendwie so, als würden wir das Ganze z.B. aus einem fahrenden Bus heraus beobachten. Da fehlt also noch einiges, bis man von Bewegen im Sinne von Gehen sprechen kann.

Wir müssen also an der Methode zum Bewegen feilen (→ MOVIE4, CLASS1.VB):

```
Public Shadows Sub Bewegen()
  Dim i, Nr As Integer, Txt As String
  'Dateinamen bei Nummer "kappen"
  Txt = Name.Substring(0, Name.Length - 5)
  Nr = 2
  ' Nacheinander Bild und Gegenstück laden und zeigen
  For i = Rahmen.Location.X To _
  Form1.Width - Rahmen.Width - 30 Step 30
    Rahmen.SetBounds(i, y, Breite, Hoehe)
    Name = Txt + CStr(Nr) + ".jpg"
    Erscheinen()
    Rahmen.Refresh()
    Thread.Sleep(150)
    Name = Txt + CStr(Nr + 4) + ".jpg"
    Erscheinen()
    Rahmen.Refresh()
    Thread.Sleep(150)
  Next
  Name = Txt + CStr(1) + ".jpg"
  Erscheinen()
End Sub
```

Sofort auffällig ist das Wörtchen `Shadows`. Weil die neue Methode `Bewegen` denselben Namen trägt wie eine bereits geerbte Methode, bringt `Shadows` genau dies zum Ausdruck. Ein Objekt vom Typ `Figur` sollte ja auch die Methoden `Erscheinen` und `Verschwinden` von `Bild` und die eigene Methode `Bewegen` (und nicht die geerbte) benutzen.

> Weil Visual Basic hier automatisch eingreift und für diesen Mechanismus sorgt, wäre `Shadows` eigentlich nicht zwingend, aber wir wollen ja unseren guten Programmierstil pflegen.

Es bewegt sich was

Damit die Figur das Laufen lernt, brauchen wir jetzt zwei Bilder, die abwechselnd angezeigt werden. Unter den zum Download angebotenen Dateien zum Buch befinden sich (mehr als) acht Bilder. Die benötigten Bilddateien sind von FIGUR01.JPG bis FIGUR08.JPG durchnummeriert.

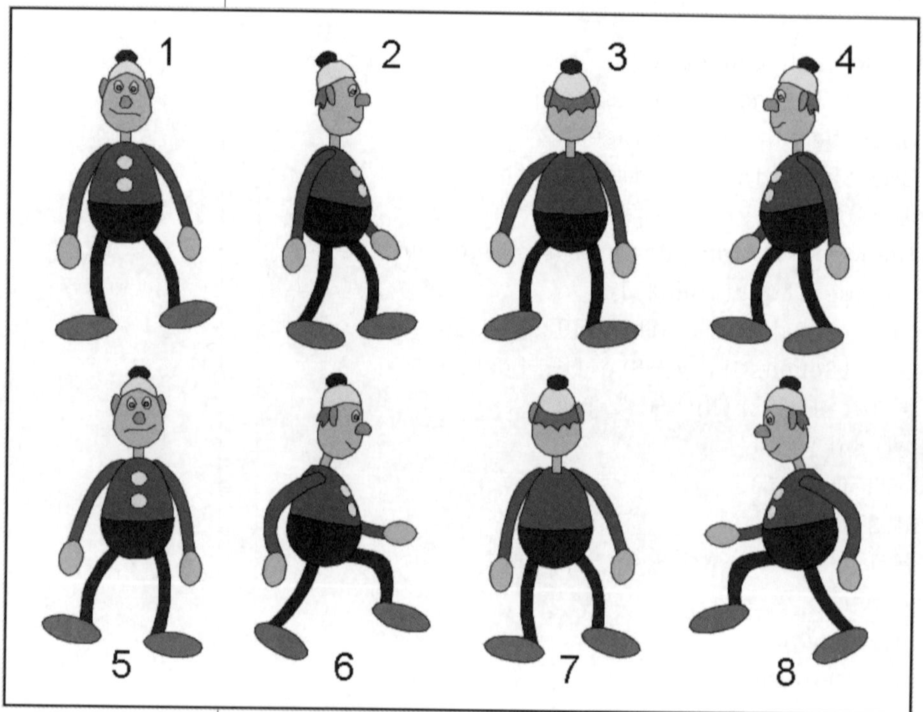

Du kannst dir natürlich deine eigene Bildergalerie erstellen, allerdings müssen die dann auch in derselben Reihenfolge mit einer Nummer von 1 bis 8 gespeichert werden, z.B. auch als FIGUR01.JPG, FIGUR02.JPG usw. (Außerdem sollten alle Bilder die gleichen Maße haben.)

Dabei gelten die Regeln, die in der folgenden Tabelle zusammengefasst sind:

Bilddatei	erste Position	Bilddatei	zweite Position
FIGUR01.JPG	von vorn	FIGUR05.JPG	von vorn
FIGUR02.JPG	von rechts	FIGUR06.JPG	von rechts
FIGUR03.JPG	von hinten	FIGUR07.JPG	von hinten
FIGUR04.JPG	von links	FIGUR08.JPG	von links

Jede Figuransicht wird in zwei verschiedenen Positionen gespeichert. Zeigt man z.B. Figur01 und Figur05 im Wechsel, dann sieht das aus, als würde die Figur laufen.

Dazu zerlegen wir in der Methode zum Bewegen erst mal den Dateinamen so, dass man die Nummer des Bildes erkennen kann. Mit

```
Txt = Name.Substring(0, Name.Length - 5)
```

wird aus dem Dateinamen ein Teilstring herausgefiltert. Die Funktion `SubString` beginnt hier beim ersten Zeichen des Strings (Zählung ab 0) und hängt die letzten 5 Zeichen ab. Mit `Length` wird dazu die Länge der Zeichenkette ermittelt.

So würde z.B. aus

```
"c:\basic\buch\bilder\Figur01.jpg"
```

der Reststring

```
"c:\basic\buch\bilder\Figur0"
' ohne die letzten 5 Zeichen
```

Dann brauchen wir eine neue Bildnummer, weil die Figur beim Start von vorn, beim Laufen aber von einer Seite gezeigt werden soll:

```
Nr = 2
```

Das Gegenstück dazu hat dann eine Nummer, die um 4 höher liegen muss (wenn man sich an die oben aufgestellten Regeln hält!).

Damit können wir uns dann den Parameter für das Laden des zweiten Bildes zusammenbasteln. Zuerst wird `PictureBox1` verschoben:

```
Rahmen.SetBounds(i, y, Breite, Hoehe)
```

Und `Name` wird im ersten Durchgang aus dem zuvor ermittelten Teilstring (`Txt`), der neuen Nummer und der Endung `".jpg"` (mit Punkt!) zusammengesetzt. Dann wird die Methode `Erscheinen` erneut aufgerufen:

```
Name = Txt + CStr(Nr) + ".jpg"
Erscheinen()
```

Anschließend wird die Bildbox »aufgefrischt« und eine kleine Pause eingelegt (welchen Wert du für die Millisekunden einsetzt, hängt unter anderem von deiner Geduld ab):

```
Rahmen.Refresh()
Thread.Sleep(150)
```

Der zweiten Durchgang unterscheidet sich vom ersten nur durch die Figurnummer, ansonsten wiederholt sich der ganze Prozess:

```
Name = Txt + CStr(Nr + 4) + ".jpg"
Erscheinen()
Rahmen.Refresh()
Thread.Sleep(150)
```

In der For-Schleife wird die Figur zum Laufen gebracht. Damit die Schritte nicht zu klein geraten, habe ich mit Step die Weite auf 30 gesetzt (Standard ohne Step-Anweisung wäre 1).

Und ganz zum Schluss wendet die Figur uns wieder ihre »Sonnenseite« zu:

```
Name = Txt + CStr(1) + ".jpg"
Erscheinen()
```

≫ Ergänze den Quelltext entsprechend, speichere alles und starte dann das Programm.

Eine Enttäuschung wird dir nicht erspart bleiben: Visual Basic meckert mit einer ganzen Fehlerliste. Offenbar gibt es Probleme mit einigen Private-Vereinbarungen in der Bild-Klasse.

Na ja, dann vereinbaren wir eben alles mit Public, dürfte deine erste Reaktion sein. Aber warum soll man den Zugriff auf Daten unnötig öffentlich machen? Eigentlich genügt es doch, wenn der Zugriff in der Familie bleibt und nur die Kindklasse darauf zugreifen kann.

> Und nun kommt mit Protected ein neues Wort ins Spiel: Ein so vereinbartes Element ist zunächst mal für »Außenstehende« privat. Also können nur Methoden derselben Klasse damit etwas anfangen. Während aber bei einer Private-Vereinbarung auch abgeleiteten Klassen der Zugriff verboten ist, dürfen Protected-Elemente dort benutzt werden. Protected ist also ein »Zwischending« – dieser Zugriffsmodus hat etwas von Private und etwas von Public.

Und damit müssen wir in der Klasse Bild diese Änderungen vornehmen (→ MOVIE4, CLASS1.VB):

```
Protected Rahmen As PictureBox, Name As String
Protected x, y, Breite, Hoehe As Integer
```

Dadurch erweitern wir die Befugnisse gerade so weit wie nötig. Und nun ist das Programm – und die Figur – endlich lauffähig.

Drehungen

Damit die Klasse `Figur` trotz der neuen `Bewegen`-Methode nicht ganz so mager ausfällt, möchte ich sie noch um eine `Drehen`-Methode ergänzen. Die lässt eine Figur sich einmal um ihre eigene Achse drehen (→ MOVIE5, CLASS1.VB).

```
Public Sub Drehen()
  Dim i As Integer, Txt As String
  'Dateinamen bei Nummer "kappen"
  Txt = Name.Substring(0, Name.Length - 5)
  'Nacheinander Bilder einer Folge laden und zeigen
  For i = 1 To 4
    Name = Txt + CStr(i) + ".jpg"
    Erscheinen()
    Rahmen.Refresh()
    Thread.Sleep(150)
  Next
  Name = Txt + CStr(1) + ".jpg"
  Erscheinen()
End Sub
```

Im Grunde genommen ist diese Methode der vorhergehenden (`Bewegen`) ähnlich. Der Unterschied besteht darin, dass nun vier hintereinander liegende Bilder geladen und angezeigt werden. Als Startbild habe ich Nummer 1 festgelegt.

Die `For`-Schleife sorgt hier dafür, dass nacheinander die Bilder aus den Dateien FIGUR01.JPG bis FIGUR04.JPG angezeigt werden. Durch diese Reihenfolge sieht es dann aus, als würde sich die Figur im Kreise drehen.

Der Zusatz `Shadows` ist hier nicht nötig, weil es ja eine neue Methode ist, über die nur die Klasse `Figur` verfügt, nicht aber ihre Mutter.

Was uns jetzt noch zum Ausprobieren unserer neuen Methode fehlt, ist die Schaltfläche für das Drehen sowie die zugehörige `Button_Click`-Methode.

> Vergrößere die Formularfläche und spendiere ihr eine neue Schaltfläche mit der Aufschrift DREHEN.

> Ergänze den Quelltext um diese Methode (→ MOVIE5, FORM1.VB):

```
Private Sub Button4_Click (ByVal sender As _
System.Object, ByVal e As System.EventArgs) _
Handles Button4.Click
  Figur1.Drehen()
End Sub
```

> Speichere jetzt alles und lass das Programm laufen.

Programm-Tuning

Eigentlich müssten wir mit den derzeitigen Leistungen unserer neuen Klasse `Figur` nicht unzufrieden sein. Doch mir kann es nicht gefallen, dass nach dem Verschwinden der Figur und erneutem Klicken auf ERSCHEINEN die Figur nicht links, sondern rechts auftaucht. Suchen wir eine Möglichkeit, das zu ändern.

Zuerst brauchen wir zwei neue Variablen, in denen wir die Startwerte für `x` und `y` »zwischenlagern«. Nennen wir sie `x0` und `y0`:

```
Private x0, y0 As Integer
```

Damit bekommt `Figur` seine ersten eigenen Eigenschaften. Als Nächstes erweitern wir den Konstruktor `New` (→ MOVIE5A):

```
Public Sub New (ByVal pp As PictureBox, ByVal nn As _
String, ByVal xx As Integer, ByVal yy As Integer, _
ByVal bb As Integer, ByVal hh As Integer)
  MyBase.New (pp, nn, xx, yy, bb, hh)
  x0 = xx : y0 = yy
End Sub
```

Und auch diese Methode hat nun etwas (mehr) zu tun. Die Aufgabe zum Abschluss bringt dann die Methode `Verlassen`. Deshalb müssen wir auch die neu definieren:

```
Public Shadows Sub Verschwinden()
  MyBase.Verschwinden()
  x = x0 : y = y0
  Rahmen.SetBounds(x, y, Breite, Hoehe)
End Sub
```

Damit `Figur` auch etwas von seiner Erbschaft hat, wird zuerst über `MyBase` die Muttermethode aufgerufen. Dann bekommen die neuen Eigenschaften ihre Werte. Und die Bildbox wird neu gesetzt – hier links an den Anfang. Beim nächsten Klick auf ERSCHEINEN taucht die verschwundene Figur auch dort wieder auf.

Alternativ oder zusätzlich könnte die Figur je nach Position bei einem Mausklick auf BEWEGEN mal nach rechts, mal nach links wandern. Dazu benötigen wir mit

```
Private Rechts As Boolean
```

eine weitere Variable, die wir beim Start in `New` auf `True` setzen (weil es von links nach rechts gehen soll).

Dem eigentlichen Laufprozess der Figur habe ich eine eigene neue Methode spendiert, weil wir sonst in Bewegen zu viel Quelltext doppelt hätten. (Man nennt dieses mehrfache Vorkommen auch Redundanz).

Die Methode Laufen übernimmt den Teilstring des Dateinamens und die aktuelle Dateinummer als Parameter (→ MOVIE6, CLASS1.VB):

```
Private Sub Laufen _
(ByVal Txt As String, ByVal Nr As Integer)
  Name = Txt + CStr(Nr) + ".jpg"
  Erscheinen()
  Rahmen.Refresh()
  Thread.Sleep(150)
  Name = Txt + CStr(Nr + 4) + ".jpg"
  Erscheinen()
  Rahmen.Refresh()
  Thread.Sleep(150)
End Sub
```

Die anfängliche Gewichtsabnahme der Methode Bewegen wird sofort durch neue zusätzliche Aufgaben wieder aufgefangen. Denn je nach Richtung benötigen wir jetzt zwei For-Schleifen, eine nach rechts und eine nach links, bei der dann rückwärts gezählt werden muss (→ MOVIE6, CLASS1.VB).

```
Public Shadows Sub Bewegen()
  Dim i As Integer, Txt As String
  Txt = Name.Substring(0, Name.Length - 5)
  ' Bilder je nach Richtung laden und zeigen
  If Rechts Then
    For i = Rahmen.Location.X _
    To Form1.Width - Rahmen.Width - 30 Step 30
      Rahmen.SetBounds(i, y, Breite, Hoehe)
      Laufen(Txt, 2)
    Next
  Else
    For i = Rahmen.Location.X To 20 Step -30
      Rahmen.SetBounds(i, y, Breite, Hoehe)
      Laufen(Txt, 4)
```

```
      Next
    End If
    Rechts = Not Rechts
    Name = Txt + CStr(1) + ".jpg"
    Erscheinen()
End Sub
```

Die Variable Nr wird hier nicht mehr benötigt. Geht es nach rechts, brauchen wir die Figuren mit den Nummern 2 und 6. In die andere Richtung geht die Figur über die Nummern 4 und 8. Dazu wird jeweils die Methode Laufen aufgerufen.

Wichtig ist, dass am Ende der aktuellen Schleife der Wert von Rechts umgekehrt wird:

```
Rechts = Not Rechts
```

Außerdem sollte diese Variable bei Mausklick auf den Button VERSCHWINDEN wieder auf True gesetzt werden, weil ja anschließend die Figur wieder auf der linken Seite startet.

Zusammenfassung

Ist nicht wieder eine dieser Pausen fällig, in denen Getränke und geschmierte Brote serviert werden? Damit kannst du dich für die nächste Schaffensphase stärken. Im letzten und in diesem Kapitel hast du den Weg zur eigenen Klassensammlung kennen gelernt (obwohl diese Sammlung bis jetzt noch recht dürftig ist).

Ein paar Klassen sowie deren Eigenschaften und Methoden von Visual Basic sind dir dabei begegnet:

PictureBox	Eine Anzeigefläche für Bilder
Image	Eigenschaft von PictureBox: dient z.B. als »Behälter« für den Inhalt einer Bilddatei
FromFile	Methode von Image zum Laden von Bilddaten aus einer Datei
Inherits	Kennzeichnung einer Mutterklasse (für Vererbung aller Eigenschaften und Methoden)
Shadows	Neuvereinbarung einer geerbten Methode

MyBase	Nutzung/Aufruf einer Eigenschaft oder Methode der Mutterklasse
Nothing	Ein allgemeiner Wert, der »Nichts« verkörpern soll – auch für Objekte

Auch ein paar neue Hilfsmittel zur Stringbearbeitung kennst du:

SubString	Einen Teilstring aus einem String ermitteln
Length	Die Länge eines Strings bestimmen

Wieder aufgetaucht ist eine Erweiterung für Zählschleifen:

Step	Schrittweite für Vorwärts-/Rückwärtszählung in For-Strukturen

Dazu kommen noch einige Zugriffsmodi für Klassenelemente:

Private	Ein Element in einer Klasse nur für Methoden einer Klasse zugänglich machen (privat)
Public	Ein Element in einer Klasse für andere Objekte und Funktionen/Prozeduren zugänglich machen (öffentlich)
Protected	Ein Element in einer Klasse nur für Methoden einer Klasse, aber auch für davon abgeleitete Klassen zugänglich machen (geschützt)

Eine Frage ...

1. Wie wird ein Bild sichtbar und wie unsichtbar?

... und ein paar Aufgaben

1. Erweitere die Klasse Figur um eine Methode zum Tanzen: Die Bilder werden per Zufallswert geladen und angezeigt. Dann passe das Movie-Projekt entsprechend an.

2. Wenn du dich gut mit Zinseszinsrechnung auskennst, kannst du das Zins-Projekt um eine Klasse `ZZins` erweitern, die zusätzlich die Laufzeit in Jahren mit einbezieht.

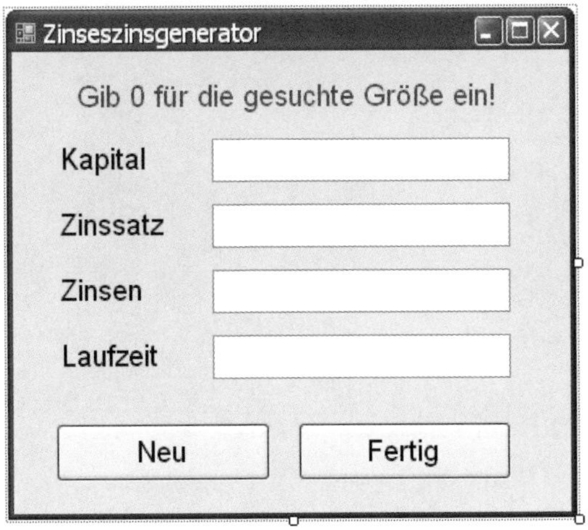

14 Polymorphie

Dass wir Methoden benutzen, die eine Klasse von einer anderen geerbt hat, ist nichts Neues. So haben wir in den letzten Projekten oft ungeniert von »Elternmethoden« Gebrauch gemacht. Dabei genügte es zu wissen, was die jeweilige Methode zu tun imstande war.

Hier kümmern wir uns noch einmal intensiver um das Thema Erbschaft. Außerdem beschäftigen wir uns mit Monstern, die verschiedene Gestalten annehmen können.

In diesem Kapitel lernst du

- wozu Monster auch gut sein können
- was man unter Polymorphie versteht
- den Unterschied zwischen Überschreiben und Überladen kennen

Von alten und neuen Methoden

Geerbte Methoden lassen sich in der Regel so verwenden, wie sie sind. Nur wenn in einer Kindklasse eine neue Fähigkeit ansteht, muss eine geerbte Methode neu definiert werden. Und will man auf die alte geerbte Methode zugreifen, so tut man dies über das »Vorwort« `MyBase` (gesprochen: Maibäis).

Aber warum meckert Visual Basic nicht, wenn wir einfach denselben Namen benutzen? Visual Basic könnte ja sagen »Schon vergeben« oder »Name bereits definiert«.

Offenbar kann in Visual Basic jede neue Klasse eigene Methoden mit genau denselben Namen haben wie die Mutterklasse. Allerdings sollte man diese nette Geste mit dem Wörtchen `Shadows` unterstützen. Das bedeutet zu Deutsch so viel wie »Schatten« (gesprochen: Scheddous).

Was genau es mit dem ganzen Mechanismus auf sich hat, der dahinter steckt, das sollten wir mit einem neuen Beispiel erkunden.

Machen wir also einen Zeitsprung um einige Jahrhunderte zurück und besuchen einen gewissen Dr. Frankenstein im Labor, und schauen ihm über die Schulter. Der hat nämlich mal so eine ähnliche Klasse entworfen:

```
Public Class Monster
  Private Name, Wesen As String

  Public Sub New _
  (ByVal nn As String, ByVal ww As String)
    Name = nn : Wesen = ww
  End Sub

  Public Sub Erscheinen()
    Form1.Label1.Text = "Name:  " + Name
    Form1.Label2.Text = "Wesen: " + Wesen
  End Sub

End Class
```

Ein ganz einfaches Monster, das einen Namen und eine einzige weitere Eigenschaft hatte. Immerhin konnte es die bei seinem Erscheinen zeigen.

Dr. Frankenstein hatte keine so komfortablen Möglichkeiten wie wir, um seine Kreatur zu testen. Dafür geht es bei unserem Monstertest nicht so Grauen erregend zu.

> Erzeuge ein neues Projekt und gib ihm den Namen `Monster1`.

Was du für das Testformular an Zutaten brauchst, sind drei Buttons und drei Labels. Und wenn du willst, kannst du bei den Labels noch die Eigenschaft BORDERSTYLE auf FIXED3D einstellen.

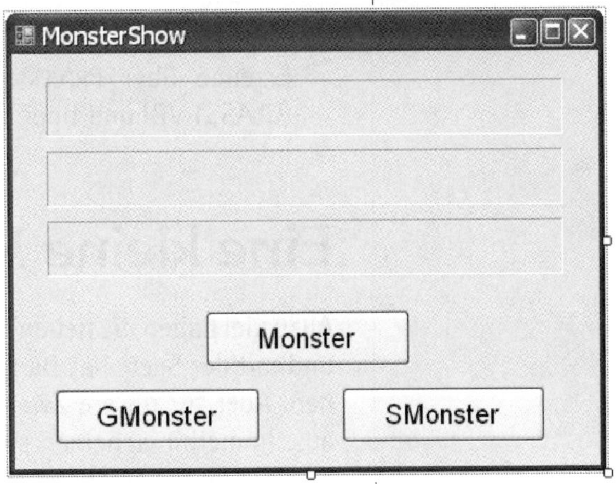

Wie du an der Aufschrift der Buttons sehen kannst, hat Dr. Frankenstein noch vor, zwei Kinder von `Monster` zu erschaffen. Da wollen wir natürlich dabei sein (→ MONSTER1, CLASS1.VB):

```
Public Class GMonster : Inherits Monster

  Public Sub New _
  (ByVal nn As String, ByVal ww As String)
    MyBase.New (nn, ww)
  End Sub

  Public Function Typ() As String
    Return "GeistesMonster"
  End Function

End Class

Public Class SMonster : Inherits Monster

  Public Sub New _
  (ByVal nn As String, ByVal ww As String)
    MyBase.New (nn, ww)
  End Sub
```

```
    Public Function Typ() As String
      Return "SeelenMonster"
    End Function

End Class
```

➢ Erzeuge über PROJEKT und KLASSE HINZUFÜGEN eine Quelltextdatei (CLASS1.VB) und tippe dort den obigen Text ein.

Eine kleine Monsterfamilie

Allzu viel haben die neuen Kreaturen ja nicht zu bieten. Das mit dem Geist und mit der Seele hat Dr. Frankenstein wohl etwas zu optimistisch gesehen. Aber für unsere Zwecke reichen diese Abkömmlinge von `Monster` aus. Immerhin scheinen sie zu wissen, aus welcher Klasse sie kommen. Dafür sorgt die Methode `Typ`, die je nach Monsterkind (über `Return`) die Werte `"GeistesMonster"` oder `"SeelenMonster"` zurückgibt:

Übrigens könnte auch `Monster` so eine Methode vertragen:

```
Public Function Typ() As String
  Return "Monster"
End Function
```

Allerdings ist dann – wie du bereits weißt – eine Zusatzinformation für die gleichnamigen Methoden in den abgeleiteten Klassen nötig:

```
Public Shadows Function Typ() As String
  Return "GeistesMonster"
End Function

Public Shadows Function Typ() As String
  Return "SeelenMonster"
End Function
```

Nun muss die `Monster`-Methode zum Erscheinen noch um eine Anweisung erweitert werden (→ MONSTER1, CLASS1.VB):

```
Public Sub Erscheinen()
  Form1.Label1.Text = "Name:  " + Name
```

```
  Form1.Label2.Text = "Wesen: " + Wesen
  Form1.Label3.Text = "Typ:   " + Typ()
End Sub
```

Damit sind dann alle Klassen so versorgt, dass wir nur noch drei Instanzen erzeugen müssen. Dann können wir die Monster erscheinen lassen. Die Initialisierung erfolgt wie immer in der Form_Load-Methode (→ MONSTER1, FORM1.VB):

```
Private Sub Form1_Load (ByVal sender As _
System.Object, ByVal e As System.EventArgs) _
Handles MyBase.Load
  Frank = New Monster ("Frankie", "ungewöhnlich")
  Albert = New GMonster ("Berti", "nachdenklich")
  Sigmund = New SMonster ("Sigi", "mitfühlend")
End Sub
```

Natürlich müssen sie zuvor vereinbart werden:

```
Shared Frank As Monster
Shared Albert As GMonster
Shared Sigmund As SMonster
```

Und die Methoden der drei Buttons sorgen für den entsprechenden Auftritt:

```
Private Sub Button1_Click (ByVal sender As _
System.Object, ByVal e As System.EventArgs) _
Handles Button1.Click
  Frank.Erscheinen()
End Sub

Private Sub Button2_Click (ByVal sender As _
System.Object, ByVal e As System.EventArgs) _
Handles Button2.Click
  Albert.Erscheinen()
End Sub

Private Sub Button3_Click (ByVal sender As _
System.Object, ByVal e As System.EventArgs) _
Handles Button3.Click
```

```
    Sigmund.Erscheinen()
End Sub
```

➢ Gib den kompletten Quelltext ein und speichere alles unter MONSTER1. Und nun lass das Programm laufen und klicke nacheinander auf die drei Buttons.

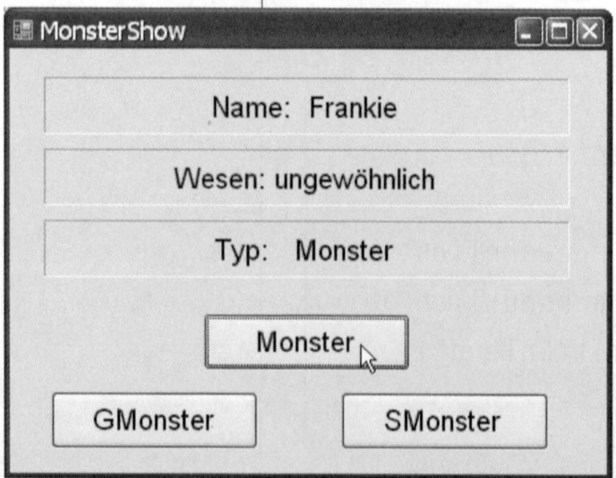

Mehr Schein als Sein?

Zwar nennen die Monster schön brav ihren Namen und sagen auch etwas über ihr Wesen. Aber beim Typ wissen die Kinder von `Monster` nicht mehr als ihre Mutter. Es wirkt fast so, als hätten wir die `Typ`-Methoden für `GMonster` und `SMonster` gar nicht vereinbart!

Und damit haben wir auch schon unser Problem mit dem Erbe: Die `Typ`-Methode wird in der Methode `Erscheinen` aufgerufen. Diese Methode ist ein Erbstück von `Monster`, also sozusagen eine alte Methode. Denn bei den Kindern `GMonster` und `SMonster` wurde keine eigene (neue) Methode dieses Namens vereinbart. Sollen die drei Monster erscheinen, läuft das nach diesem Schema ab:

Objekt	Erscheinen-Methode von	Typ-Methode von
`Frank`	`Monster`	`Monster`
`Albert`	`Monster`	`Monster`
`Sigmund`	`Monster`	`Monster`

Das heißt: Weil Albert und Sigmund die Methode `Erscheinen` von `Monster` verwenden, benutzt `Monster.Erscheinen` auch die **eigene** `Typ`-Methode. Denn woher soll das Programm wissen, dass jeweils eine andere `Typ`-Methode dran ist?

Aus einer alten Methode eine neue aufzurufen, scheint demnach so nicht zu funktionieren. Aufgerufen werden nur Methoden, die aus der eigenen Klasse stammen. Dann wären die `Typ`-Vereinbarungen von `GMonster` und `SMonster` also sinnlos, obwohl wir hier `Shadows` verwendet haben?

Ist denn Visual Basic wirklich so dumm, dass es nicht kapiert, wann welche Methode dran zu sein hat? Was geschieht denn, wenn wir ein Programm zum Laufen bringen?

Zuerst wird das ganze Projekt mit Formular und Quelltext zu einer Anwendung gemacht. Das, was da drin steht, könntest du nicht mehr wiedererkennen, aber dein PC kann etwas damit anfangen, weil es in seine Sprache übersetzt wurde. Das erledigt der **Compiler** (gesprochen »Kompailer«) von Visual Basic, eine Art Dolmetscher, der unsere Programmiersprache in die Sprache des Computers überträgt.

Beim **Kompilieren** – so nennt man diese Übertragung – erhält jede Methode eine feste Anfangsadresse. Das ist die Stelle, an der die Methode beginnt.

Wenn in unserem Falle der Compiler dorthin kommt, wo die `Erscheinen`-Methode **definiert** wird, setzt er die Speicheradresse ein, an der die Methode `Typ` von `Monster` steht, denn so ist es ja im Quelltext programmiert:

```
Public Sub Erscheinen()
  ' andere Anweisungen
  Form1.Label3.Text = "Typ:   " + Typ()
  ' gemeint ist Typ von Monster!
End Sub
```

Später kommt der Compiler an die Stellen, an denen die `Erscheinen`-Methode **aufgerufen** wird. Dort setzt er die Adresse ein, an der diese Methode zu finden ist. Genau dasselbe tut er schön brav jedes Mal, wenn `Erscheinen` aufgerufen wird.

Und weil dafür die Adresse von `Typ` als Methode von `Monster` bereits festgelegt ist, werden die anderen beiden `Typ`-Methoden einfach nicht mehr berücksichtigt.

Visual Basic wäre nicht Visual Basic, wenn es dazu keine Lösung anbieten könnte. Es ist einfach nur jeweils ein Wort, das wir den betreffenden

Methoden spendieren müssen, damit die richtige Methode zur richtigen Zeit aufgerufen wird.

➢ Erweitere die Klassenvereinbarungen von Monster bis SMonster so (→ MONSTER2, CLASS1.VB):

```
Public Overridable Function Typ() As String
  Return "Monster"
End Function

Public Overrides Function Typ() As String
  Return "GeistesMonster"
End Function

Public Overrides Function Typ() As String
  Return "SeelenMonster"
End Function
```

➢ Dann speichere das Projekt neu und starte das Programm. Achte darauf, mit welchem Typ sich die Monster diesmal melden.

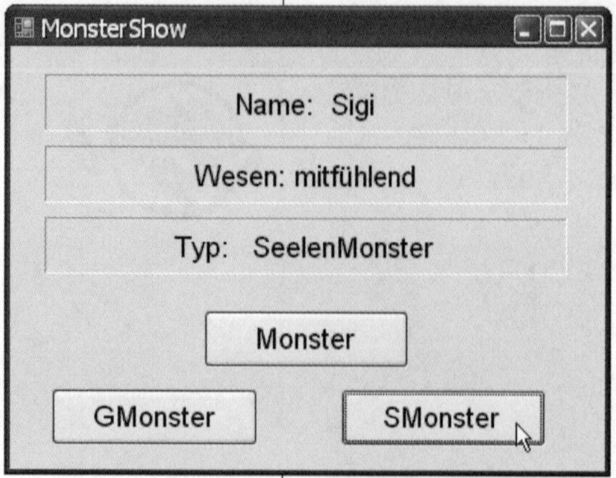

Polymorphie

Nun ist es nicht ein einzelnes Wort, sondern ein Wörterpaar: Overridable und Override bringen offenbar alles wieder ins Lot. Zu Deutsch heißt dies so viel wie »etwas außer Kraft setzen, aufheben«. Ein besserer Ausdruck dafür ist **Überschreiben**.

Mit diesem Mechanismus ausgestattet, kann also eine alte auch eine neue Methode aufrufen. Und das Erscheinen der drei Monster verläuft nun nach diesem Schema:

Objekt	Erscheinen-Methode von	Typ-Methode von
Frank	Monster	Monster
Albert	Monster	GMonster
Sigmund	Monster	SMonster

Es gibt in Visual Basic für den Aufruf einer Methode offenbar diese beiden Möglichkeiten:

- Bei der Übersetzung des Quelltextes setzt der Compiler an die Stelle, an der eine Methode aufgerufen wird, deren Adresse im Speicher. Damit ist unveränderlich festgelegt, welche Methode verwendet wird. Das nennt man **frühe Bindung** (englisch: early binding). Die Methode wird ganz normal vereinbart. Man spricht hier auch von einer **statischen Methode**.
- Bei der Übersetzung des Quelltextes markiert der Compiler die Stelle mit einem Platzhalter, an der eine Methode aufgerufen wird. Damit schafft er einen freien Platz. Erst während des Programmlaufs wird dort dann die Adresse der passenden Methode eingesetzt. Das nennt man **späte Bindung** (englisch: late binding). Die Methode muss mit `Overridable` vereinbart werden. Man bezeichnet sie damit als **virtuelle Methode**. Durch die späte Bindung ist es möglich, diese Methode durch eine andere mit gleichem Namen zu überschreiben (`Override`).

Die beiden Versionen unseres kleinen Monster-Projekts unterscheiden sich also nur in diesem Wortpaar. Dabei wird die Methode der Mutterklasse als `Overridable` vereinbart, und die Methoden des Nachwuchses bekommen den `Override`-Zusatz verpasst.

Wird die Methode `Erscheinen` nun von einem Objekt vom Typ `SMonster` oder `GMonster` aufgerufen, benutzt sie die überschreibende Methode `Typ` – und das ist schließlich genau das, was wir wollen.

Und solltest du mal die Methode der Mutter benötigen, weißt du ja, wie man `MyBase` einsetzt. Mit `MyBase.Typ()` z.B. bekommt man aus jeder anderen Methode heraus wieder den Typ des Mutterobjekts.

So haben wir nun drei gleichnamige Methoden, die jede für sich das tut, was die jeweilige Klasse von ihr fordert. Man sagt dazu **Polymorphie** oder **Polymorphismus.** Mit Chemie hat das nichts zu tun, und es ist auch keine ansteckende Krankheit: Zu Deutsch heißt polymorph »vielgestaltig« oder »von verschiedener Gestalt«.

Polymorphie ist hier also auch die Fähigkeit des Programms, sich zur Laufzeit zwischen verschiedenen möglichen Methoden zu entscheiden. Und so taucht ja bei einem Aufruf der `Monster`-Methode `Erscheinen` die `Typ`-Methode in der Gestalt auf, in der sie gerade benötigt wird.

Würde es die Polymorphie nicht geben, wären wir arm dran. So müsste man z.B. sehr umständlich die `Erscheinen`-Methode gleich noch zweimal definieren, etwa so:

```
Public Shadows Sub Erscheinen()   ' GMonster
  Form1.Label1.Text = "Name:  " + Name
  Form1.Label2.Text = "Wesen: " + Wesen
  Form1.Label3.Text = "Typ:   " + Typ()
End Sub

Public Shadows Sub Erscheinen()  'SMonster
  Form1.Label1.Text = "Name:  " + Name
  Form1.Label2.Text = "Wesen: " + Wesen
  Form1.Label3.Text = "Typ:  " + Typ()
End Sub
```

Einen (kläglichen?) Versuch ohne virtuelle Methoden siehst du im Projekt MONSTER2A. Das Schema für das Erscheinen zeigt, dass zwar auch hier die richtigen Typ-Methoden zum richtigen Zeitpunkt aufgerufen werden – aber wie:

Objekt	Erscheinen-Methode von	Typ-Methode von
Frank	Monster	Monster
Albert	GMonster	GMonster
Sigmund	SMonster	SMonster

Weil jetzt alle ihre Erscheinen-Methode haben, würde damit das Programm so laufen wie mit virtuellen Methoden, wäre aber mit überflüssigem Programmcode beladen – auch Redundanz genannt.

Das sieht hier noch nicht so schlimm aus. Was aber ist, wenn du gleich eine ganze Reihe solcher Methoden wie Typ benötigst, wenn der Aufruf an vielen verschiedenen Stellen erfolgen soll? (Ich jedenfalls möchte so ein Monster nicht programmieren!)

Monstershow

Es ist an der Zeit, sich die drei Exemplare aus der Monsterfamilie auch mal anzuschauen. Dazu benötigen wir zuerst einen Pfad, damit Visual Basic die Bilder auch findet, z.B.

```
Const Pfad = "c:\basic\buch\bilder\"
```

Außerdem erhält Monster eine weitere Eigenschaft BildName vom Typ String. Die merkt sich den Namen einer Bilddatei für das betreffende Monster.

Und nun erfährt unser Monster-Projekt eine gründliche Überarbeitung. Dazu musst du im Formular ein wenig Platz für ein PictureBox-Objekt machen. Das führt auch zu einigen Änderungen in den Quelltextdateien. Auf jeden Fall sollte das Formular dann so oder ähnlich aussehen (dazu musst du es etwas nach rechts vergrößern und eventuell die Buttons neu ordnen):

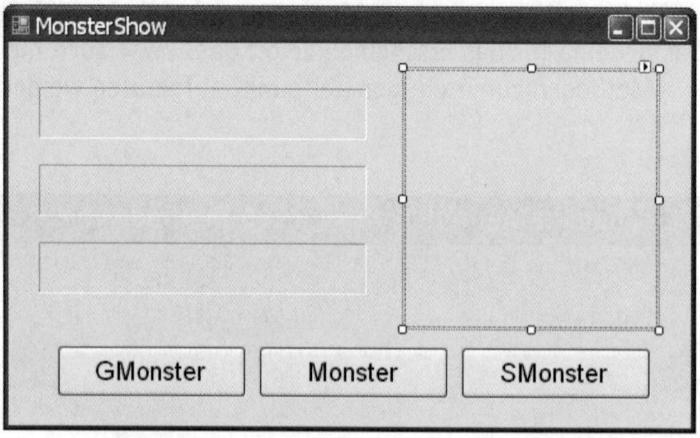

➢ Wenn du das Formular fertig hast, erweitere die Klassenvereinbarung von Monster so (→ MONSTER3, CLASS1.VB):

```
Public Class Monster
  Private Name, Wesen, BildName As String

  Public Sub New (ByVal nn As String, _
  ByVal ww As String, ByVal dd As String)
    Name = nn : Wesen = ww : BildName = dd
  End Sub

  Public Sub Erscheinen()
    Form1.Label1.Text = "Name:  " + Name
    Form1.Label2.Text = "Wesen: " + Wesen
    Form1.Label3.Text = "Typ:   " + Typ()
   Form1.PictureBox1.Image = Image.FromFile(BildName)
  End Sub

  Public Overridable Function Typ() As String
    Return "Monster"
  End Function

End Class
```

Wie du siehst, hat der Konstruktor nun einen Parameter mehr. Er übernimmt nämlich gleich bei der Initialisierung den Namen der Bilddatei.

Auch in der Methode `Form1_Load` gibt es etwas anzupassen (→ MONSTER3, FORM1.VB):

```
Private Sub Form1_Load (ByVal sender As _
System.Object, ByVal e As System.EventArgs) _
Handles MyBase.Load
  Frank = New Monster _
  ("Frankie", "ungewöhnlich", Pfad + "Frank.jpg")
  Albert = New GMonster _
  ("Berti", "nachdenklich", Pfad + "Albert.jpg")
  Sigmund = New SMonster _
  ("Sigi", "mitfühlend", Pfad + "Sigmund.jpg")
End Sub
```

Das »Erscheinen« beschränkt sich nun nicht auf Informationsangaben, sondern die `PictureBox`-Komponente soll auch ein Bild anzeigen. Dazu wird eine JPG-Datei geladen und in `PictureBox1` sichtbar gemacht.

≫ Tja, und nun speichere alles und dann schau dir deine Monster mal an.

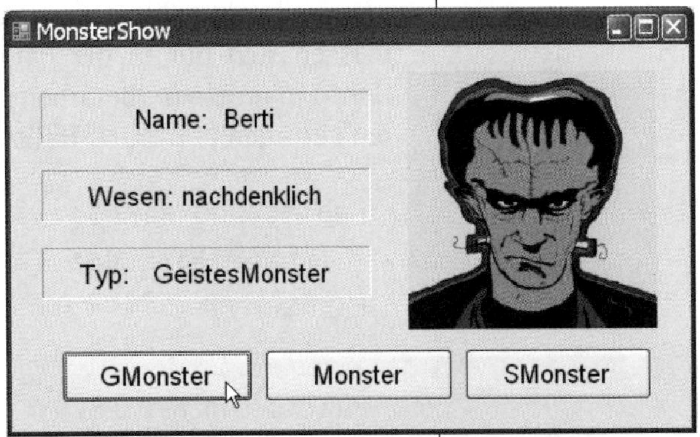

Überschreiben und überladen

Schauen wir jetzt noch einmal genauer auf die Methodenvereinbarungen unserer Monsterfamilie. Wie du gesehen hast, **überschreibt** die Neudefinition einer Methode die alte Methode. (Und um trotzdem die alte weiterverwenden zu können, müssen wir das Wort `MyBase` benutzen.)

Überschrieben wird auch der Konstruktor. Das verlangt Visual Basic sogar bei jeder neuen Klassendefinition, selbst wenn die Konstruktoren der Kinder nichts anderes tun als die der Mutter.

Neben einem Konstruktor gibt es in Visual Basic auch einen Destruktor. Was ist der Unterschied?

Der **Konstruktor** kümmert sich sozusagen um die gesunde Geburt eines Objekts.

Der **Destruktor** erledigt alle Aufräumarbeiten, die beim Ableben eines Objekts anfallen. Während dieser Begriff in anderen Programmiersprachen üblich ist, spricht man in Visual Basic auch vom **Finalisierer**. Visual Basic stellt für jede Klasse eine Methode namens `Finalize` zur Verfügung und sorgt auch dafür, dass diese Aufräummethode beim Löschen eines Objekts automatisch aufgerufen wird.

So wie der Konstruktor ein Geburtshelfer ist, könnte man den Destruktor bzw. Finalisierer also einen Totengräber nennen. (Oder ist dir das zu makaber?)

Innerhalb einer Klasse sind auch mehrere Konstruktoren möglich. Sie müssen sich nur in der Parameterliste unterscheiden. Deshalb könnte `Monster` in einer überarbeiteten Version z.B. über diese drei Konstruktoren verfügen (→ MONSTER3A, CLASS1.VB):

```
Public Sub New()
  Name = "Niemand" : Wesen = "monströs" : BildName = ""
End Sub

Public Sub New (ByVal nn As String, ByVal ww As String)
  Name = nn : Wesen = ww : BildName = ""
End Sub

Public Sub New (ByVal nn As String, _
ByVal ww As String, ByVal dd As String)
  Name = nn : Wesen = ww : BildName = dd
End Sub
```

Das nennt man dann **Überladen**. Gleiches funktioniert ja auch bei normalen Methoden, beispielsweise hier:

```
Public Overridable Function Typ() As String
  Return "Monster"
End Function

Public Overridable Sub Typ _
(ByVal Info As Label, ByVal Charakter As String)
  Info.Text = "Ich habe " + Charakter
End Sub
```

Die beiden `Typ`-Methoden unterscheiden sich nicht nur in der Parameterliste, sondern auch im Typ selbst: Das eine ist eine Funktion mit Rückgabe eines Wertes, das andere eine Prozedur, die dafür sorgt, dass etwas angezeigt wird. (Das `Overridable` sorgt dafür, dass sich beide später auch problemlos überschreiben lassen.)

Auch wenn es nun zwei `Typ`-Methoden gibt, funktioniert die Dynamik allerdings nur bei denjenigen Methoden, die **genau die gleiche** Parameterliste und den **gleichen** Methodentyp haben! Die zweite als Prozedur vereinbarte Methode kann also nicht »aus Versehen« aktiviert werden.

Was ist, wenn man auch einer der beiden abgeleiteten Klassen eine Methode spendieren will, die z.B. in der Parameterliste von allen geerbten abweicht? Nehmen wir ein Beispiel:

```
Public Function Typ _
(ByVal Charakter As String) As String
  Return "GeistesMonster mit " + Charakter
End Function
```

Hier haben wir eine Funktion mit dem (schon vergebenen) Namen `Typ`, aber einem Parameter, der zu keiner der übrigen Methoden passt. Visual Basic ist mit dieser Vereinbarung nicht einverstanden. Für das Monster-Projekt kein Beinbruch, aber was ist, wenn wir uns wirklich mal in einer Kindklasse eine neue Methode »mit altem Namen« wünschen, die auch eine andere Parameterliste benötigt?

Da hilft uns das Wörtchen Overloads aus der Patsche (→ MONSTER3A, CLASS1.VB):

```
Public Overloads Function Typ _
(ByVal Charakter As String) As String
  Return "GeistesMonster mit " + Charakter
End Function
```

Damit wird eindeutig bekundet, dass auch diese (neue) Methode überladen wird. So ist es möglich, sich eine ganze Palette von Methoden mit gleichem Namen zu »züchten«.

> Willst du bei der Mutterklasse (hier: Monster) ebenfalls deine Sammlung an Typ-Methoden erweitern, kann es nötig werden, dass du auch dort zusätzlich das Wort Overloads verwenden musst. (Dabei dürfen natürlich Overridable und Overloads auch gemeinsam stehen.)

Eines für alle?

Wie wär's, wenn wir mal zufällige Monster erzeugen, erscheinen und wieder verschwinden lassen? Dann genügt für unsere nächste Programmversion nur noch ein einziger Button. Legen wir also wieder Hand ans Formular und ändern es so um:

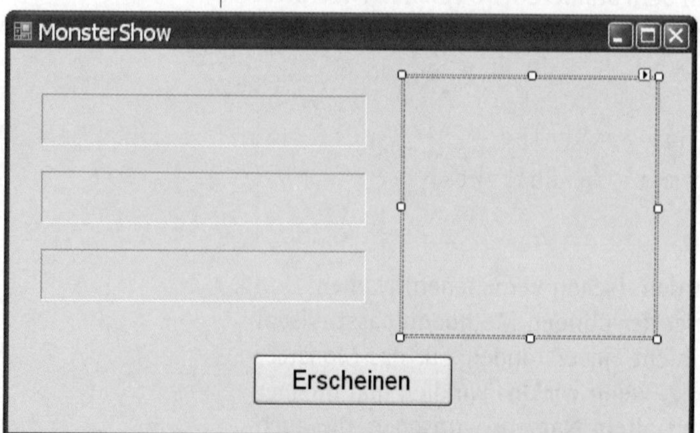

Eigentlich brauchen wir doch jetzt nicht mehr drei Instanz-Vereinbarungen, sondern nur noch eine:

```
Shared WerWohl As Monster
```

Hinzu kommen zwei Variablen: Die eine nimmt die Zufallszahl auf, die den Typ des Monsters festlegt, das auftauchen soll. Die andere bestimmt den Modus für sein Erscheinen oder sein Verschwinden:

```
Shared Zufall As Integer, Sichtbar As Boolean
```

Die Methode `Form1_Load` startet den Zufallszahlengenerator und setzt `Sichtbar` auf `True` (hier für das Erscheinen, denn das soll auch auf der Schaltfläche stehen).

➢ Doppelklicke auf die Formularfläche und tippe diese Anweisungen ein (→ MONSTER4, FORM1.VB):

```
Private Sub Form1_Load (ByVal sender As _
System.Object, ByVal e As System.EventArgs) _
Handles MyBase.Load
  Randomize()
  Sichtbar = True
End Sub
```

➢ Die Hauptarbeit hat wieder mal die `Button_Click`-Methode, die nun ganz schön anschwillt (→ MONSTER4, FORM1.VB):

```
Private Sub Button1_Click (ByVal sender As _
System.Object, ByVal e As System.EventArgs) _
Handles Button1.Click
  If Sichtbar Then
    Zufall = Int(6 * Rnd())
    Select Case Zufall
      Case 0, 3 : WerWohl = New Monster _
     ("Frankie", "ungewöhnlich", Pfad + "Frank.jpg")
      Case 1, 4 : WerWohl = New GMonster _
      ("Berti", "nachdenklich", Pfad + "Albert.jpg")
      Case 2, 5 : WerWohl = New SMonster _
      ("Sigi", "mitfühlend", Pfad + "Sigmund.jpg")
    End Select
    WerWohl.Erscheinen()
    Button1.Text = "Verschwinden"
  Else
    WerWohl.Verschwinden()
```

```
      Button1.Text = "Erscheinen"
    End If
    Sichtbar = Not Sichtbar
  End Sub
```

➢ Vielleicht ist es sinnvoll, gleich ein neues Projekt anzufangen, die Daten von MONSTER3 zu importieren und alles unter neuem Namen zu speichern (→ MONSTER4).

➢ Dann lasse das Ganze laufen und nutze kräftig die Maus.

Noch mal Polymorphie

Eigentlich müssten dir so nach und nach drei verschiedene Visagen erscheinen. Wie funktioniert es?

Wenn `Sichtbar` auf `True` gesetzt ist, dann wird eine Zufallszahl zwischen 0 und 5 erzeugt (es stehen zwar nur drei Monstertypen zur Auswahl, aber dadurch wird es abwechslungsreicher):

```
If Sichtbar Then Zufall = Int(6*Rnd())
```

In einer `Case`-Struktur wird dann entschieden, wann Dr. Frankenstein welches Monster erschaffen soll:

```
Select Case Zufall
  Case 0, 3 : WerWohl = New Monster _
  ("Frankie", "ungewöhnlich", Pfad + "Frank.jpg")
  Case 1, 4 : WerWohl = New GMonster _
  ("Berti", "nachdenklich", Pfad + "Albert.jpg")
  Case 2, 5 : WerWohl = New SMonster _
  ("Sigi", "mitfühlend", Pfad + "Sigmund.jpg")
End Select
```

Das scheint offenbar reibungslos zu klappen, obwohl wir doch `WerWohl` nur als einfaches `Monster` vereinbart hatten. Das bedeutet, dass `WerWohl` in der Lage ist, verschiedene Gestalten anzunehmen. Auch das ist ein klarer Fall von **Polymorphie**.

In der zufällig erzeugten Gestalt muss `WerWohl` nur noch erscheinen:

```
WerWohl.Erscheinen()
```

Dann wird die Aufschrift auf der Schaltfläche entsprechend angepasst:

```
Button1.Text = "Verschwinden"
```

Ganz am Schluss der Methode wird auch noch der Darstellungsmodus umgekehrt:

```
' macht True zu False und umgekehrt
Sichtbar= Not Sichtbar
```

Nun fehlt noch der andere Fall, für den Sichtbar auf `False` gesetzt ist. Dann muss das entsprechende Monster erst mal verschwinden, um einem neuen Platz zu machen (`WerWohl` kann immer nur eine Gestalt zur gleichen Zeit annehmen):

```
Else  'If Not Sichtbar
  WerWohl.Verschwinden()
  Button1.Text = "Erscheinen"
End If
```

Das Bild des Monsters wird unsichtbar und die Buttonaufschrift auf ERSCHEINEN gesetzt. Das erledigt diese Methode (→ MONSTER4, CLASS1.VB):

```
Public Sub Verschwinden()
  Form1.Label1.Text = ""
  Form1.Label2.Text = ""
  Form1.Label3.Text = ""
  Form1.PictureBox1.Image = Nothing
End Sub
```

➢ Ergänze die Klassenvereinbarung von `Monster`, speichere alles und lasse es laufen.

Wenn du diese Version testest, verschwinden bei jedem Monsterabgang schön brav sowohl das Bild als auch der Informationstext.

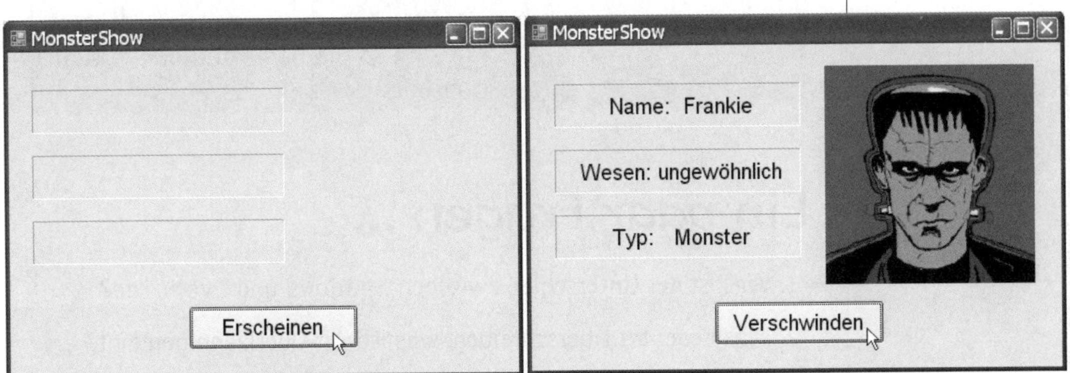

Zusammenfassung

Damit ist es Zeit, das Labor von Dr. Frankenstein wieder zu verlassen, um eine Pause einzulegen. Im nächsten Kapitel holen wir noch mal zu einem kleinen Rundumschlag aus. Vorher aber wird noch mal ein bisschen zusammengefasst.

`Shadows`	Kennzeichnung für überschreibende Methoden
`Overridable`	Kennzeichnung für virtuelle Methoden (die später beliebig überschrieben werden können)
`Overrides`	Kennzeichnung für überschreibende Methoden, die von virtuellen Methoden abgeleitet wurden
`Overloads`	Kennzeichnung für überladende Methoden (mit abweichenden Parametern)
`MyBase`	Aufruf einer geerbten Methode (nur zur Erinnerung)

Und hiermit kennst du auch die drei wichtigsten Besonderheiten der OOP:

Kapselung	Eigenschaften und Methoden lassen sich zu einer Einheit, der Klasse, zusammenfassen.
Vererbung	Neue Klassen lassen sich aus bestehenden ableiten. Dabei werden deren Eigenschaften und Methoden übernommen.
Polymorphie	Je nach Bedarf lässt sich zur Laufzeit eine von mehreren gleichartigen Methoden einsetzen. Dazu muss die Basismethode virtuell vereinbart sein.

Ein paar Fragen ...

1. Was ist der Unterschied zwischen `Shadows` und `Override`?
2. Was bedeutet Überschreiben, was ist mit Überladen gemeint?

... aber keine Aufgaben

15

Buntes Allerlei

Mit diesem Kapitel kommen wir in die Schlussrunde. Hier habe ich noch ein bisschen Platz, um ein paar weitere Eigenheiten von Visual Basic zu servieren. Vielleicht kommt für dich am Ende nur ein Eintopf aus Resten heraus, womöglich findest du aber auch ein paar kleine Leckerbissen, mit denen du deine künftigen Projekte verzieren kannst.

In diesem Kapitel lernst du

- etwas über den Unterschied zwischen Eingangs- und Durchgangsparametern
- wie man mit Parametern flexibler umgehen kann
- mehr über Exceptions
- ein bisschen »Altes Basic« kennen

Wert oder Referenz?

Für all die Methoden, mit denen es wir bisher zu tun hatten, war es offenbar bei der Parameterübergabe selbstverständlich, dass dort mit Werten gehandelt wurde. »Was denn sonst?«, wirst du jetzt fragen. Um eine Antwort zu finden, schauen wir uns mal eine harmlose Prozedur an:

```
Sub ExChange (ByVal x As String, ByVal y As String)
  Dim z As String
  z = x : x = y : y = z
End Sub
```

Die Prozedur ExChange vertauscht zwei Strings. So jedenfalls sieht es doch aus – oder? Schauen wir uns das mal genauer an – am Beispiel der Übergabe von »Hallo« und »Hoppla«:

	1. String	2. String
Vor Aufruf von ExChange	Hallo	Hoppla
Innerhalb von ExChange	Hoppla	Hallo
Nach Aufruf von ExChange	Hallo	Hoppla

Bei dieser Parameterübergabe erhält die Prozedur ExChange die Werte der beiden Strings. Innerhalb der Prozedur werden sie auch schön brav vertauscht. Außerhalb ändert sich jedoch nichts. Warum? Weil nur Werte übernommen, aber nicht mehr zurückgegeben werden. Das Ding ist schließlich eine Prozedur und keine Funktion. Außerdem kann auch eine Funktion nur einen Wert zurückgeben.

Hier spricht man von Wertübergabe (englisch: call by value). Die Art der Parameter wird auch **Eingangsparameter** genannt. Gut erkennbar ist das an dem »Vorwort« ByVal (einer Abkürzung für »By Value«).

Visual Basic bietet Abhilfe, damit der Tausch auch nach außen dringt. Damit bekommt der Prozedurkopf ein verändertes Aussehen:

```
Sub ExChange ByRef x As String, ByRef y As String)
  Dim z As String
  z = x : x = y : y = z
End Sub
```

Wert oder Referenz?

Nachdem die Parameter mit `ByRef` (statt mit `ByVal`) verziert wurden, klappt es mit dem Tauschergebnis:

	1. String	2. String
Vor Aufruf von `ExChange`	Hallo	Hoppla
Innerhalb von `ExChange`	Hoppla	Hallo
Nach Aufruf von `ExChange`	Hoppla	Hallo

Aufgerufen wird diese Prozedur wie gewohnt, also sozusagen ganz normal:

```
ExChange (Text1, Text2)
```

Die Prozedur `ExChange` übernimmt nun nicht mehr die Werte der beiden Strings, sondern ihre Adressen im Arbeitsspeicher des Computers. Innerhalb der Prozedur werden also die Werte vertauscht, die `ExChange` an diesen Adressen findet (die Verarbeitung erfolgt also genau da, wo die Variablen sich »verstecken«). Kein Wunder, dass diese Veränderung nun auch außerhalb zu erkennen ist.

> Dazu sagt man Referenzübergabe (englisch: call by reference). Die Art der Parameter wird auch **Duchgangsparameter** genannt (womit klar ist, dass `ByRef` eine Abkürzung für »By Reference« ist).

Ein kleines Projekt zum Testen findest du in den Downloaddateien unter dem Namen PARAM1. Dort gibt es je eine »falsche« und eine richtige Tauschprozedur.

Es wird nicht nötig sein, hier den kompletten Inhalt der zugehörigen Quelltextdatei wiederzugeben. Aber weil ich dort wieder einmal eine neue Funktion von Visual Basic verwendet habe, will ich die auch kurz erläutern:

```
Text1 = InputBox _
  ("1. String","Bestätigen oder NEU","Hallo")
Text2 = InputBox _
  ("2. String","Bestätigen oder NEU","Hoppla")
```

Das sind die Anweisungen zur Eingabe der beiden Strings. Mit `InputBox` erhältst du dazu ein kleines Dialogfeld. Und das bedeuten die Parameter:

```
InputBox _
(Titel, Infotext, Vorgabe für die Eingabezeile)
```

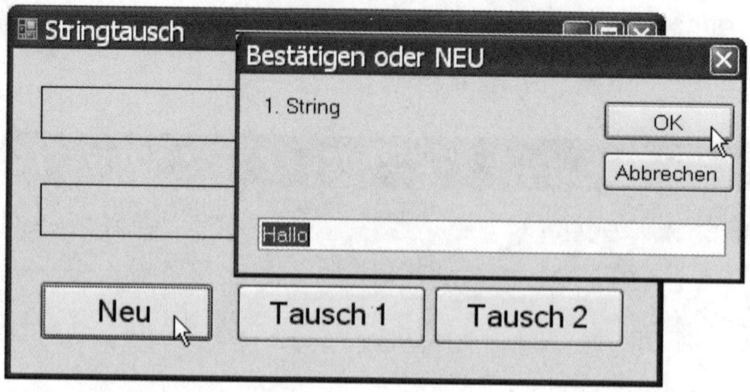

Optionale Parameter ...

Bleiben wir bei den Parametern. Wie du schon gesehen hast, kann man eine ganze Reihe von Prozeduren oder Funktionen mit demselben Namen und den unterschiedlichsten Parameterlisten vereinbaren – Überladen genannt. Da wünscht man sich vielleicht manches Mal die Möglichkeit, in einem einzigen Parameter wahlweise übergeben oder aber auch weglassen zu können.

Schauen wir uns mal an, was Visual Basic da an Hilfestellung bietet, und schnappen wir uns noch einmal die Typ-Methode aus dem letzten Kapitel und verpassen wir ihr diese Parameterliste (→ PARAM2):

```
Public Function Typ (Optional ByVal Alter As _
Integer = 99, Optional ByVal Charakter As _
String = "fertig") As String
  Return "Ich bin " _
  + CStr(Alter) + " und habe " + Charakter
End Function
```

Durch den Vorsatz Optional wird ein Parameter optional, kann also nach Belieben übergeben oder weggelassen werden. Im letzten Fall wird einfach der vorher als Standard gesetzte Wert übernommen und weiterverarbeitet.

Hier sind die jeweiligen Aufrufvarianten, eingepackt in vier Button_Click-Methoden (→ PARAM2):

```
Private Sub Button1_Click (ByVal sender As _
System.Object, ByVal e As System.EventArgs) _
Handles Button1.Click
```

```
  Text1 = InputBox ("Alter: ", "", "55")
  Label1.Text = Typ (CInt(Text1), )   '1. Parameter
End Sub

Private Sub Button2_Click(ByVal sender As _
System.Object, ByVal e As System.EventArgs) _
Handles Button2.Click
  Text2 = InputBox ("Charakter: ", "", "nichts")
  Label1.Text = Typ (, Text2)    '2. Parameter
End Sub

Private Sub Button3_Click (ByVal sender As _
System.Object, ByVal e As System.EventArgs) _
Handles Button3.Click
  Text1 = InputBox ("Alter: ", "", "11")
  Text2 = InputBox ("Charakter: ", "", "noch viel
vor")
  Label1.Text = Typ (CInt(Text1), Text2)  'beide
End Sub

Private Sub Button4_Click (ByVal sender As _
System.Object, ByVal e As System.EventArgs) _
Handles Button4.Click
  Label1.Text = Typ(, )    'kein Parameter
End Sub
```

Dass das trennende Komma zwischen den Parametern trotzdem sein muss, leuchtet sicher ein.

... und flexible Parameter

Visual Basic bietet auch die Möglichkeit, die Anzahl der Parameter bei Prozeduren und Funktionen flexibel zu vereinbaren. So könnte man in unserem Typ-ischen Beispiel außer dem Alter eine (fast) beliebige Anzahl von Charaktereigenschaften aufzählen, wenn man die Funktion so ändert (→ PARAM3):

```
Public Function Typ(ByVal Alter As Integer, _
ByVal ParamArray Charakter() As String) As String
  Dim i As Integer, Text As String = ""
  For i = 0 To UBound(Charakter, 1)
    Text = Text + Charakter(i) + " "
  Next
  Return "Ich bin " _
  + CStr(Alter) + " und habe das: " + Text
End Function
```

Übergeben wird ein Array bzw. Feld von Parametern, definiert mit Hilfe von `ParamArray` – nicht zu vergessen die Klammern direkt hinter dem Parameternamen.

In einer Zählschleife bis zur Obergrenze der vorhandenen Feldelemente (`UBound`) werden alle vorhandenen Parameter erfasst. In unserem Falle habe ich daraus einen langen Text gemacht, der dann zusammen mit dem Alter von der Funktion zurückgegeben wird und angezeigt werden kann (sinnvoll ist hier ein langes Label).

Zum Ausprobieren braucht man dann nur noch eine (einzige) `Button_Click`-Methode (→ PARAM3):

```
Private Sub Button1_Click (ByVal sender As _
System.Object, ByVal e As System.EventArgs) _
Handles Button1.Click
  Text1 = InputBox ("Alter: ", "", "11")
  Dim Nr = -1
  Do
    Nr += 1
    Text2(Nr) = InputBox ("Charakter: ", "", "")
  Loop Until (Text2(Nr) = "") Or (Nr >= 5)
  Label1.Text = Typ (CInt(Text1), Text2)
End Sub
```

So ganz nebenbei hast du gesehen, dass man Variablen schon direkt bei ihrer Vereinbarung einen Wert mitgeben kann.

Welcher Fehler ist es?

Fehler macht jeder mal im Leben – und nicht nur einen. Auch beim Programmieren lauern an vielen Stellen des Quelltextes solche Fehler, die man anfangs nicht erkennt. Das Programm wird von Visual Basic kompiliert, es lässt sich starten, es läuft eine ganze Zeit lang. Aber dann taucht ganz plötzlich ein Meldefenster auf, weil es was zu meckern gibt.

Fehler sind uns ja schon ein paar oder etliche Male begegnet. Neben den **Syntaxfehlern** (englisch: Syntax error), die erst behoben werden müssen, ehe ein Programm überhaupt starten kann, gibt es noch so genannte **Laufzeitfehler** (englisch: Runtime error), die Visual Basic natürlich beim Kompilieren nicht bemerkt. Nach solchen Fehlern könnte das Programm häufig zwar fortgesetzt werden, aber sie beeinflussen den Programmverlauf möglicherweise derart, dass es zu verfälschten Ergebnissen oder schließlich gar zum Programmabsturz kommt.

Bei einem Textverarbeitungsprogramm könnte das beispielsweise dazu führen, dass dein eingegebener Text verloren geht. Eine gut programmierte Anwendung sorgt deshalb dafür, dass solche Ausnahmefehler abgefangen und richtig behandelt werden.

Damit landen wir wieder bei den Exceptions. Vielleicht erinnerst du dich noch düster an frühere Kapitel – lang, lang ist's her. Bisher wurden Exceptions, das sind Ausnahmefehler, etwa so behandelt:

```
Try
  Zahl = CSng(TextBox1.Text)
  Label1.Text = "Kehrwert = " + CStr(1/Zahl)
Catch
  Label1.Text = "Fehler!"
End Try
```

Wird in eine Textbox ein String eingetippt, aus dem sich mit `CSgn` eine Zahl machen lässt, dann wird ihr Kehrwert in einem Label angezeigt (dazu muss der natürlich wieder in einen String zurückverwandelt werden).

Klappt diese Umwandlung nicht, dann tritt eine Exception ein, die unter Visual Basic auch einen Namen hat: `InvalidCastException` heißt so viel wie »Umwandlungsfehler«.

Nun hat das System `Try-Catch`, wie wir es bisher benutzt haben, einen kleinen Schönheitsfehler, der sich in manchen Situationen unschön auswirken kann: Egal, welche Exception auftritt, der Anweisungsblock hinter `Catch` wird immer ausgeführt. Nicht selten kann es aber wichtig sein, dass die Fehlerbehandlung sich nach der Art des aufgetretenen Fehlers richtet. Es ist eben ein Unterschied, ob beispielsweise eine Datei nicht gefunden wurde oder eine Typumwandlung nicht geklappt hat.

Nun ist es für mich an der Zeit, zuzugeben, dass ich dir bei sämtlichen Projekten mit `Try-Catch`-Struktur unterschlagen habe, dass diese ausführlich eigentlich so aussieht:

```
Try
  ' "Versuchs"-Anweisungen
Catch Fehler As Exception
    ' Fehlerbehandlung
End Try
```

Wobei mit `Fehler` ein Objekt vom Typ `Exception` gemeint ist, der allerlei für die Fehlersuche nützliche Informationen enthält, so bekommst du z.B. mit

```
MessageBox.Show (Fehler.Message)
```

die passende Fehlermeldung von Visual Basic serviert.

`Exception` ist aber nur die Oberklasse; um den Fehler genau »einzukreisen«, sollte man schon deutlicher werden (`Zahl` sei als `Single` vereinbart):

```
Try
  Zahl = CSng(TextBox1.Text)
  Zahl = 1 / Zahl
  Label1.Text = "Der Kehrwert ist " + CStr(Zahl)
  If Zahl = 1 Then
    FileOpen(1, "GibtsNicht.xxx", OpenMode.Input)
    FileClose(1)
  End If
  Catch Fehler As InvalidCastException
    Label1.Text = "Keine Zahl!"
  Catch Fehler As IO.FileNotFoundException
    Label1.Text = "Keine Datei!"
  Catch Fehler As Exception When Zahl = 0
    Label1.Text = "Teiler ist Null!"
  Catch Fehler As Exception
    MessageBox.Show(Fehler.Message)
End Try
```

Ist der in eine Textbox eingetippte Wert keine Zahl, dann gibt es eine `InvalidCastException` (Umwandlungsfehler).

Ist die eingegebene Zahl 1, dann wird wahrscheinlich vergeblich versucht, eine Datei zu laden. Das führt zu einer `FileNotFoundException` (Ladefehler).

Gibst du eine Null ein, dann tritt bei dem Versuch, den Kehrwert zu ermitteln, (1/Zahl) wieder eine Exception auf:

```
Catch Fehler As Exception When Zahl = 0
```

Diesmal allerdings haben wir zusätzlich das Wörtchen When genutzt, um den Problemwert der betroffenen Variablen anzugeben. Das entspricht einem Fehler, der nur bei Integer, aber nicht bei Single als solcher gemeldet wird.

Neben den vorgestellten hat Visual Basic noch eine ganze Kette weiterer Exceptions definiert, über die du dich im Hilfesystem informieren kannst. (Ein kleines Testprojekt zum Thema findest du unter EXCEPT1.)

Und wieder ist – ganz nebenbei – eine kleine neue Information angefallen: Auch mit den Prozeduren FileOpen und FileClose lassen sich offenbar Dateien öffnen und schließen, wobei hier auf den Einsatz von Streams verzichtet werden kann. Grundsätzlich ist es aber besser, beim Datentransfer mit Streamobjekten zu arbeiten. (Weil es hier um ein kurzes Beispiel geht, wo eine Datei – wenn sie gefunden wird – ja nicht mal gelesen würde, genügt mir hier das oben genannte Prozedurenpaar.)

Einfach nur Basic?

Wenn du jemanden kennst, der/die früher schon einmal in Basic programmiert hat, und du dieser Person Visual Basic in seiner aktuellen Version vorstellst, wird der- bzw. diejenige »Bauklötze« staunen.

Klassen, Objekte, objektorientierte Programmierung in Basic? Das war lange Zeit gerade in dieser Programmiersprache völlig undenkbar. Erst seit den letzten Versionen gibt es diese Möglichkeiten, wodurch Visual Basic endlich mit anderen Systemen wie Delphi, C++ oder Java mithalten kann.

Wenn dich dieser Jemand nun fragt: »Kann dein Visual Basic denn auch, was meines früher konnte?«, solltest du vorsichtig mit einem »Mal sehen« antworten.

- Dann klicke auf DATEI und dann auf NEUES PROJEKT.
- Nun wählst du im Dialogfeld diesmal nicht die vertraute WINDOWS-ANWENDUNG, sondern entscheidest dich für KONSOLENANWENDUNG.

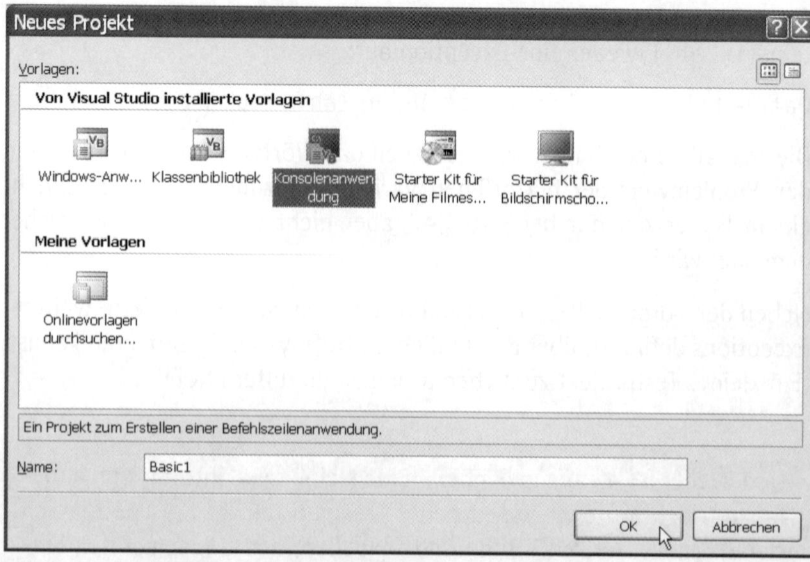

Anschließend landest du gleich im Editor, von einem Formular ist nichts zu sehen: Darauf verzichtet die Konsolenanwendung. Statt einer Klasse (`Class`) taucht hier ein so genanntes Modul (`Module`) auf. Mittendrin eine einzelne Prozedur mit dem Namen `Main`, was so viel wie »Hauptprogramm« heißen soll.

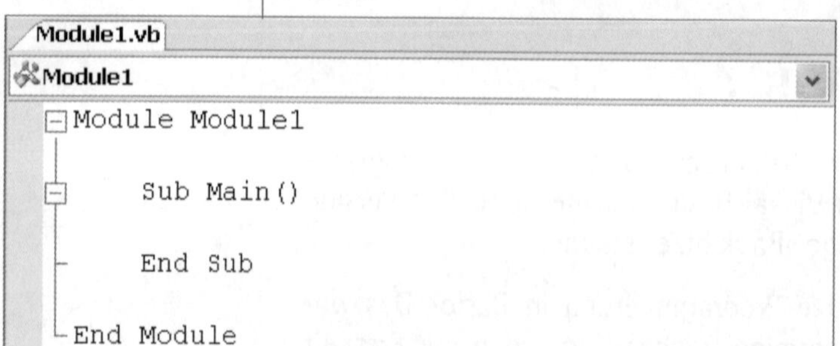

So war es früher: Keine grafische Oberfläche, keine Komponenten, bloß ein schwarzer Bildschirm mit weißer Schrift. Diese Version bietet Windows noch heute unter einem Namen wie Eingabeaufforderung oder DOS-Konsole an.

Unter dieser Oberfläche werden noch heute alte Spiele ausgeführt, von denen einige noch immer nichts an Beliebtheit verloren haben. Und in einem solchen spartanischen Umfeld werden wir jetzt eine neue Version unseres allerersten Hallo-Programms laufen lassen.

➢ Ergänze im Editor diesen Quelltext (→ BASIC1):

```
Module Module1
  Dim Antwort As String

  Sub Main()
    Console.WriteLine ("Hallo!")
    Do
      Console.WriteLine ("Wie geht es?")
      Antwort = Console.ReadLine()
      If Antwort = "gut" Then _
      Console.WriteLine ("Das freut mich!")
      If Antwort = "schlecht" Then _
      Console.WriteLine ("Das tut mir Leid!")
    Loop Until Antwort = "gut" Or Antwort = "schlecht"
    Console.ReadKey()
  End Sub

End Module
```

Offenbar taucht da doch eine Klasse auf: `Console` bietet mit einigen Methoden die Möglichkeit, z.B. etwas einzugeben (`ReadLine`) oder anzuzeigen (`WriteLine`).

Die `If`-Struktur ist ebenso wie die `Do-Loop`-Schleife wohlbekannt, also auch hier nichts Neues. Die letzte Anweisung `ReadKey` wartet auf einen Tastendruck und sorgt dafür, dass das Konsolenfenster nicht gleich nach der Programmausführung wieder zuklappt.

Zum Vergleich möchte ich dir jetzt auch noch den Quelltext für das (auch von Microsoft stammende) »uralte« Programmiersystem QBasic präsentieren, das sogar noch kostenlose Beigabe früherer Windows-Versionen war (→ BASIC0):

```
DIM Antwort AS STRING
PRINT ("Hallo!")
DO
  PRINT ("Wie geht es?")
  INPUT Antwort
  IF Antwort = "gut" THEN PRINT "Das freut mich!"
  IF Antwort = "schlecht" THEN _
  PRINT "Das tut mir Leid!"
LOOP UNTIL Antwort = "gut" OR Antwort = "schlecht"
END
```

Sieht man davon ab, dass es im ursprünglichen Basic noch `PRINT` und `INPUT` hieß (und heißt), erkennt man doch im Wesentlichen, worum es in diesem Programm geht.

Zusammenfassung

Damit möchte ich es bei den Zutaten zu dem Allerlei dieses Kapitels belassen und mich darauf beschränken, noch die letzten Neuigkeiten von Visual Basic aufzusammeln – und das sind gar nicht mal wenige:

`Exception`	Oberklasse für Ausnahmen- und Fehlerbehandlung
`When`	Mitverwendung von Variablenwerten bei der Exceptionkontrolle
`ByVal`	Parameter übernehmen Werte von Variablen (Originale bleiben unverändert).
`ByRef`	Parameter übernehmen Adressen von Variablen (Originale werden verändert).

Optional	Parameter kann beim Aufruf nach Belieben einen Wert erhalten oder weggelassen werden.
ParamArray	Flexible Anzahl von Parametern
UBound	Funktion, um die wirkliche Anzahl bei (flexiblen) Parametern zu ermitteln
InputBox	Kleine Dialogbox mit Eingabezeile anzeigen
FileOpen	Datei öffnen
FileClose	Datei schließen

Und sogar auf die Kommandoebene (= Windows-Eingabeaufforderung) hast du dich begeben und ein bisschen vom klassischen Basic »geschnuppert«:

Main	Name der Hauptfunktion
Module	Die Vereinbarung einer Programmeinheit einleiten
End Module	Die Vereinbarung einer Programmeinheit abschließen
Console	Klasse für Standard-Eingabe und -Ausgabe (Tastatur und Bildschirm)
WriteLine	Einen String ausgeben/schreiben
ReadLine	Einen String eingeben/lesen
ReadKey	Einen Tastendruck ermitteln

Zum Schluss

Das war es nun, das letzte Kapitel über Visual Basic. Aber beileibe nicht alles, was dieses Programmiersystem zu bieten hat. Wenn du dich tiefer in den Dschungel der Visual-Basic-Programmierung wagen willst, dann sollte dir das Hilfesystem von Visual Basic zur Seite stehen. Und auch im Internet ist unter dem Stichwort »Visual Basic« eine Menge zu finden.

Wie kriegt man noch mal Hilfe? Auf jeden Fall über das HILFE-Menü. Das sitzt ganz rechts am Ende der Menüleiste. Wenn du mehr über den Wortschatz suchst, dann wirst du so fündig:

- entweder mit einem Klick auf HILFE und SUCHEN oder INDEX: Dann erhältst du in einem Dialogfeld die Möglichkeit, nach einem Begriff oder einem Visual-Basic-Wort zu suchen.
- oder durch Klicken auf HILFE und GEWUSST WIE: Dort bekommst du Visual-Basic-Wissen in Happen serviert.
- oder direkt mit [F1]: Hier erhältst du Hilfe zu dem Visual-Basic-Wort, auf dem der Textcursor gerade steht.

Eine Frage ...

1. Worin unterscheiden sich Eingangs- und Durchgangsparameter?

... und eine Aufgabe

1. Erweitere das Beispielprojekt PARAM1 um weitere Tauschprozeduren, damit sowohl Zahlen als auch Texte getauscht werden können.

Anhang A

Für Eltern ...

Programme selber schreiben? Manch einer wäre froh, wenn er auf dem heimischen PC überhaupt das Programm zum Laufen kriegt, mit dem er gerade arbeiten will. Und zu beneiden sind diese Programmierer ja auch nicht gerade, obwohl so mancher mit seinem Job gar nicht mal übel verdient.

Aber dem Computer mal sagen können, wo's lang geht, mit diesem Gedanken könnte man sich doch anfreunden. Nichts spricht dagegen, wenn Sie Ihren Kindern über die Schulter schauen, was die da so an Programmen aushecken. Vielleicht bringt es Sie dazu, auch selber mal in die vielen Kapitel vor diesem Anhang hineinzuschauen?

Wenn Sie meinen, noch überhaupt nichts »von diesem Zeug« zu verstehen, können Sie sich auch erst mal ein Buch wie **PCs für Kids** oder **PCs für Oldies** vornehmen. Das macht Sie fit für den Umgang mit dem Computer und verhindert, dass Ihre Kids Ihnen zu schnell über den Kopf wachsen – was das Thema PC angeht.

Helfen können Sie Ihren Kindern auf jeden Fall erst mal bei der Installation von Visual Basic. Genaueres dazu steht in **Anhang B**.

Bei Visual Basic gibt es zwar Installationsprogramme, die dafür sorgen, dass alles sicher auf der Festplatte ankommt. Aber es kann ja nicht schaden, wenn man zu zweit versucht, alles auf dem PC einzurichten. Und so bekommen Sie auch mit, was da auf der Festplatte an neuen Ordnern und Dateien auftaucht:

- Das Standardverzeichnis von Visual Basic können Sie z.B. C:\BASIC oder C:\VBASIC nennen. Sie können aber auch die Vorgaben von Visual Basic übernehmen. Daneben gibt es weitere Unterverzeichnisse (bzw. Ordner).
- Sämtliche Programmbeispiele zum Buch finden Sie ebenso wie die Lösungsprogramme im Ordner Buch auf der DVD oder als Download-Angebot auf der Verlags-Homepage unter **http://www.bhv-buch.de/8647**.
- Die Herstellerfirma von Visual Basic, **Microsoft**, bietet selbst eine ganze Reihe weiterer Programme bzw. Projekte. Hier lohnt sich ein Blick auf die Internetseite **http://www.microsoft.com/germany/msdn**, wo man auch andere Teile des Visual-Studio-Pakets finden kann, zu dem Visual Basic gehört.

Übungsdisketten oder USB-Stick

Es ist nicht unbedingt nötig, dass Ihre Kinder eine Diskette benutzen, auf der sie ihre Programmierversuche speichern. Sie können auf der Festplatte einen Ordner z.B. mit dem Namen TEST einrichten. Dort haben alle Programme Platz. Es kann aber nicht schaden, alles noch mal zur Sicherheit auf Disketten oder einem anderen Speichermedium außerhalb des PC unterzubringen.

Will Ihr Kind seine Dateien auf Diskette oder in den TEST-Ordner speichern, ist es vielleicht nötig, dass Sie ihm dabei helfen. Im Buch gehe ich davon aus, dass A: das Diskettenlaufwerk, C: die Festplatte und D: das DVD-ROM-Laufwerk ist.

... und für Lehrer

Weil Visual Basic sich in der vorliegenden Version nicht mehr vor Programmiersprachen wie C++, Java oder Delphi verstecken muss, könnte auch dieses Buch als Lernwerk für den Informatik-Unterricht in der Schule eingesetzt werden – vor allem, wenn Schüler aus der »Basic-Ecke« kommen.

Natürlich setzt jeder Lehrer seine eigenen Schwerpunkte. Benutzen Sie an Ihrer Schule bereits ein Werk aus einem Schulbuchverlag, so lässt sich dieses Buch vielleicht auch als Materialienband einsetzen – in Ergänzung

zu dem vorhandenen Schulbuch. Weil dieses Buch sozusagen »von null« anfängt, ist ein direkter Einstieg in Visual Basic möglich – ohne irgendwelche anderen Programmierkenntnisse.

Ein wichtiger Schwerpunkt in diesem Buch ist die **objektorientierte Programmierung** (OOP). Auf die wichtigsten Eigenheiten (Kapselung, Vererbung und Polymorphie) wird ausführlich eingegangen.

In den Projekten werden alle wesentlichen Elemente des Visual-Basic-Wortschatzes wie auch die wichtigsten Komponenten eingesetzt. In den Lösungen zu den Aufgaben finden Sie weitere Vorschläge zur Programmierung.

Übungsdisketten

Für den Informatik-Unterricht sollte jeder Schüler ein bis zwei eigene Disketten (oder ein anderes externes Speichermedium) haben, um darauf seine Programmierversuche zu sichern. So wird verhindert, dass sich auf der Festplatte des Schulcomputers mit der Zeit allerlei »Datenmüll« ansammelt. Außerdem dient der eigene Datenträger dem Datenschutz: Nur der betreffende Schüler kann seine Daten ändern.

Regelmäßig sichern

Es kann nicht schaden, die Programmdateien, an denen gerade gearbeitet wird, etwa alle **zehn** Minuten zu speichern. Denn Computer pflegen gern gerade dann »abzustürzen«, wenn man seine Arbeit längere Zeit nicht gespeichert hat.

Anhang B

Visual Basic installieren

Visual Basic lässt sich recht einfach installieren. Du musst nur ein paar Schaltflächen anklicken, um die Installation zu steuern. Im Zweifelsfall kannst du dir aber auch von jemandem helfen lassen.

Das benötigte Programm heißt SETUP.EXE.

Ist dein DVD-Laufwerk auf »Automatik« eingestellt, startet dieses Programm bereits nach dem Einlegen der DVD zum Buch.

≫ Ansonsten klicke mit der Maus auf START und dann auf AUSFÜHREN.

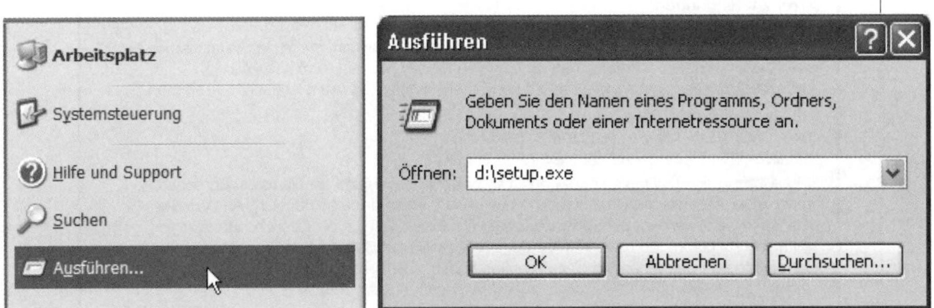

≫ Tippe im Dialogfeld ein `d:\setup.exe` und klicke dann auf OK.

◇ Sollte das nicht klappen, muss Windows die Datei SETUP.EXE über die Schaltfläche DURCHSUCHEN aufspüren.

◇ Hat dein DVD-Laufwerk einen anderen Buchstaben als D: (z.B. E: oder F:), dann musst du natürlich den an den Anfang setzen!

Einen Moment musst du nun schon warten, bis das SETUP-Programm loslegt. Zur Begrüßung erwartet dich ein solches Bild:

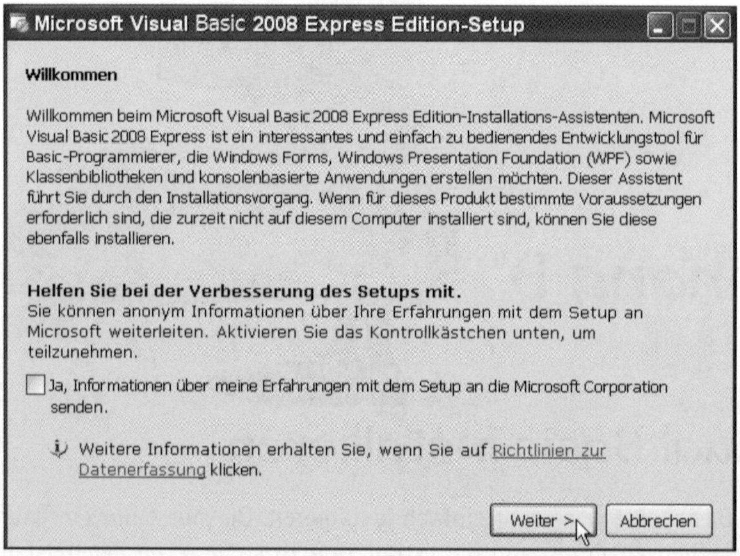

➢ Klicke auf WEITER.

Nun erscheint ein Fenster mit dem Lizenzvertrag. Wenn du den nicht anerkennst, wird Visual Basic nicht installiert.

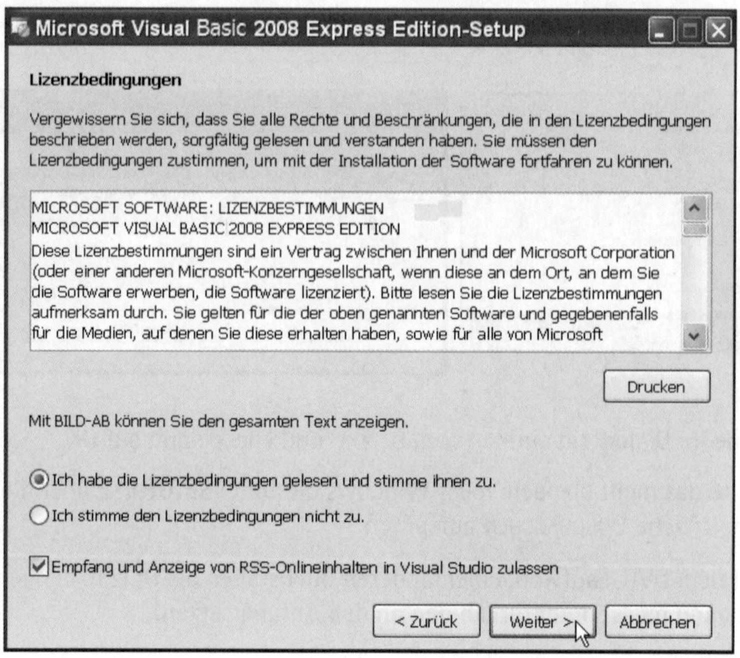

- Deshalb sorge dafür, dass vor ICH STIMME DEN BEDINGUNGEN DES LIZENZVERTRAGES ZU ein Pünktchen steht. Dann klicke auf WEITER.
- Nun hast du die Wahl, was du zusätzlich installieren möchtest:
- Mit MSDN EXPRESS LIBRARY bekommst du – kurz gesagt – mehr Hilfsinformationen, die dir als Programmierer nützlich sein können.
- Mit SQL SERVER EXPRESS EDITION kannst du auch Programme erstellen, die mit Datenbanken zusammenarbeiten.

Die Pakete für MSDN und SQL musst du nicht unbedingt haben, kannst also besonders bei Speicherknappheit auf deiner Festplatte darauf verzichten (und sie jederzeit nachinstallieren).

- Setze oder entferne die Häkchen je nach Wunsch und klicke dann auf WEITER.

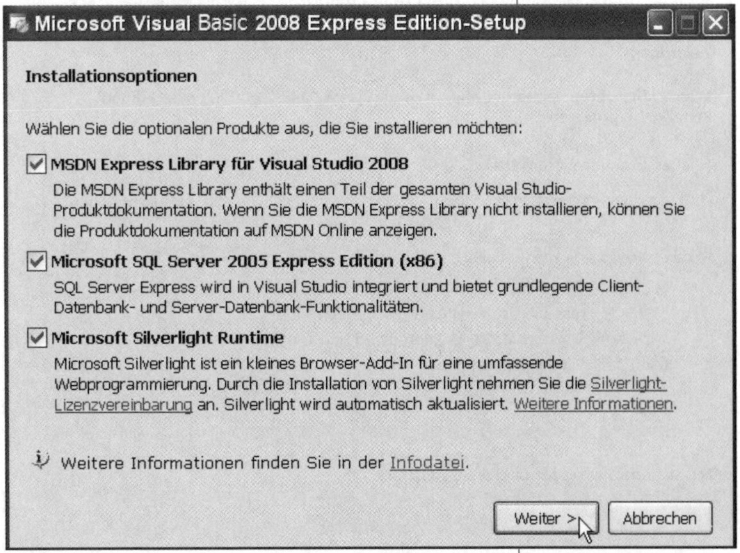

Im folgenden Dialogfeld wird dir ein Verzeichnis angeboten, in das dein Visual-Basic-Paket installiert werden soll.

> Außerdem siehst du in einer Liste, was alles installiert werden soll. Sie muss nicht so umfangreich sein wie in der Abbildung. Wenn du die Pakete für MSDN und SQL nicht ausgewählt hast und sich die für das Funktionieren von Visual Basic unbedingt nötigen NET-Komponenten bereits auf deinem PC befinden, fällt die Liste und der Umfang der Dateien deutlich kleiner aus.
>
> Ansonsten kann die gesamte Installation bis zu 1,5 GB benötigen und sehr, sehr lange dauern. Nach der NET-Installation muss zwischendrin der PC neu gestartet werden!

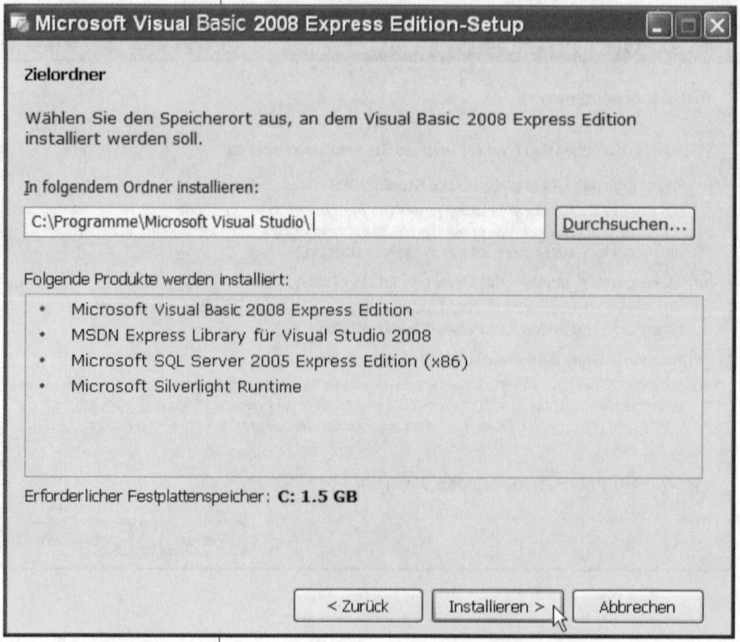

- Wenn du willst, lass die Vorgaben so stehen. Ansonsten gib z.B. `c:\Basic\` oder ein Verzeichnis deiner Wahl ein.
- Dann klicke auf INSTALLIEREN.

Und endlich wird installiert. Dabei heißt es jetzt warten und geduldig sein – besonders dann, wenn dein PC nicht der flotteste ist. Wie schnell es vorangeht, kannst du in einem neuen Fenster mitverfolgen.

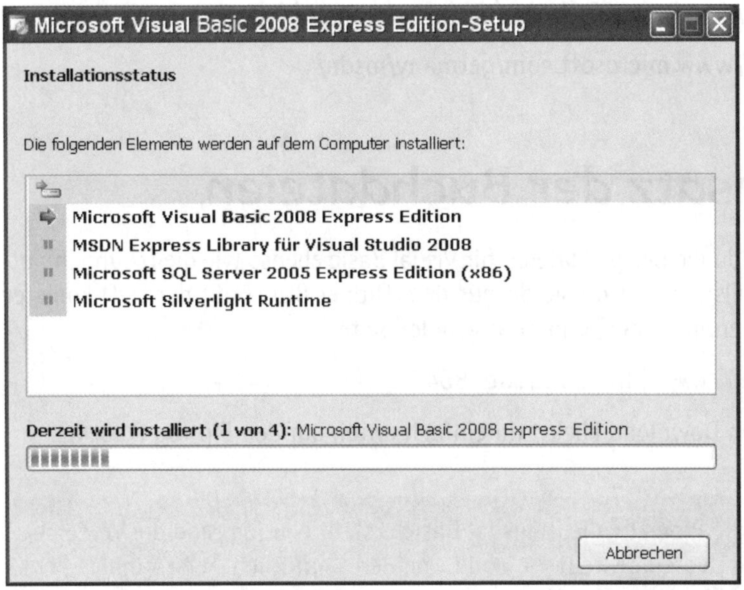

Schließlich kommt die Meldung, dass der ganze Prozess erfolgreich abgeschlossen wurde.

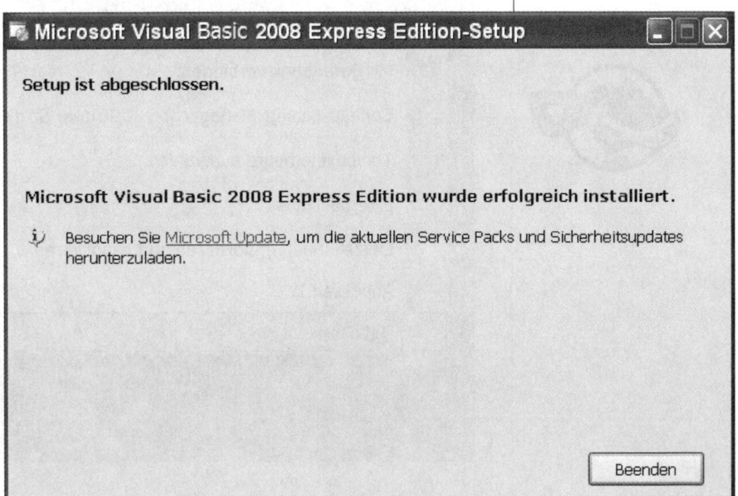

> Klicke auf BEENDEN.

Wenn du einen Internetanschluss hast, bekommst du nun möglicherweise gleich (oder irgendwann später) das Angebot, Visual Basic bei Microsoft zu registrieren. Den Zeitpunkt dazu kannst du selbst bestimmen. Nicht nur Dokumentationen und die aktuelle Visual-Basic-Version findest du z.B. auf der Seite

http://www.microsoft.com/germany/express/ oder

http://www.microsoft.com/germany/msdn/

Einsatz der Buchdateien

Wenn du die Beispieldateien für Visual Basic ebenso wie die Lösungen nutzen willst, kannst du sie dir aus dem Ordner BUCH auf der DVD kopieren oder herunterladen, und zwar von der Seite

`http://www.hhv-buch.de/8647`

Für den Download klickst du einfach unten auf den Eintrag PORJEKTE.

> Für die Projekte, die in Visual Basic erstellt werden, sind die Verzeichnisse voreingestellt – und heißen natürlich erst mal nicht C:\BASIC\TEST oder ähnlich.
>
> Um diese Standardverzeichnisse zu ändern, klickst du auf EXTRAS und OPTIONEN.
>
> 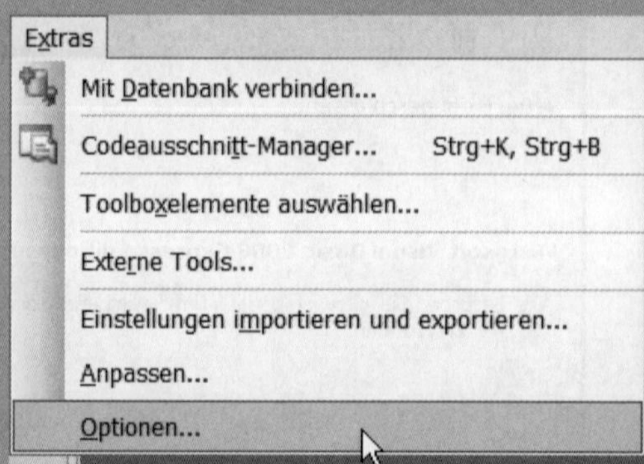
>
>
> *– Fortsetzung*

Im Dialogfeld findest du unter Projekte und Projektmappen die aktuellen Pfadangaben. Du kannst sie so stehen lassen (und das TEST-Verzeichnis als Backupverzeichnis für deine Projekte benutzen) oder nach eigener Wahl anpassen.

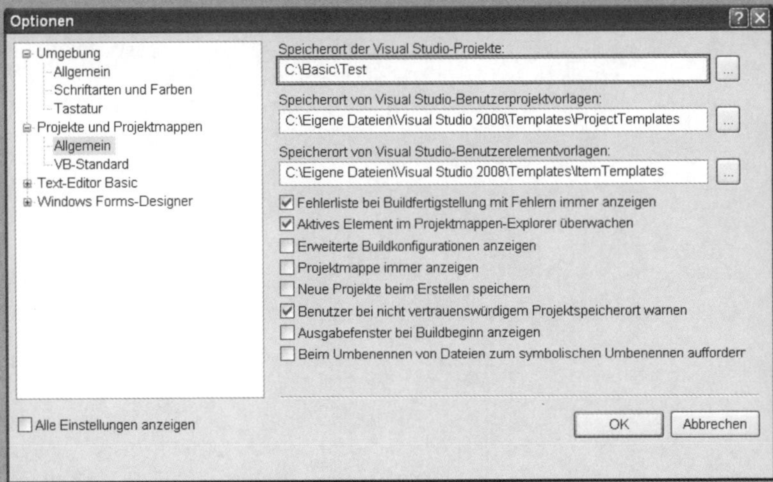

Anhang C

Die Suche nach Fehlern hat so manchen Programmentwickler schon an den Rand des Wahnsinns getrieben. Zumal die schlimmsten meist so gut verborgen sind, dass man zuerst daran zweifelt, sie jemals zu finden. Gerade deshalb ist es gut und wichtig, zu wissen, dass Visual Basic bemüht ist, dir dein Programmierleben so bequem wie möglich zu machen, und darüber hinaus auch eine Reihe von Werkzeugen zur Fehlersuche bereitstellt.

Kleine Checkliste

Etwas falsch zu machen, ist fast immer ärgerlich! Deshalb hier noch eine kleine Checkliste, die man sich hin und wieder einmal anschauen sollte:

- Sind vielleicht scheinbare »Kleinigkeiten« wie z.B. Punkt, Doppelpunkt (:) oder Unterstrich (_) vergessen worden?
- Sind alle Blöcke einer Programm-Einheit (z.B. hinter `Class`, `If`, `Do`, `For`, `Try` oder in Methoden) auch abgeschlossen – eventuell mit einer `End`-Zeile?
- Haben Methoden (Prozeduren, Funktionen) ihre nachfolgenden Klammern – auch wenn die Parameterlisten leer sind?

– Fortsetzung

- Steht jede Anweisung in einer eigenen Zeile oder wurde der Doppelpunkt zum Trennen von Anweisungen benutzt?
- Wurde bei Anweisungen, die nicht in eine Zeile passen oder sollen, am Zeilenende ein Unterstrich gesetzt (und steht davor auch ein Leerzeichen)?
- Können Bedingungen z.B. hinter `If` oder `While` oder `Until` überhaupt erfüllt werden?
- Sind alle Variablen, Objekte, Methoden (richtig) vereinbart?
- Haben Variablen und Parameter, die weiterverarbeitet werden sollen, schon einen (sinnvollen) Wert?
- Passt bei Zuweisungen der Typ links und rechts vom Zuweisungsoperator (=)? Stimmen bei der Übergabe von Methodenparametern Typ und Anzahl überein?

Dem Fehler auf der Spur

Weil allzu viele Fehler so hinterlistig sind, sich nicht gleich zu zeigen, müssen sie erst einmal aufgespürt werden. In Visual Basic gibt es deshalb einige Hilfsmittel, die dir bei der Suche nach Fehlern helfen können.

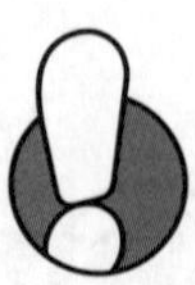

Alle zusammen gehören zum so genannten **Debugger** (gesprochen: Dibagger). Das bedeutet zu Deutsch so viel wie »Entwanzer«. Damit ist hier kein Desinfektionsmittel gemeint, sondern ein Zusatzprogramm, das dir dabei hilft, Fehler zu finden.

Der Name kommt daher, dass unter Programmierern meist nicht von Fehlern, sondern von **Bugs** (gesprochen: Baggs) die Rede ist. Und um so einen Bug (englisch für »Wanze, Ungeziefer«) auszumerzen, dafür gibt's den Debugger.

Der kann ein Programm zum Beispiel in einzelnen Schritten ablaufen lassen oder dafür sorgen, dass es nur bis zu einer bestimmten Stelle ausgeführt wird. Mehr darüber erfährst du über das HILFE-Menü von Visual Basic.

Ein Programm in Einzelschritten laufen lassen

Um genau beobachten zu können, was ein Programm macht, kann es nützlich sein, dass jede Anweisung einzeln ausgeführt wird. Dann lässt sich der Programmlauf Schritt für Schritt mit einem Tastendruck steuern:

Starte das Programm nicht wie üblich, sondern drücke die Tastenkombination `Shift` `F8`. Dann wird jede Anweisung einzeln ausgeführt. So kannst du beobachten, was das Programm an welcher Stelle macht. (`Shift` `F8` entspricht dem Menüpunkt DEBUG/PROZEDURSCHRITT.)

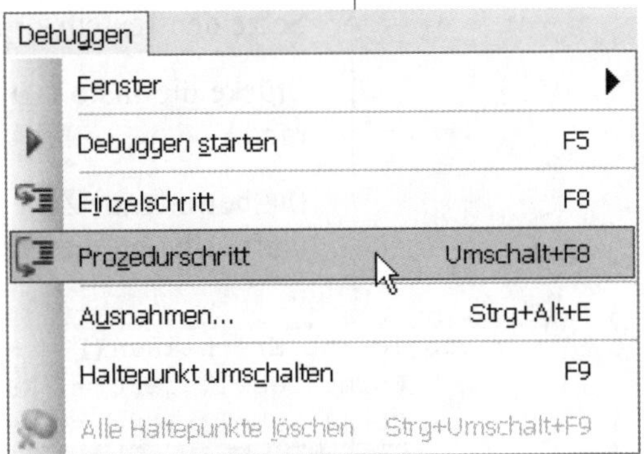

Weil `Shift` `F8` auch Methoden wie eine einzelne Anweisung betrachtet, wird eine Methode (Prozedur/Funktion) in einem Schritt ausgeführt. Deshalb gibt es noch die Möglichkeit, die Taste `F8` allein zu nutzen. Damit werden auch die Anweisungen in einer Methode einzeln ausgeführt. (`F8` entspricht dem Menüpunkt DEBUG/EINZELSCHRITT.)

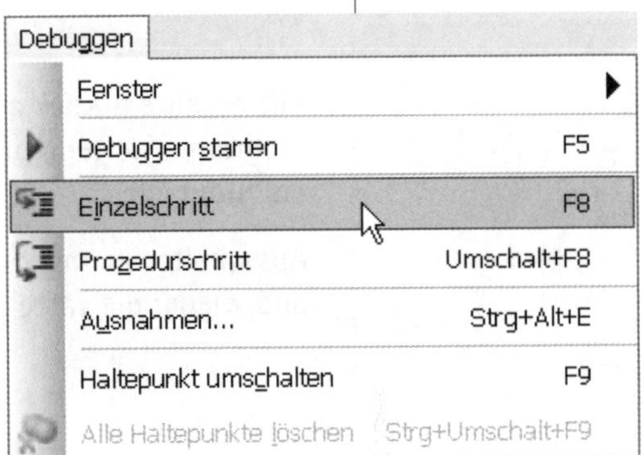

Falls du die schrittweise Programmausführung wieder abbrechen möchtest, bringst du sie über DEBUG / DEBUGGEN BEENDEN wieder zum Stillstand. (Das gilt auch, wenn das Programm in einem Laufzeitfehler steckt.)

C

Haltepunkte setzen

Es kann auch nötig sein, ein Programm an genau einer bestimmten Stelle anzuhalten, um zu sehen, was bis dahin passiert ist. Dazu gibt es so genannte Haltepunkte:

Setze den Textcursor in die Zeile, in der das Programm anhalten soll.

Drücke die Taste [F9]. (Oder klicke mit der Maus auf den linken Editorrand.)

Die betreffende Zeile ist nun markiert. Nach einem Start des Programms läuft es bis zu diesem Punkt und bleibt dann stehen.

```
Public Sub Erscheinen()
    Form1.Label1.Text = "Name:   " + Name
    Form1.Label2.Text = "Wesen:  " + Wesen
    Form1.Label3.Text = "Typ:    " + Typ()
    Form1.PictureBox1.Image = Image.FromFile(BildName)
End Sub
```

Mit erneutem Klick auf DEBUG/DEBUGGEN STARTEN bzw. mit [F5] läuft das Programm weiter – bis zum nächsten Haltepunkt (falls es einen gibt) oder bis zum Ende.

Ausschalten kannst du Haltepunkte, indem du den Textcursor darauf setzt und wieder die Taste [F9] drückst (wie zum Einschalten).

Kleines OOP-Lexikon

Man kann sich wirklich nicht jeden Begriff der objektorientierten Programmierung (OOP) merken. Deshalb habe ich hier zusammengetragen, was mir zum Thema OOP (und Visual Basic) eingefallen ist.

Abgeleitete Klasse

Nachkomme (Kind) einer anderen Klasse, die so zur Basisklasse (Mutter) der abgeleiteten Klasse wird.

Ableitung

Vererbung von Eigenschaften und Methoden (Elementen) einer Klasse (Basisklasse) an eine andere. Die abgeleitete Klasse hat auf alle Elemente Zugriff, die in der Basisklasse nicht `Private` vereinbart wurden.

Basisklasse

Eine Klasse, von der eine andere (neue) Klasse abgeleitet wird. Die Basisklasse ist die Mutter, die abgeleitete Klasse das Kind.

Class

Ein Schlüsselwort zur Vereinbarung von Klassen:

```
Class KlassenName
' Eigenschaften/Methoden
End Class
Class KindName : Inherits MutterName
' Eigenschaften/Methoden
End Class
```

Destruktor

Eine Methode, die Aufräumarbeiten erledigt, die beim Ableben eines Objekts anfallen. Ein Destruktor trägt in der Regel den Namen `Finalize`, weshalb er auch als Finalisierer bezeichnet wird.

Eigenschaft

Element einer Klasse. Als Typen kommen alle in Visual Basic vordefinierten und auch selbst definierten Datentypen oder Objekte in Frage. Auf private Eigenschaften eines Objekts kann nicht direkt, sondern nur über Methoden zugegriffen werden, die als öffentlich (`Public`) vereinbart wurden.

encapsulation = Kapselung

Familie

Ein Baum von Klassen, bestehend aus Müttern und Kindern. Jede Klasse kann Mutter (= direkter Vorfahr) beliebig vieler Kinder (= Nachkommen) sein. Ein Kind erbt alle Eigenschaften und Methoden und damit die aller Vorfahren. Die Zugriffsmöglichkeit auf die Elemente hängt von der Vereinbarungsart (`Public`, `Protected`, `Private`) ab.

Finalisierer = Destruktor

Hierarchie = Klassenhierarchie

inheritance = Vererbung

Inherits

Schlüsselwort zur Verbindung von Kind und Mutter bei der Ableitung einer Klasse:

```
Class KindName : Inherits MutterName
```

Instanz

Wird eine Variable einer Klasse vereinbart (und per Konstruktor initialisiert), nennt man diese auch Instanz einer Klasse. Gemeint ist also ein Objekt.

Kapselung

Die Zusammenfassung von Eigenschaften und den zugehörigen Methoden zu einer Einheit (engl. encapsulation). Die so entstandene Struktur ist eine Klasse.

Kind

Nachkomme eines Objekts bzw. einer Klasse. Ein Kind erbt alle Eigenschaften der Mutter:

```
Class KindName : Inherits MutterName
```

Klasse

Ein Typ mit einer Struktur, die außer Eigenschaften auch Methoden enthalten kann.

Klassenhierarchie

Die Beziehungen zwischen Klassen einer Familie, die durch Vererbung zusammenhängen, sind wie ein Baum strukturiert: Die Wurzel bildet eine einzelne Klasse mit der Vereinbarung

```
Class KlassenName
' Eigenschaften/Methoden
End Class
```

Alle anderen »Äste« sind so vereinbart:

```
Class KindName : Inherits Vorfahr
' Eigenschaften/Methoden
End Class
```

In Visual Basic ist `Object` die Wurzelklasse.

Konstruktor

Diese Methode kümmert sich sozusagen um die gesunde Geburt eines Objekts. In Visual Basic hat der Standard-Konstruktor diese Form:

```
Sub New()
' Anweisungen
End Sub
```

Me

Verknüpfung bzw. Verweis auf das Objekt (die Komponente), das die aktuelle Basis bzw. »Unterlage« ist.

Mehrfachvererbung

Diese Möglichkeit steht in Visual Basic nicht (wohl aber in C++) zur Verfügung: Eine Klasse kann nicht nur von einer, sondern auch von mehreren Basisklassen abgeleitet sein. Sie erbt dann die Eigenschaften und Methoden aller Mutterklassen.

Methode

Prozeduren und Funktionen, die innerhalb einer Klasse definiert werden:

```
Sub MethodenName (Parameterliste)
' Anweisungen
End Sub
Function MethodenName (Parameterliste)
' Anweisungen
  Return Wert
End Function
```

Aufgerufen werden Methoden z.B. so:

```
ObjektName.MethodenName (Parameterliste)
Variable = ObjektName.MethodenName (Parameterliste)
```

Mutter

Vorfahr eines Objekts bzw. einer Klasse. Die Nachkommen (Kinder) erben alle ihre Eigenschaften und Methoden. Eine Mutter kann beliebig viele Kinder haben (→ **Kind**).

MyBase

Aufruf einer geerbten Methode aus der gleichnamigen neu vereinbarten Methode heraus.

Nachkomme

Eine Klasse, die von einer oder mehreren anderen Klassen abgeleitet ist (→ **Kind**).

New

Mit dieser Methode (Konstruktor) werden Objekte erzeugt und Platz im Arbeitsspeicher reserviert.

```
ObjektName = New KlassenName (ParameterListe)
```

Zusätzlich wird für die richtige Initialisierung gesorgt.

Objekt

Instanz einer Klasse. Ein Objekt kann über Eigenschaften und die zugehörigen Bearbeitungsmethoden verfügen. Dadurch sind Daten und Methoden miteinander verbunden (= Kapselung).

Objekttyp = Klasse

OOP

Abkürzung für objektorientierte Programmierung. Die baut auf den Prinzipien der → **Kapselung**, → **Vererbung** und → **Polymorphie** auf.

overloading = Überladen

Overloads

Hiermit lassen sich überladende Methoden (mit abweichenden Parametern) kennzeichnen.

Overridable

Hiermit lassen sich virtuelle Methoden kennzeichnen (die später beliebig überschrieben werden können).

Overrides

Hiermit lassen sich überschreibende Methoden kennzeichnen, die von virtuellen Methoden abgeleitet wurden.

Polymorphie

Kann eine einzige Methode verschiedene Rollen übernehmen, die einer jeweiligen Klasse einer Familie angepasst sind, dann spricht man von Polymorphie (= Vielgestaltigkeit). Diese Flexibilität wird durch dynamische Methoden ermöglicht.

Private

Mit diesem Schlüsselwort vereinbarte Elemente einer Klasse sind vor einem Zugriff von außen geschützt. Ein Zugriff ist nur innerhalb der Basisklasse, also nicht in Ableitungen möglich.

Protected

Mit diesem Schlüsselwort vereinbarte Elemente einer Klasse sind vor einem Zugriff von außen geschützt. Ein Zugriff ist nur innerhalb der Basisklasse und innerhalb aller abgeleiteten Klassen möglich.

Public

Auf mit diesem Schlüsselwort vereinbarte Elemente einer Klasse ist ein Zugriff auch von außen (also sozusagen »von überall«) möglich.

Shadows

Hiermit lassen sich überschreibende Methoden kennzeichnen.

Überladen

Methoden und Operatoren lassen sich mehrmals mit gleichen Namen bzw. Symbolen vereinbaren, wenn eine eindeutige Unterscheidung anhand der Parameterliste oder des Rückgabetyps möglich ist (engl. overloading).

Vererbung

Eine Eigenschaft von Klassen, als Kind (Nachkomme) einer Basisklasse alle dessen Elemente zu erben. Dazu muss das Kind in der Vereinbarung auch mit dem Namen der Mutter verbunden werden:

```
Class KindName : Inherits MutterName
```

Ein Kind kann natürlich auch wieder Kinder (Nachkommen) haben und seine Eigenschaften weiter vererben. So entsteht eine Klassenfamilie.

Durch Vererbung (engl. inheritance) ist die Entwicklung neuer Klassen aus bereits bestehenden möglich, ohne die Quelltext-Definitionen der Methoden zu kennen.

Vorfahr

Die Basisklasse einer abgeleiteten Klasse (→ Mutter).

Stichwortverzeichnis

A

Add 177
Addition 82
Alignment 61
Alles speichern 41
And 100
Anweisung
  mehrere in einer Zeile 154
  Zeilenumbruch 37
Anweisungsblock 95, 121, 156
  Ende 116
  Markierung 122
Anzeigefläche 57
Array 169, 306
As 78
Auflösung 212
Ausnahmefehler 84, 307
Ausrichtung 61
Autosize 57

B

BackColor 223
Basic 17
Bedingung 95, 121, 156
Bezeichner 75
Bildbox 262
Bildlaufleiste 166
Bildpunkt 212
Boolean 114, 153, 202
Brush 222, 224
Brushes 267
Bug 328
Button 30
ButtonClick 36, 169
ByRef 303
ByVal 176, 302

C

Call by value 302
Cancel 205
Case 134, 254
Case Else 254
Case-Struktur 135
Catch 98
CDbl 93
Checkbox 145
CheckBox_ CheckedChanged 155
Checked 154
CInt 93
Class 232
Clear 198
Click 60
Close 116, 176, 177, 202
Code 243
Collection 174, 198
Color 267
ComboBox 140
Compiler 16, 287
Console 311
Const 111, 174
Control 234
Count 175, 197
CreateGraphics 216
CSng 93, 251
CStr 77, 252

D

Datei
    Beenden 43
    Neue Anwendung 90
    öffnen 176
    schließen 177
Daten 243, 247
Datentyp 79
Debugger 328
Destruktor 294
Dim 157
Division 82
Do 122
Doppelpunkt 135, 154, 229
DOS-Konsole 310
Double 85
DrawEllipse 215
DrawLine 215
DrawRectangle 215
DrawString 201, 222
Durchgangsparameter 303

E

Editor 16
Editorfenster 35
Eigenschaft 32, 233
    Text 33
Eingabeaufforderung 310
Eingabefeld 92, 164
Eingangsparameter 302
Else 112, 254
End If 95
End Select 134
End Sub 36, 175, 232
End Try 98
End Using 178
End While 122
Endlosschleife 124
Entwicklungsumgebung 16
Entwicklungszeit 39
Ereignis 36, 60
    Methode löschen 109
Exception 84, 97, 307
Exit 127

F

F1 44
Fallunterscheidung 135
False 114, 153
Fehler abfangen 98
Fehlerbehandlung 307
Fehlermeldung 38, 78
Feld 153
Feldvariable 153

FileClose 309
FileName 197, 198
FileNotFoundException 308
FileOpen 309
FillEllipse 224
FillRectangle 224
Filter 194, 195
Finalisierer 294
Finalize 294
Focus 170
Fokus 107, 170
Font 62, 147, 201, 222
For 156
Form_Closed 183
Form_Closing 183
Form_Load 108, 154, 168
Format 86
Formular 29
For-Next-Struktur 156
FromFile 266
Frühe Bindung 289
Funktion 77, 239, 242

G

Ganze Zahl 78
GetSelected 133
Globale Variable 157
Grafik
    bewegen 230
    Ellipse 215
    Farbe 216
    Linie 215
    Rechteck 215
Grafikkarte 212
Graphics 201, 215, 225
    Brush 222, 224
    DrawLine 215
    DrawRectangle 215
    DrawString 222
    Font 222
    Pen 217
GroupBox 148, 162
Grundrechenart 82
Gruppenfeld 149, 162

H

Hauptkomponente 61
Height 53, 216
Hilfe 44, 314, 328
Hilfe-Menü 44
Hilfesystem 44
HScrollBar 166

I

If 92
If-Struktur 96
If-Then-Struktur 96
Image 262
Imports 178, 231
Index 153, 217
Inherits 246, 268
Initialisieren 108
Initialisierung 218, 234
INPUT 312
InputBox 303
Installation 319
Instanz 33, 232
Int 75
Integer 78
InvalidCast 96
InvalidCastException 307
Is 177
IsNot 177
Item 131, 142, 179

K

Kapselung 244, 300
Klammer 100
Klammern
    runde 75
Klasse 33, 232
Klassenhierarchie 247
Klassenvereinbarung 232
Kombinationsfeld 140
Kommentar 80

Kompilieren 287
Komponente 29
  Eigenschaften 32, 34
  Ereignisse 34, 182
  Maße 53
  Position 53
  unsichtbare 194
Konstante 76, 111
Konstruktor 234, 242, 294
  zuweisen 236
Kontrollfeld 145
Kontrollstruktur 96, 122, 135
Kreiszahl 240

L

Label 57
LabelClick 74
Lage von Komponenten 53
Laufzeit 39
Laufzeitfehler 307
Leerkette 204
Left 53
Length 271
ListBox 130
ListBox_SelectedIndexChanged 132
Liste 174
Listenfeld 131
LoadText 175
Location 53, 230
Lokale Variable 157
Loop 122

M

Main 310
Malpinsel 224
Markierungsfeld 146
Maße von Komponenten 53
Math 240
Me 216
MenuItem 190, 196
MenuStrip 189
MessageBox 204
Methode 36, 60, 233
  löschen 109
  statische 289
  überschreiben 289
  virtuelle 289
Microsoft 316
Modul 310
MsgBox 176
Multiplikation 82
MyBase 268, 275, 282, 289

N

NET 322
New 174, 218, 234, 251
Next 157
Nicht-Operator 206
No 205
Not 206
Nothing 177, 266

O

Object 248
Objekt 33
  Eigenschaften 32
Objektorientierte Programmierung 228, 247, 261
Objekttyp 33, 232
Oder-Operator 101
Öffnen
  Projekt 48
OOP 247, 261
OpenFileDialog 193
Operator
  & 82
  + 82
  += 254
  . 41
  < 102
  <> 102
  -= 254
  = 102
  > 102

_ 36
And 101
Is 177
Not 206
Or 101
Rechnen 82
Zuweisung 75
Optional 304
Optionsfeld 144
Or 101
Overflow 84
Overloads 296
Overridable 288
Override 288

P

ParamArray 306
Parameter 75, 204
Durchgang 303
Eingang 302
Parameterfeld 306
Pen 217
Pens 267
Pfad 174, 265
Pfad für Projekte 324
Pi 240
PictureBox 262
Pixel 212
Platzhalter 76
Polymorphie 290, 298, 300
Polymorphismus 290
Popup 27
PRINT 312
Print 200
PrintDialog 199
PrintDocument 199
PrintPage 201
PrintText 200
Private 233, 272
Private Sub 36
Programm beenden 39
Programmausführung 39
Programmbearbeitung 39
Programmieren 15
Programmiersprache 16
Programmierung
objektorientiert 228, 261
Projekt
laden 48
neu 90
öffnen 48
VB-Ordner 324
Protected 272
Prozedur 175, 239, 242
Public 233

Q

QBasic 312
Quellcode 243
Quelltext 43

R

RadioButton 143
RadioButton_CheckedChanged 150
Randomize 75, 108
Reader 177
ReadKey 312
ReadLine 177, 311
Redundanz 276, 291
Referenzübergabe 303
Refresh 231
Rem 80
Return 240, 251
Rnd 75, 108, 217
Rollbalken 166
Runtime error 307

S

Sammlung 174
SaveFileDialog 193
SaveText 183
Schaltfeld 146
Schaltfläche 30

Schieber
ScrollBar 170
Schieberegler 166
Schleife 122
endlos 124
Schlüsselwort 76
Schriftart 62, 147
Schriftschnitt 147
ScrollBar 167
LargeChange 171
Maximum 171
Minimum 171
ScrollBar_Scroll 171
Select Case 134
SelectedIndex 134
SetBounds 137, 230, 266
SetFocus 107
Setup 24
Setup.exe 319
Shadows 269, 282, 284
Shared 78, 157
Show 204
ShowDialog 197, 198
Single 85
Size 53
Sleep 231
Späte Bindung 289
Speichern
alles 41
SQL Server Express Edition 321
Startwert 156
Statische Methode 289
Step 156, 272
Stream 177
StreamReader 176
StreamWriter 176, 184
StretchImage 267
String 77, 79
Stringlisten-Editor 142
Sub 175
SubString 271
Subtraktion 82
Syntax error 307
Syntaxfehler 307

T

Text
anzeigen 222
TextBox 92
Textfeld 92
Then 92
Thread 231
TLabel 68
To 156
Toolbox 29, 130
ToolStripMenuItem 196
Top 53
True 114, 153
Try 98
Try-Catch 107
TXT 195

U

Überladen 295
Überschreiben 288
UBound 306
Umkehroperator 206
Und kaufmännisch 82
Und-Operator 101
Unterstrich 37, 95
Until 123
Until-Struktur 123
Ursprung 212
Using 178

V

Value
ScrollBar 171
Variable 75
globale 157
lokale 157
Variablenfeld 153
VBProj 48, 72
Verbindungsoperator 36

Vereinbarung 78
  globale 157
  lokale 157
Vererbung 246, 300
Vergleichsoperator 95, 102
Verknüpfungsoperator 101
Verschachtelung 126
Verzweigung 112
Virtuelle Methode 289
Visual Basic 17
  beenden 43
  Fenster öffnen 40
  Fenstergruppe 26
  installieren 319
  Menüs 27
  Programm schließen 39
  starten 24
VScrollBar 167

W

Wahlfeld 146
Wertübergabe 302
When 309
While 121
While-Struktur 122
Width 53, 216
WriteLine 184, 311
Writer 177

X

X-Achse 212

Y

Y-Achse 213
Yes 205

Z

Z-Achse 213
Zählschleife 156
Zeichenfolgen-Editor 131
Zeichenkette 77, 79
Zeichenstift 217
Zeilenumbruch 37
Zielwert 156
Zufallszahl 108
Zugriffsmodus 233
Zugriffsoperator 41, 239
Zuweisung 41, 75, 82, 109
Zuweisungsoperator 75, 95
Zuweisungszeichen 41
Zweig 112
Zwischenablage 94

Hans-Georg Schumann

Delphi FÜR KIDS

3. Auflage

Das Orakel von Delphi konnte den Griechen die Zukunft vorhersagen. Die Programmiersprache Delphi schafft dies zwar nicht, dafür steckt in diesem Delphi-Buch aber jede Menge Wissen aus der Gegenwart!

Mit der Programmiersprache Delphi kannst du sehr leicht Programmieren lernen, weil sie besonders gut strukturiert ist.

Hans-Georg Schumann zeigt dir in kleinen Schritten, wie du mit Delphi eigene Programme schreibst. Dabei stehen dir Tim und Nele und der Hund Buffi immer zur Seite, damit du jede Verständnishürde schnell meisterst. Selbst vor der höchsten Kunst des Programmierens, dem objektorientierten Programmieren, wirst du mit diesem Buch in der Hand nicht mehr zurückschrecken. Und das Tollste ist: Auf der CD findest du eine Vollversion von Delphi 7, so dass du sofort losprogrammieren kannst.

Probekapitel und Infos erhältst du unter: **www.bhv-buch.de**

ISBN 978-3-8266-8629-0